POCHES ODILE JACOB

BONNES NOUVELLES DES ÉTOILES

DES MÊMES AUTEURS
CHEZ ODILE JACOB

Élisa Brune, *Le Secret des femmes* (avec Yves Ferroul), 2010.

Élisa Brune, *La Mort dans l'âme. Autour de Cioran*, 2011.

JEAN-PIERRE LUMINET
ET ÉLISA BRUNE

BONNES NOUVELLES DES ÉTOILES

Odile
Jacob
poches

15, rue Soufflot, 75005 Paris

www.odilejacob.fr

ISBN : 978-2-7381-2621-4
ISSN : 1621-0654

« Tout ce qui a pu se dire contre la science ne saurait faire oublier que la recherche scientifique reste, dans la dégradation de tant d'ordres humains, l'un des rares domaines où l'homme se contrôle, s'incline devant le raisonnable, est non bavard, non violent et pur. Moments de la recherche certes constamment interrompus par les banalités du quotidien, mais qui se renouent en durée propre. Le lieu de la morale et de l'élévation ne se trouve-t-il pas désormais au laboratoire ? »

Emmanuel Levinas, 1978

AVANT-PROPOS

L'astronomie fait partie de votre être, elle sous-tend chaque cellule de votre corps. Pourquoi ? Parce qu'il a fallu des débauches de temps, d'espace, d'énergie et de phénomènes cosmiques pour arriver à vous fabriquer tel que vous êtes. Ne croyez pas, comme le font encore les créationnistes aux États-Unis et ailleurs, que l'on aurait pu se contenter du seul système solaire et de six mille ans. De quelques millions d'années non plus. Votre aimable personne trouve ses indispensables prémices bien plus tôt et bien plus loin, dans les tréfonds torrides du Big Bang et dans un bowling généralisé de galaxies.

Libre à vous de ne pas y croire, ou de ne pas en avoir cure. Après tout, il est possible de faire son chemin dans la vie sans bien connaître ses aïeux. Sans les connaître du tout ? Sans même savoir qu'ils ont bourlingué dans les cieux et se sont donné tant de peine pour vous amener à l'existence ? Est-ce bien raisonnable ?

Si vous rêvez de feuilleter un album de famille sans devoir en passer par les bulletins scolaires de chaque arrière-grand-oncle, réjouissez-vous, ce compendium a été rédigé à votre intention. Il décrit l'état actuel des connaissances en astronomie sans verser dans le cours de science. Il ne s'agit pas de maîtriser les arcanes de la gravitation et la physique des hautes énergies, mais de partir en balade visiter les paysages cosmiques. Car ceux-ci se sont considérablement précisés et diversifiés au cours des dernières décennies. Nous avons accumulé plus de connaissances nouvelles en trente ans que sur les trois millénaires précédents. Non pas que Ptolémée et Copernic se soient tourné les pouces, mais ils ne disposaient tout simplement ni des instruments ni des concepts qui leur auraient permis de voir un peu plus loin que les faubourgs de la Terre. Au pays des galaxies, les fourmis sont aveugles.

Mais, aujourd'hui, détecteurs de haute précision et ordinateurs nous ont propulsés dans de nouvelles dimensions du regard, mathématiques et théories physiques, dans de nouvelles dimensions de l'esprit. Alors, ceux qui ronronnent encore sur les connaissances en astronomie qu'ils ont apprises à l'école, fût-ce dans les années 1970, ressemblent à l'homme qui parle français en utilisant un dictionnaire datant de Napoléon. Il y manque un certain nombre de choses. Ne serait-il pas plus utile, plus salutaire et plus excitant, de pouvoir contempler les perspectives les plus récentes de l'Univers qui nous a engendrés ?

Nous avons tous entendu ces questions fondamentales discutées depuis qu'*Homo sapiens* a levé les yeux vers le ciel : « D'où venons-nous ? Que sommes-nous ? Où allons-nous ? » Sous ce titre, Paul Gauguin a peint l'une de ses toiles les plus célèbres[1]. L'œuvre, réalisée à Tahiti en 1898 dans « une fièvre inouïe », devait être la dernière car l'artiste, malade et à bout de ressources, avait résolu de se suicider juste après (heureusement, il n'en fit rien). De droite à gauche, des groupes de personnages symbolisent les questions posées dans le titre, de la naissance à la mort. Près de l'arbre de la Science, deux individus devisent gravement sur la destinée humaine, tandis que des hommes plus simples se laissent aller au bonheur de vivre. L'idole bleue, à l'arrière-plan, représente ce que l'artiste croyait être l'« au-delà ».

A priori, le sujet du tableau n'a guère à voir avec l'astronomie. Pourtant, de toutes les sciences, c'est celle qui nous montre le plus clairement notre place dans l'Univers. Celle qui, mieux qu'aucune autre, nous fait toucher du doigt ce qu'il y a de petit dans nos ambitions, d'éphémère dans nos gloires, de mesquin dans nos luttes. Le bon abbé et habile vulgarisateur Théophile Moreux ne s'y était pas trompé, lui qui consacra en

1. Le tableau est exposé au musée des Beaux-Arts de Boston. Voir une reproduction sur http://fr.wikipedia.org/wiki/Image:Woher_kommen_wir_Wer_sind_wir_Wohin_gehen_wir.jpg

1910 plusieurs ouvrages à ces questions[2]. Pourtant, à son époque, on ignorait encore tout de la relativité générale et de la physique quantique. Tout de l'expansion de l'Univers et du Big Bang. Tout des trous noirs, des planètes extrasolaires, et même de la façon dont le Soleil brille !

Depuis lors, nous en savons incroyablement plus sur l'Univers. Maintenant que nous en percevons la structure, que nous parvenons à en comprendre les mécanismes et à en scruter les profondeurs, pouvons-nous enfin espérer une réponse ?

Rien n'est moins sûr ! Il ne s'agit pas de retomber dans un scientisme naïf et triomphant, qui nous ferait croire que la science pourra répondre à toutes les interrogations de l'humanité et porter remède à ses souffrances. En réalité, chacun cherche sa réponse en lui-même, en fonction de son éducation, de ses orientations idéologiques, de son vécu, etc. Un exemple de réponse, certes quelque peu pessimiste (mais lucide ?), a été donné par le poète persan Omar Khayyâm (XIe siècle) dans l'un de ses plus fameux quatrains : « De la ronde éternelle, arrivée et départ / Le début et la fin échappent au regard. / D'où venons-nous, où allons-nous ? Jamais personne / N'a dit la vérité là-dessus nulle part. » Une autre réponse tout aussi désabusée, mais qui a le mérite de l'humour, est due à Pierre Dac : « À l'éternelle triple question demeurée sans réponse : Qui sommes-nous ? D'où venons-nous ? Où allons-nous ? je réponds : Je suis moi, je viens de chez moi et j'y retourne. »

Ce livre ne répondra à aucune de ces trois questions. Mais il atteindra son but s'il vous convainc (sans se départir de l'humour nécessaire en toutes choses) que les avancées récentes des sciences de l'Univers ouvrent de nouvelles pistes de réflexion, de nouvelles façons de penser le monde auxquelles les générations précédentes n'avaient même pas songé…

---

2. http://naturnet.free.fr/html/mouquidou.htm

PLAN DE L'OUVRAGE

Cet ouvrage s'intitule *Bonnes nouvelles des étoiles* car, contrairement aux bulletins de santé qui nous parviennent de la surface de la Terre, il n'y a pas de catastrophisme qui tienne dans les immensités cosmiques[1]. Chaque corps céleste vaque à son destin, dicté par les seules lois de la physique et de la chimie. Pas de guerres, pas de pollution, pas de maladies, même pas le plus petit souci immobilier ou fiscal ; les corps dérivent, tournoient et s'entrechoquent en un ballet qui n'a pas d'enjeu moral.

Ne serait-ce que pour cette raison, il fait bon embarquer dans une croisière intergalactique. Contempler des feux d'artifice exorbitants sans se poser de question d'ordre éthique, politique ou logistique : faut-il laisser faire, que doit-on organiser, qui doit agir ? Non, il n'y a manifestement rien à entreprendre. L'Univers nous domine d'un tel nombre d'échelons que toutes nos velléités se dissolvent dans leur propre insignifiance. Ne reste que l'immensité hypnotisante d'un spectacle inouï.

L'Univers existe. La seule chose qui nous revient éventuellement est d'en prendre acte, le plus finement possible, comme d'une dentelle accrochée au plafond. Et, à force d'observer la dentelle, survient doucement ce miracle parmi les miracles : nous commençons à la comprendre. Ce fil-ci passe en dessous de ce fil-là ; celui-là est venu s'ajouter longtemps après. La

1. En 1913, le peintre Paul Klee avait cependant intitulé l'un de ses tableaux *Mauvaises nouvelles des étoiles*, titre repris par le chanteur Serge Gainsbourg dans un album de 1981.

trame d'origine est cachée par des constructions plus récentes, mais elle s'aperçoit encore, dans quelques petits recoins. Il y a même des motifs totalement invisibles qui constituent la plus grande part de l'ouvrage, ainsi qu'en témoigne l'allure étrange des motifs avérés.

Aujourd'hui, nous connaissons l'Univers non pas comme si nous l'avions fait, mais du moins comme si nous l'habitions pour de bon, quand, des millénaires durant, nous avons été confinés dans un petit réduit sans visibilité. D'aveugles et sourds au grand spectacle d'arrière-plan, nous sommes devenus ses examinateurs attentifs. Bardés de capteurs, nous auscultons ses murmures et ses frissons. Ou ses déflagrations torrentielles. L'Univers a beau nous dominer de toutes ses années-lumière, il n'échappe plus à nos sens – malins que nous sommes d'avoir pu les hypertrophier au-delà du vraisemblable – et déplie ses plus secrètes volutes devant les yeux, et surtout dans le cerveau, de qui veut bien s'en émouvoir.

La promenade à laquelle nous vous convions aborde les découvertes récentes en astronomie. Pour filer la métaphore journalistique du titre, elle se divise en trois parties qualifiées de « nouvelles régionales », « nouvelles nationales » et « nouvelles internationales ».

Les *nouvelles régionales* concernent le système solaire et les recherches en pleine effervescence dans cet environnement certes tout proche, mais qui n'a pas fini de nous étonner.

Les *nouvelles nationales* décrivent l'ensemble des étoiles plus ou moins semblables à notre Soleil qui forment une vaste structure appelée la « galaxie ». Au sein de notre galaxie, on a compris comment les étoiles naissent, évoluent, meurent. Comment des générations d'étoiles se succèdent. Et comment les propriétés de la matière d'aujourd'hui sont le fruit d'une industrie stellaire qui se déroule sur des milliards d'années.

Les *nouvelles internationales* embrassent la perspective la plus large et décrivent l'Univers dans son ensemble. L'Univers actuel a une structure, et il a une histoire. Pour tout décortiquer de cette affaire, il faut remonter à une origine fort mystérieuse, une origine de la matière, de l'espace et du temps, qu'on appelle le « Big Bang », et qui soulève un grand nombre d'interrogations. Des réponses sont en cours d'élaboration, elles auront nécessairement un caractère insolent car elles devront bousculer les deux piliers actuels de la physique fondamentale que sont la théorie de la relativité et la mécanique quantique. Sur ce point, les jeux ne sont pas encore faits, mais il semble bien qu'il faudra revoir toutes nos conceptions sur la nature de l'espace et du temps.

Une annexe, consacrée aux métiers et aux moyens de l'astronomie, permettra de préciser d'où viennent les innombrables informations que nous suçons du ciel, par quels individus et par quels instruments elles sont traitées.

Normalement, l'ouvrage devrait être illustré de splendides photographies, d'autant qu'à maintes reprises le texte fait référence à des clichés astronomiques et les commente. Aujourd'hui, le Web (en français la « Toile ») permet d'accéder en quelques clics à une iconographie époustouflante. Pour des raisons tant économiques que pratiques, nous avons décidé de ne reproduire ici aucune image, mais d'indiquer les adresses des sites Internet où l'on peut les admirer, voire les télécharger. Nos excuses à ceux de nos lecteurs qui n'ont pas accès à ces « autoroutes de l'information », et à ceux que cela rebute. Après tout, les images ne sont pas indispensables pour *imaginer*.

POUR DÉBUTER : QUELQUES NOTIONS DE BASE

Quelle que soit la promenade, on ne part pas sans un minimum d'équipement. Des chaussures, une bouteille d'eau, un bon pull et un imperméable. Voici quelques définitions qui sont le viatique de base du candidat randonneur en astronomie.

Une PLANÈTE[1] est un corps considérable qui tourne autour d'un corps encore plus considérable appelé « étoile » (et déjà des exceptions viennent contredire cette règle, car il existe des étoiles qui tournent autour d'autres étoiles sans pour autant être des planètes ! – mais nous y reviendrons). La planète peut être rocheuse ou gazeuse, petite ou grosse, avoir une composition chimique identique à celle d'une étoile (comme Jupiter) ou très différente (comme la Terre). Elle ne brille pas par elle-même (encore que Jupiter émette dans l'infrarouge), mais se contente de réfléchir la lumière de l'étoile. Elle peut être chaude ou froide, voire très chaude ou très froide, mais elle permet toujours qu'on s'approche d'elle, là où l'étoile ferait flamber tout postulant. Nous avons des planètes voisines (Mars, Neptune…), des planètes lointaines (autour d'autres étoiles) et des planètes mythiques (Tatooine, Naboo…), mais toutes ont pour attrait principal de pouvoir éventuellement servir de berceau à la vie. Et à la mort, et à l'amour, et à la guerre… Il se peut même que certaines planètes aient été éjectées de leur sys-

1. Voir par exemple un cliché de la planète Jupiter sur http://antwrp.gsfc.nasa.gov/apod/ap060505.html

tème stellaire d'origine et dérivent, orphelines, dans le morne vide interstellaire.

Résumé pratique : une planète tourne (ou a tourné) autour d'une étoile et n'émet pas de lumière par elle-même.

Une ÉTOILE[2] est une colossale – et c'est peu dire, mais en astronomie les mots sont systématiquement sous-dimensionnés –, une titanesque boule de gaz, très chaude et très brillante. C'est parce qu'elle est très chaude qu'elle émet de la lumière. Et c'est parce qu'elle est colossale qu'elle est très chaude. Pour tout dire, la différence entre une étoile et une planète géante n'est qu'une question de masse. Prenez une étoile et coupez-la en cent morceaux, vous n'aurez plus rien qui ressemble à une étoile. La matière reste la même, et pourtant elle ne brille plus. À l'inverse, prenez une planète déjà bien replète et ajoutez-lui de grandes quantités de gaz, gavez-la comme un canard avec toujours la même bouillie, et brusquement la placide planète va se transformer en étoile bouillonnante et crépitante. Les étoiles entrent en fusion parce que l'accumulation de matière entraîne une pression et une température suffisantes, en leur centre, pour amorcer une réaction nucléaire en chaîne qui dégage des tombereaux d'énergie. Et, bien que Jupiter soit trois cents fois plus massive que la Terre, elle est encore dix fois trop maigre pour se hisser au statut d'étoile. Bien sûr, il y a aussi des étoiles trop grosses pour être des planètes, mais pas assez pour allumer vraiment des réactions nucléaires ; elles se contentent de luire parcimonieusement et très longtemps, on les appelle des « naines brunes ». Et, bien sûr, il y a des étoiles qui ont jadis brillé mais qui ne brillent plus aujourd'hui, parce qu'elles se sont éteintes ; leur bestiaire est fascinant et nous apprend beaucoup sur le sort futur de l'Univers : ce sont les naines blanches, les étoiles à neutrons et les trous noirs stellaires.

Résumé pratique : une étoile est un corps suffisamment gros pour entrer (ou être entré) en combustion nucléaire.

---

2. Voir par exemple l'amas d'étoiles « Boîte à bijoux » sur http://antwrp.gsfc.nasa.gov/apod/ap060501.html

Une GALAXIE[3] est un ensemble de millions ou de milliards d'étoiles qui restent liées durablement. Car les étoiles ne restent pas seules, elles vivent en troupeaux, avec pour seul chien de berger les forces d'attraction qu'elles exercent les unes sur les autres. Si l'une voulait s'enfuir pour faire bande à part, il lui faudrait un sacré moteur. Toutes les étoiles visibles à l'œil nu dans le ciel font partie du même troupeau, le nôtre, qui s'appelle « la Voie lactée ».

L'ANNÉE-LUMIÈRE est une unité de longueur. Pour mesurer une maison, on utilise des mètres. Pour mesurer un pays, on utilise des kilomètres. Et, pour mesurer une galaxie, on utilise des années-lumière. Une année-lumière correspond à la distance parcourue par la lumière en une année (soit à peu près 10 000 milliards de kilomètres, avouez que ce serait long à écrire, surtout lorsqu'on manie des millions d'années-lumière).

Remarque capitale au sujet des objets vus à très grande distance : vous ne les voyez pas tels qu'ils sont aujourd'hui. Tous les astres que vous percevez dans le ciel apparaissent tels qu'ils étaient autrefois, car vous ne recevez leur lumière qu'au bout d'un certain temps. Il s'agit du temps que la lumière a mis pour vous parvenir, à la vitesse qui est la sienne dans le vide, partout et toujours, de 300 000 km/s.

Par exemple, une étoile qui se trouve à 1 000 années-lumière de la Terre (soit environ 10 millions de milliards de kilomètres, et c'est la dernière fois qu'on vous donne la conversion) nous apparaît telle qu'elle était il y a mille ans, car sa lumière a voyagé pendant ce temps pour nous parvenir. Une galaxie qui se trouve à 1 milliard d'années-lumière nous apparaît telle qu'elle était il y a 1 milliard d'années. Pour les étoiles, ce décalage n'est pas tellement trompeur, car leur durée de vie est beaucoup plus grande que le retard de la lumière. L'étoile telle qu'elle est aujourd'hui n'est pas très différente de l'image que nous en recevons vieille de mille ans (sauf si elle s'est éteinte entre-temps, mais cela est extrêmement rare). Donc, malgré tous ces décalages, le ciel que nous voyons donne une

---

3. Voir par exemple la galaxie du Triangle sur http://antwrp.gsfc.nasa.gov/apod/ap080913.html

très bonne idée du ciel réel. En revanche, la lumière d'une galaxie lointaine (invisible à l'œil nu) nous fournit une image très vieille et très différente de ce que celle-ci doit être aujourd'hui. On peut être certain, par exemple, que presque tous les quasars (des galaxies très brillantes et très lointaines) sont éteints depuis longtemps alors que nous les observons quotidiennement ! Les images du ciel profond fournies par les télescopes les plus puissants ne nous montrent pas un état de l'Univers tel qu'il est, mais tel qu'il était il y a très longtemps. La machine à remonter le temps existe, il suffit de photographier les profondeurs du ciel.

Résumé pratique : l'année-lumière mesure les distances dans l'Univers. Elle indique aussi le décalage temporel des images qui parviennent jusqu'à nous.

La LUMIÈRE, à propos, qu'est-ce que c'est ? On a souvent tendance à concevoir l'astronomie en termes d'images uniquement. Qui n'a pas été émerveillé en ouvrant un jour un album d'astronomie et en contemplant les magnifiques clichés d'étoiles, de nébuleuses, de galaxies ? Mais toutes ces images ne sont que la partie émergée de l'iceberg. Pourquoi ? Parce que la lumière que nous voyons, celle qui excite les récepteurs de nos rétines, n'est qu'un petit chapitre dans un grand livre appelé *rayonnement électromagnétique*.

Les étoiles et les galaxies n'émettent pas seulement de la lumière visible, elles émettent un rayonnement beaucoup plus large, étalé sur toute une série de longueurs d'onde différentes. Le « spectre » électromagnétique (un mot bien lugubre qui aurait pu être avantageusement remplacé par « éventail ») contient tout un ensemble de rayonnements de même nature que la lumière visible, c'est-à-dire portés par des photons, mais de longueurs d'onde différentes. Depuis le moins énergétique (grandes longueurs d'onde) jusqu'au plus énergétique (courtes longueurs d'onde), on trouve les types de rayonnements suivants : rayonnement radio – micro-ondes – infrarouge – lumière visible – ultraviolet – rayons X – rayons gamma.

C'est une limitation proprement humaine que notre œil ne soit sensible qu'à une infime partie du spectre. On appelle cette petite fraction « lumière visible », et souvent, par simplification et abus de langage, « lumière » tout court. Il existe donc une lumière invisible ? Oui, la plus grande partie de la lumière est invisible.

Tout cela est resté parfaitement inconnu jusqu'à la découverte de l'électromagnétisme, à la fin du XIXe siècle – autant dire hier ! Mais, dès ce moment, ce fut la boîte de Pandore. À peine entrevit-on qu'il existait des ondes radio, du rayonnement infrarouge et ultraviolet, des rayons X et gamma, qu'on a voulu les détecter dans l'espace avec toute une panoplie d'appareillages, comme autant de poissons avec différents pièges et filets. On a ainsi développé pour chacune de ces gammes de fréquence une astronomie spécifique avec ses instruments de précision (voir l'annexe) ; et, quand un astronome dit « précis », vous n'avez pas idée à quel point il veut dire « précis ».

Pour l'astronomie, le progrès technique majeur du XXe siècle aura donc été d'ouvrir l'accès à tout le spectre, et non plus seulement à la toute petite fenêtre de la lumière visible. À l'heure actuelle, 90 % de l'information recueillie sur le ciel provient des « télescopes de l'invisible ». Précisons que la plupart des longueurs d'onde n'arrivent pas jusqu'au sol, car elles sont absorbées par l'atmosphère (c'est le cas pour l'infrarouge lointain, l'ultraviolet, les rayons X et gamma). Pour explorer ces fenêtres-là, il faut donc utiliser des détecteurs embarqués dans l'espace, à bord de satellites.

Résumé pratique : la lumière est un phénomène bien plus vaste que la simple partie visible. L'astronomie dispose de détecteurs capables de recevoir et d'analyser toutes les longueurs d'onde qui pleuvent du ciel.

À part la lumière, y a-t-il d'autres messagers de l'information ? Oui : les étoiles nous envoient à profusion des *rayons cosmiques*, des *neutrinos*, des *ondes gravitationnelles* ; mais, à ce stade initial du récit, ce n'est peut-être pas une bonne nouvelle, car les choses semblent se compliquer singulièrement. Nous y reviendrons plus tard.

PREMIÈRE PARTIE

Nouvelles régionales : les planètes et le système solaire

1

LE TOUR DU PROPRIÉTAIRE

Si nous commencions l'échauffement en visitant notre banlieue proche ?

Le bout d'espace que nous occupons, ce petit lotissement du ciel dans lequel nous pouvons nommer les voisins, connaître leurs habitudes, leurs horaires et leur style vestimentaire, s'appelle « système solaire ». Il se trouve séparé du reste de l'Univers par d'immenses espaces vides.

C'est notre plate-forme permanente, notre *home sweet home*, notre nid douillet, notre coin de tapis chauffé par un radiateur. C'est notre port d'attache, lui-même radeau flottant sur l'océan de la galaxie. Le système solaire, c'est notre oasis, notre gruyère à souris, notre mare à grenouilles, notre poutre à termites, notre sac à puces... En un mot comme en cent : il y a du « lui sans nous », mais jamais, au grand jamais, il ne pourrait y avoir du « nous sans lui ». Visitons-le avec l'émerveillement du nouveau-né qui découvre les bras, les seins, les cheveux et le nez de sa mère.

Le mot de l'architecte

Le système solaire se compose d'une étoile, le Soleil, de huit planètes, et de quelques dizaines de petits compagnons qui tournent autour des planètes, leurs satellites. Ensuite, il y a aussi, et même surtout, des volées de cailloux plus ou moins gros. Certains gravitent autour du Soleil, entre les orbites planétaires, ce sont les astéroïdes (on en connaît quelques dizaines de milliers par leur petit nom). D'autres circulent dans une ceinture lointaine ou un halo sphérique encore plus lointain qui entourent le système solaire, ce sont les comètes (qui se comptent par milliards).

On s'est longtemps représenté le système solaire comme une mécanique simple et majestueuse, un ballet réglé au petit point entre un roi, le Soleil, et les nobles sujets formant sa cour, les planètes. Une conception tronquée mais pardonnable, puisque pendant tout ce temps, on ne voyait littéralement qu'elles et lui. C'est en chaussant de meilleures lunettes qu'on mesura la méprise et que tout le reste est progressivement apparu. En réalité, les cailloux ordinaires sont infiniment plus nombreux que ces amas obèses dénommés « planètes », et l'on devrait plutôt dire que le système solaire est un embrouillamini de millions de rochers quelconques, émaillé çà et là de quelques boursouflures géantes, les planètes.

Pourtant, même ces énormes grumeaux sont de taille ridicule à l'échelle des distances qui les séparent. Contractons toutes les proportions pour mieux voir. Si le Soleil était une bille, la Terre serait un grain de sable orbitant à 1 mètre de lui. Et Pluton, longtemps considérée comme la neuvième et dernière planète avant la sortie, serait une poussière perdue à 40 mètres. Qui pourrait croire que cette dernière est solidement arrimée à la bille centrale ? Et, pourtant, telle est la prouesse de la gravitation. La lointaine Pluton ainsi que tous les cailloux et toutes les planètes obéissent à la loi du Soleil. Tous circulent sur des orbites et à des vitesses dictées par sa masse ; tous interagissent avec le flux de particules qu'il émet – le vent solaire – ainsi qu'avec son champ magnétique.

Tâchez de vous imaginer *réellement* cette petite bille de rien du tout et les effets de sa présence qui se font ressentir dans un rayon de 40 mètres – et même considérablement plus loin (100 kilomètres !) si l'on compte les comètes... Tout ce petit monde grouillant fait partie d'une seule et immense roue gravitationnelle, dont le bureau central n'occupe que 1 centimètre et qui reste homogène et soudée depuis 4,6 milliards d'années au milieu du vide interstellaire.

Quel architecte aurait tablé sur une structure aussi improbable ? Aucun, et pourtant c'est une réussite. Aussi sûrement que les fils d'une toile d'araignée, la gravitation retient les sujets les plus éloignés. C'est un empire sans structure matérielle, sans navettes ni messagers, un réseau souple et invisible qui rayonne dans toutes les directions comme les cheveux de la Méduse, c'est une roue sans rayon ni jante mais bien réelle, mégagéante et en mouvement continu qui, contre toute vraisemblance, se maintient intacte depuis des milliards d'années. Il faudrait – au minimum – lui attribuer le trophée du plus bel exploit d'architecture de tous les temps. Encore que cet exploit se reproduise très probablement autour de pratiquement chaque étoile de chaque galaxie de notre vaste Univers. Mais ne brûlons pas les étapes !

Le cas Pluton

Entrons maintenant dans la grande roue. Les huit planètes sont, par ordre de distance au Soleil : Mercure, Vénus, Terre, Mars, Jupiter, Saturne, Uranus, Neptune. Quatre sont rocheuses, petites, et proches de notre étoile (Mercure, Vénus, Terre, Mars). Quatre sont gazeuses, très grandes et éloignées (Jupiter, Saturne, Uranus, Neptune). Ces dernières possèdent des anneaux plus ou moins importants, vestiges probables de leur formation.

Pluton joue bande à part. Quoique petite et rocheuse, elle est très éloignée du Soleil. Pour figurer parmi les planètes, elle paraît un peu chétive, et surtout elle perturbe l'harmonie du bel alignement : quatre rocheuses, quatre gazeuses, et puis couac, encore une rocheuse qu'on avait oubliée au fond du sac. Mais, pour entrer dans la catégorie des astéroïdes, elle est excessivement dodue. Il s'agit peut-être d'un satellite de Neptune qui s'est échappé ? En tout cas leurs trajectoires se croisent, Pluton étant par moments plus proche du Soleil que Neptune du fait de son orbite très elliptique. Quoi qu'il en soit, il s'agit d'une infiltrée qui a réussi à se faire passer pour une planète alors qu'elle n'est qu'un vulgaire caillou, comme il y en a des milliers à cette distance du Soleil, mais plus gros que la moyenne. La polémique a éclaté avec la découverte en 2003, au-delà de Pluton, d'un corps plus gros que lui, baptisé « Éris » (anciennement Xena), et qui se portait candidat au titre de dixième planète. Fallait-il accepter Éris, une planète de plus, ou rétrograder Pluton au rang de moins que rien ? Tout dépend de ce qu'on appelle « planète ». La définition de ce mot même est alors entrée en crise.

Soyons bien conscients d'une chose : la nature ne fait pas de catégories ; elle fait des cailloux, plus ou moins gros. Nous éprouvons le besoin d'en appeler certains « planètes » et certains autres « astéroïdes » ou « comètes », parce que nous avons relevé certaines différences. Puis survient un objet qui semble à la limite, et nous voilà perdus. Comment assouplir les définitions sans qu'elles se recouvrent pour autant ? Comment tracer une ligne là où il n'y a que brouillard ? Nous avons nommé « planètes » les corps sphériques, tandis qu'un astéroïde est informe. Mais sur le terrain, à savoir dans l'espace, il n'y a évidemment pas de saut brutal entre ces deux notions. Un gros astéroïde sera presque sphérique (Cérès l'est, qui gravite dans la ceinture d'astéroïdes entre Mars et Jupiter), et certains possèdent même leurs propres satellites. Par ailleurs, Éris, la « dixième planète », et Charon, gros satellite de Pluton, se qualifient également dans cette définition par le rond. On était donc confronté à l'idée de devoir accepter trois nouvelles planètes – au risque de voir surgir encore d'autres candidats par la suite. Finalement, les astronomes réunis en assemblée générale en août 2006 ont tranché, par un vote à main levée, en faveur d'une définition plus restrictive. Est une planète tout corps gravitant autour du Soleil, qui est sphérique *et qui a dégagé le voisinage autour de son orbite*, ce qui n'est pas le cas de Pluton, ni de Cérès ou d'Éris. Ces trois corps inaugurent dès lors une nouvelle catégorie créée pour l'occasion, celle des planètes naines, intermédiaire entre les planètes et les autres petits corps du système solaire. Que de problèmes ne résout-on pas en ajoutant une nouvelle catégorie ?

Une planète, par conséquent, est quelque chose d'assimilable à un aspirateur. C'est ce que veut dire l'expression « dégager le voisinage autour de son orbite ». En effet, comment s'y prend une planète pour dégager son voisinage ? Non pas en refoulant les corps, comme un videur de night-club, mais au contraire en les attirant vers elle, comme un aspirateur. Et pas besoin de moteur, ni d'aimant, ni de glu, c'est sa masse qui fait le travail pour elle. On sait, grâce à Newton, que les corps s'attirent en proportion de leur masse. Une grosse masse attire beaucoup. C'est donc sur une très grande distance que son influence va s'exprimer. Ainsi, même si l'espace dans le système solaire est en moyenne assez encombré de cailloux, de poussières, de gaz, ce n'est pas le cas sur le trajet emprunté par les corps plantureux que sont les planètes. Elles ont capturé tout ce qui flânait sur leur chemin et progressent désormais dans un vide respectueux de leur grandeur. Mais, en dessous d'un certain seuil, que n'atteignent pas Pluton et ses semblables, on dira que la puissance de l'aspirateur n'est pas vraiment impressionnante. Il reste des rebuts dans le chemin, une sorte de friture sur leur ligne.

L'esprit de clocher

Huit planètes, donc, pas une de plus. Et que sait-on de leur formation ? Voici un exemple de raisonnement longtemps tenu pour valable : puisque les planètes proches du Soleil sont rocheuses, on peut supposer qu'elles le sont *parce qu*'elles sont proches du Soleil. Le rayonnement intense auquel elles ont été soumises a dû causer l'évaporation des gaz présents à l'origine dans toutes les planètes. Et la théorie ronronnait sur ces bases. Mais en 1995, coup de théâtre, on découvre la première planète « extrasolaire » – une planète qui tourne autour d'une autre étoile – et l'on s'aperçoit que cette planète est gigantesque, gazeuse et... extrêmement proche de son étoile. Aïe ! Une seule observation, et toute la théorie s'écroule. À moins qu'on arrive à la rafistoler ? On pourrait imaginer, par exemple, que cette planète a justement été observée alors qu'elle venait de se former, dans ce moment particulier où sa matière gazeuse n'a pas encore eu le temps de s'évaporer. Malheureusement (pour la théorie), beaucoup d'autres objets du même genre ont été découverts depuis, ce qui rend fort improbable l'hypothèse du « moment particulier », et oblige les scientifiques à repenser complètement la formation des planètes.

Moralité : ce qui nous paraît logique et naturel découle du fait que nous raisonnons à partir de réalités locales, or celles-ci sont entièrement façonnées par les conditions qui nous entourent. Dès que nous allons fureter plus loin, nous trouvons généralement des situations très différentes, qui nous obligent à réformer notre esprit de clocher. La science, dans son ensemble, s'attache à reculer sans cesse les limites de notre village et à produire des théories de plus en plus générales. Mais rien ne garantit que nous atteindrons un jour l'universel.

Nous ne pourrons pas, dans cet ouvrage, effectuer une visite complète du système solaire[1], ce petit village anecdotique à l'échelle de l'Univers (quoique ravissant). Mais, avant de prendre la route des grands espaces, nous nous pencherons sur quatre questions locales qui ont été particulièrement débattues ces dernières années.

LA VIE DANS LE SYSTÈME SOLAIRE

La question de l'origine de la vie obsède l'homme depuis qu'il est sorti des brumes de l'inconscience. Elle a longtemps relevé de la cosmogonie et du mythe, puis de la doctrine religieuse, puis de la spéculation philosophique, avant de devenir un terrain de création littéraire et de science-fiction. Aujourd'hui, la science peut en parler. Des recherches menées tant sur Terre que sur les planètes voisines permettent de mieux cerner certaines étapes du scénario de l'origine. Dans tous les cas, l'eau apparaît indispensable. C'est pourquoi l'on s'affaire à détecter sa présence sur d'autres corps du système solaire.

1. Pour cela, faire un tour sur le site http://www.solarviews.com/eng/homepage.htm

LA FORMATION DU SYSTÈME SOLAIRE

Nous ne savons toujours pas exactement comment un nuage de gaz et de poussières se transforme en système de corps distincts hiérarchiquement organisés. Mais nous trouvons, dans les comètes et les météorites, des indices presque intacts qui nous aident à comprendre comment, quand et dans quelles conditions une telle transformation a pu se produire dans le cas de notre système solaire.

L'AVENIR DE LA TERRE

En bons gestionnaires, nous voudrions savoir ce qui nous attend et comment nous y préparer. Notre planète a connu, dans le passé, un certain nombre d'événements astronomiques, dont certains accidentels et lourds de conséquences comme les impacts d'astéroïdes. Occasionnellement, ce genre d'événement est si violent qu'il modifie complètement le cours de l'histoire à la surface de notre planète. Peut-on prévoir et prévenir ce genre de catastrophe ?

LES NOUVELLES PLANÈTES

Comme il y a eu la nouvelle vague, les nouveaux philosophes et la nouvelle cuisine, il y a aujourd'hui les nouvelles planètes. Elles ne ressemblent pas (du moins jusqu'ici) à celles que nous connaissons. Elles nous donnent de l'Univers une vision complètement renouvelée : non seulement nous ne sommes pas le seul système planétaire dans la galaxie, mais les systèmes que nous découvrons présentent des variations énormes par rapport à ce que nous tenions pour *la* référence.

2

LA VIE DANS LE SYSTÈME SOLAIRE

Disons-le tout de suite : il n'y a pas de petits hommes verts sur Mars, ni même de canaux suspects. Il n'y a pas de lagons sur la Lune, fût-ce sur sa face cachée, ni d'émetteur radio sur Vénus. Personne ne patine sur les anneaux glacés de Saturne, ni ne fait du planeur dans les vents tempétueux de Jupiter. Tous ces scénarios de science-fiction ont été écartés depuis longtemps. Mais il reste des questions à creuser. Car, avant de produire des éléphants et des violettes, la vie qui s'est développée sur Terre n'a d'abord montré que le bout de son nez. Pendant des milliards d'années, seules les bactéries ont vaqué à la surface du globe (en fait, au fond des océans). Elles pourraient donc être à l'œuvre ailleurs, attendant l'heure de se transformer. Et, même s'il peut paraître moins glorieux de pister de miteux microbes que des sauriens bipèdes pourvus d'antennes, il n'en reste pas moins que, conceptuellement, ceux-là valent bien ceux-ci. En effet, dès lors que vous avez fabriqué une bactérie, vous pouvez virtuellement confectionner n'importe quoi, pourvu que vous disposiez du temps et des conditions idoines.

La bactérie, c'est comme la brique : la base nécessaire au développement de l'architecture. Sauf qu'elle travaille toute seule. Prenez une colonie de bactéries quelconques, laissez-la s'ébattre au soleil et, quand vous reviendrez quelques centaines de millions d'années plus tard, vous pourrez admirer des baobabs, des mousses, des mangues, des coléoptères, des hirondelles, des tyrannosaures ou des ruminants, selon le temps et les ressources locales disponibles. Car la bactérie turbine sans relâche, capitalisant sur des milliers de générations avec l'efficacité de l'aveugle opiniâtre. Elle explore tout, essaie tout, s'adapte à tout, résiste à tout, se reprend et repart de zéro en cas de coup dur ; c'est le réservoir de la vie comme l'océan l'est de la pluie, ou la douleur humaine de l'art. La bactérie, c'est la vie dans l'œuf, la vie sous toutes ses formes, celles, foisonnantes, que nous connaissons, et puis les autres, innombrables, inimaginables, qu'elle garde sous le pied pour le cas où. Gageons que, si la Terre flambait d'un bout à l'autre, la vie, réduite à sa source bactérienne, repartirait vers d'autres aventures et rédigerait de tout nouveaux livres d'histoire. Où Waterloo serait une victoire napoléonienne et Adolf Hitler un peintre renommé. Où, plus probablement, l'espèce humaine serait une fiction inconcevable, même pour les *aliens* les plus dérangés.

La bactérie, donc, c'est la vie. Mais, pour fabriquer une bactérie, que faut-il ? Il faut, au minimum, de l'eau et du carbone.

Sur Terre, la vie est apparue très tôt. Elle est apparue dans l'eau, un solvant universel, le plus simple, et à partir de la chimie organique, c'est-à-dire l'ensemble des réactions chimiques que permet le carbone. Qu'est-ce qu'un solvant universel ? Un milieu fluide qui vous accueille en son sein et permet à tout un chacun de se rencontrer. Un lieu de brassage, en somme, comme le tambour d'une machine à laver, comme le sang d'un organisme vivant, comme les rues et les places d'une ville, où l'on circule et où l'on peut se rencontrer. Les molécules en suspension dans l'eau se croisent et se touchent, s'embrassent et se mouchent, se donnent la main, s'amusant parfois à faire des chaînes interminables. Ainsi pour le carbone, et une ribambelle d'autres éléments qui aiment s'accrocher à ses basques.

L'eau comme bain, donc, et le carbone comme matière première, telle est la formule gagnante. C'est pourquoi il est logique et naturel de rechercher dans le système solaire des localités qui peuvent ou qui ont pu présenter dans le passé des conditions analogues.

Bien sûr, il s'agit d'une approche anthropocentrique, ou plus exactement « terrocentrique », qui suppose que la vie ailleurs devrait ressembler à la vie ici, comme si nous détenions le *seul* numéro gagnant. On ne voit pas pourquoi il serait interdit de s'y prendre autrement. Les scientifiques sont conscients de ce biais, certains d'entre eux se plaisant à imaginer des formes de vie à partir d'autres prémisses. On peut tenter de concevoir des êtres vivants faits de silicium, de gouttes d'huile ou de structures gazeuses, ou même des créatures à quatre dimensions... Ces conjectures passionnantes restent malheureusement fumeuses jusqu'à nouvel ordre, car nous manquons fatalement de guide pour la pensée et de formules concrètes pour l'expérimentation. Pas d'exemples, peu d'idées. En pratique, il est nettement plus simple de commencer par explorer le terrain qui s'est déjà montré fécond, preuves abondantes à l'appui. On s'attache donc à repérer, dans ce petit village sympathique qu'est le système solaire, toutes les résidences, tous les pied-à-terre, toutes les poches qui, à un moment ou à un autre, ont pu présenter à la fois de l'eau liquide et du carbone.

Liquide, oui, bien sûr. L'eau qui coule joyeusement ou s'étale en jolies flaques est un havre idéal pour héberger les ébats du carbone et consort. Mais la glace et la vapeur, « ça marche beaucoup moins bien », comme la voiture en miettes de Bourvil dans *Le Corniaud*. Euphémisme pour dire que ça ne marche pas du tout, car la glace est figée comme du marbre, tandis que la vapeur, loin de dissoudre et de brasser les particules, s'envoie toute seule en l'air.

De l'eau liquide. Voyez d'ici la restriction. Dans un univers où les grands espaces vides sont à – 270 °C de moyenne et le cœur des étoiles à 15 millions de degrés au bas mot, allez donc mettre le doigt sur les infimes recoins où la température s'étale dans la plage comprise entre 0 et 100 °C, et ce pendant plusieurs millions d'années ! C'est l'esquif dans la flotte du rien.

Une bonne définition de la Terre...

Certains demanderont pourquoi l'on s'acharne à dénicher si péniblement l'une ou l'autre population de bactéries dont on sait par avance qu'elles n'ont jamais pu aiguiser leur talent à évoluer vers davantage de complexité. À quoi bon découvrir de la vie, si elle n'a pas pu s'épanouir au-delà de la première cellule ? Elle manquera singulièrement de conversation...

Bien au contraire ! Toute forme de vie, même la plus rudimentaire, serait pour nous la plus grande des découvertes. Car elle démontrerait que la vie est capable de fleurir spontanément dès que les conditions le permettent, ce qui mettrait fin à un débat aussi vieux que la pensée : la vie est-elle un phénomène unique et singulier, ou au contraire un phénomène banal qui s'enclenche chaque fois que certaines conditions sont réunies ?

Dans le premier cas, nous serions seuls, tirés du néant par on ne sait quel concours extraordinaire de circonstances inimitables, à moins que ce ne soit par le doigt tendu de Dieu qui s'ennuyait ferme. Dans l'autre cas, nous aurions des voisins quelque part, et même en grand nombre. Car, en cette matière, il n'y a que deux façons de compter : un ou beaucoup. Soit l'exception, soit la règle. Si la vie peut apparaître deux fois, c'est qu'elle peut apparaître mille fois, ou un milliard de fois, c'est du pareil au même. Et, d'un seul coup, nous voici soulagés de l'indigeste honneur de ramer seuls dans cette immensité laiteuse, où notre angoisse clignote comme un fanal dans le brouillard.

Si un beau jour nous recevions la visite ou les messages de créatures extraterrestres, nous serions fixés pour de bon, et peut-être pour le pire si elles n'avaient d'autre vœu que de nous déguster en brochettes. Mais, dans l'attente, il nous faut remuer un à un tous les cailloux du système solaire dans l'espoir de débusquer ne fût-ce qu'une insipide et taiseuse bactérie, car alors le message sera exactement aussi clair que si nous avions reçu une soucoupe volante sur le crâne : ouf ! la vie est apparue plus d'une fois dans l'Univers.

Vous voyez que l'enjeu de cette quête dépasse de loin le modeste unicellulaire qu'on espère coincer. Tout comme le Graal, qui promettait l'immortalité, la première bactérie extraterrestre apporterait avec elle un soulagement philosophique intense : la fin de notre solitude en ces contrées.

Alors, quels sont donc les cailloux qu'il s'agit de visiter ? Il y a plusieurs sites intéressants dans le système solaire – intéressants car ils présentent des signes d'une présence possible d'eau (le carbone, lui, est disponible un peu partout). Les sites les plus courus en ce moment dans le guide du routard solarien sont Mars, Europe, Titan, Encelade, Callisto, Ganymède et les comètes. Rendons-nous donc là où ça pourrait se passer.

Un petit tour sur Mars

Depuis les premières sondes Viking qui se sont posées sur la planète rouge, chacun connaît ses paysages désolés à perte de vue, sa poussière et ses cailloux, son ciel rose pâle[1]. Température moyenne : – 60 °C, avec un maximum de 20 °C et un minimum de – 140 °C. Et pas une trace d'eau à la ronde ! Difficile d'imaginer vision plus déprimante pour l'explorateur sur le sentier de la vie. On est sur une fausse piste. Ce n'est pas dans cette rocaille frisquette qu'une bactérie, même peu regardante, pourrait venir pique-niquer.

Pourtant, les paysages martiens vus de loin étaient troublants. Tellement que les premiers observateurs, à la fin du XIXe siècle, n'hésitèrent pas à parler de « canaux ». On voyait très nettement sur la surface de la planète des nervures et des ramifications qui faisaient penser à un réseau d'irrigation. D'où une prolifération de récits de science-fiction spéculant sur une civilisation martienne grande productrice de légumes. Au début du XXe siècle, des observations méticuleuses faites à la grande lunette de l'observatoire de Meudon ont bien vu des taches, mais aucun réseau géométrique. Il n'y a donc pas de canaux artificiels sur Mars. Toutefois, des vallées profondes sont bien présentes à la surface du sol et elles ont bien été remplies d'eau – une eau qui a dû couler en abondance et former des océans à une époque lointaine. On pourrait objecter qu'il existe d'autres fluides que l'eau ; du méthane liquide, par exemple, qui pourrait s'écouler en rivières comme sur Titan (voir plus bas). Mais l'érosion des roches par du méthane est différente de l'érosion par l'eau ; et c'est bien ce dernier type d'érosion qu'on observe sur Mars. On le sait donc aujourd'hui de façon sûre : au temps de sa folle jeunesse, Mars était dotée de cours d'eau, et elle était beaucoup moins froide qu'aujourd'hui. Ce réseau hydrographique, tout à fait naturel,

1. Cliché du désert martien sur http://www.geokem.com/images/nasa/Mars_Rover_2004.jpg

est à présent complètement asséché[2]. Sur Mars, on pourrait chanter : « Mais où sont les rivières d'antan ? » La réponse est simple : elles se sont volatilisées. Littéralement.

Mars s'est formée en même temps que la Terre, il y a 4,5 milliards d'années, on peut la considérer comme sa petite sœur, promise au même destin. Or, dans l'histoire de la Terre, la vie semble être apparue très tôt, aussi tôt qu'il était possible. Lors de la formation du système solaire, la Terre s'est constituée par agglutination de blocs épars jusqu'à former une énorme boule de roches en fusion. Cette Terre primitive, comme tous les autres corps du système solaire, a subi un déluge de comètes et d'astéroïdes la bombardant en impacts continus et gigantesques. Puis l'avalanche s'est calmée, les conditions se sont stabilisées, l'eau liquide apportée par les comètes a formé les océans, et très vite les premières molécules prébiotiques ont fait leur apparition. On appelle « prébiotiques » les molécules formées par la chimie du carbone – des molécules complexes constituées de carbone, d'azote, d'hydrogène, d'oxygène, qui réagissent, s'enchaînent, s'accrochent et finissent par former des macromolécules nommées « protéines », « acides aminés », « acides nucléiques », etc. Ce sont les briques de la construction du vivant, les petites briques nécessaires pour fabriquer la grosse brique bactérie, et elles sont apparues voilà 4 milliards d'années – peu de temps avant les premières bactéries elles-mêmes. Le plus ancien fossile de bactérie connu a été daté de 3,8 milliards d'années, il est probable que les premières manifestations bactériennes remontent plus loin encore, même si nous n'en avons pas de traces. À cette époque, Mars, en tant que *petite* sœur de la Terre, riche en eau liquide, pouvait fort bien connaître le même scénario.

Toute la différence se joue dans le mot « petite ». Mars eût-elle été plus massive qu'elle eût gardé son eau. Elle en avait des cataractes, s'il faut en croire ces lits de rivière si fortement tracés. Il y a 4 milliards d'années, la Terre et Mars se ressemblaient comme… deux gouttes d'eau. Mais c'était sans tenir compte des lois de la gravitation. La Terre, plus massive, était

2. Cliché du réseau hydrographique martien sur http://www.solarviews.com/cap/mars/network.htm

un piège efficace dont l'eau ne put jamais s'échapper, tandis que Mars, trop légère, la vit progressivement s'évaporer. Étant donné la faible gravité martienne, les gaz présents dans l'atmosphère primitive n'ont pas été efficacement retenus ; ils se sont perdus dans l'espace, et la pression atmosphérique sur Mars est devenue cent fois plus faible que sur Terre ; or, quand la pression atmosphérique est trop faible, tout liquide s'évapore instantanément. Chez nous au contraire, l'atmosphère est retenue par la force de gravité, et son poids fait pression sur l'eau des océans et des rivières, qui se le tiennent pour dit et restent dans leur lit. Et c'est ainsi que le destin des corps bifurque. Les rivières de Mars sont parties se promener dans l'espace, condamnant dans l'œuf quelque bactérie débutante. Avec une masse plus imposante, la vie aurait peut-être pu s'enraciner et prospérer, mais, puisque toute l'eau a disparu, n'en parlons plus...

Toute l'eau ? Pas sûr ! Il reste peut-être une flaque qui résiste à l'évaporation. Pour la trouver, il faut chercher dans les coins. Quand nous observons Mars depuis la Terre, notre angle de vue est celui du plan des orbites planétaires (toutes les planètes tournent pratiquement dans le même plan autour du Soleil). Nous voyons donc son équateur au milieu de l'image, totalement déshydraté. Mais dès l'arrivée des premiers bons clichés photographiques, les astronomes ont été intrigués par ce qui apparaissait dans le haut et le bas des images : un changement de couleur semblait indiquer la présence de calottes glaciaires sur les pôles de la planète[3]. De la glace ? Donc de l'eau ! Pas si vite... L'eau n'est pas la seule substance à geler. Aux pôles de la planète Mars, il fait tellement froid que même les gaz deviennent solides. Pas plus qu'un bonnet rouge ne fait le Père Noël, un simple bonnet blanc ne fait le château d'eau.

Dans les années 1970, grâce aux missions Viking, on a pu établir que le pôle nord était bien couvert d'une calotte de glace d'eau. Pour le pôle sud, d'autres missions martiennes ont dû être envoyées, et les premières analyses ont montré que cette calotte-là était essentiellement composée de gaz carbonique (CO_2). Mais cela n'excluait pas la possibilité qu'il y eût des rési-

3. Cliché de la calotte polaire martienne sur http://antwrp.gsfc.nasa.gov/apod/ap980924.html

dus aqueux dans cette énorme masse gelée. Il fallait mener des analyses plus précises. Aujourd'hui, c'est chose faite. Nous savons que la couche de gaz carbonique ne dépasse pas dix mètres d'épaisseur et recouvre une banquise d'eau gelée. Les deux pôles sont donc bien couverts d'eau, une eau figée et piégée par le froid avant d'avoir eu l'occasion de s'envoler.

C'est une aubaine pour nous. Au même titre que la momie de Toutankhamon nous livre le passé égyptien tel quel, en bloc et sans transformation, les vieilles glaces martiennes contiennent les traces de ce qui s'est passé dans l'eau originelle. Et si elle a abrité les ébats de bactéries, même il y a quatre milliards d'années, nous en retrouverons les restes fossiles. Nos capacités d'enquête vont jusque-là. Qu'il y ait eu un hoquet de vie sur Mars au tout début du système solaire, et nous l'enregistrerons.

De plus, les missions martiennes récentes ont apporté la preuve que les sols de surface, indépendamment des calottes, ressemblent à ce qu'on appelle « permafrost », ce sol gelé sur plusieurs mètres de profondeur et contenant beaucoup d'eau, comme en Sibérie ou en Alaska. L'eau pourrait même représenter jusqu'à 60 % du volume du sol sur Mars. Or on a trouvé dans le permafrost terrestre des bactéries extrêmement simples, certaines endormies depuis des milliers d'années mais prêtes à se réveiller aux premiers signes de dégel, d'autres qui conservent une activité réduite malgré le gel, preuve que la vie n'attend pas les conditions Club Méditerranée pour se développer. Même dans le froid de canard actuel, il n'est donc pas impossible que la surface martienne abrite quelque forme rudimentaire d'existence, assoupie depuis des lustres, voire encore active.

La voie est toute tracée, les laboratoires sont prêts, il n'y a plus qu'à procéder aux analyses. Certes, mais encore faut-il aller chercher sur place la matière à ausculter ! Car de tels examens approfondis doivent être menés dans des laboratoires dernier cri, avec équipements lourds, et non seulement les moyens limités d'une petite sonde spatiale dont chaque gramme est négocié contre la gravitation terrestre. Nous ne saurons faire parler les glaces de Mars qu'en les soumettant à la technologie la plus massive. Il faut en acheminer des fragments jusqu'ici. En attendant, la sonde Mars Phoenix Lander s'est posée en mai 2008 à proximité de la calotte polaire nord, dans une zone où de vastes stocks de glace ont été détectés juste au-dessous de la surface, et s'adonne à une exploration robotique, grattouillant çà et là le sol martien à l'aide de son bras automatisé[4].

Les missions martiennes qui sont actuellement à l'étude constitueront sans doute la grande aventure spatiale du XXIe siècle, tout comme la conquête de la Lune a marqué le XXe siècle. Une mission vers Mars requiert au minimum six mois de voyage. Jusqu'à présent, seules des sondes automatiques ont couvert cette distance, et seulement en aller simple. Le prochain objectif consistera à réussir l'aller-retour, une mission qui durera deux à trois ans, en fonction des calendriers de nos deux planètes. N'oublions pas, en effet, qu'il s'agit de quitter un corps mobile pour aller vers un autre corps mobile, et non de Lisbonne à Moscou par une route fixe. La Lune, au moins, tourne autour de la Terre, on l'a toujours sous la main, mais planifier un trajet vers Mars, c'est comme envoyer un ballon vers une autre voiture quand on tourne sur un circuit automobile, pour récupérer ledit ballon lors d'un tour de piste ultérieur : il y a peu de fenêtres de tir.

Le premier retour d'échantillons martiens sur Terre est programmé vers 2020. Quant à l'expédition d'une mission habitée, elle coûterait cent fois plus cher qu'une mission automatique, pour un bénéfice difficile à établir, en dehors du bonheur de pouvoir s'écrier : « On a marché sur Mars ! » C'est un ravissement certes considérable, mais, abstraction faite de cet argument psychologique, les robots peuvent fonctionner aussi bien sinon mieux que les humains, surtout en conditions extrêmes ; ils ne dorment pas, ils n'ont pas froid, ils n'ont pas faim, ils ne sont pas distraits, ils n'ont pas le cafard et ils se fichent de l'impesanteur. Toutes les missions prévues jusqu'en 2050 au moins sont donc automatiques, mais les projets de missions habitées existent, l'une des justifications de la station spatiale internationale étant précisément d'étudier les effets de longues périodes d'impesanteur sur la physiologie des astronautes, en vue d'un tel voyage.

---

4. http://phoenix.lpl.arizona.edu/

Envoyer un corps humain dans l'espace, c'est un peu comme lancer un brin d'herbe dans un volcan, un poussin dans un laminoir, une bougie dans la tornade ou un œuf de caille dans un précipice. Bref : « ça craint ». Ce sont combinaisons, casques, coques, cuirasses et boucliers à n'en plus finir. Le vide, le froid, les rayons cosmiques, les cailloux errants sont autant d'ennemis terrifiants qui, en quelques secondes à peine, transformeraient la tendre chair humaine en charpie. Tous ces obstacles ont cependant été pris à bras-le-corps un à un par des ingénieurs obstinés, à la suite de quoi une poignée d'humains transformés en bonshommes Michelin ont finalement réussi à gambader presque élégamment sur la Lune. Mais, quand l'excursion devient un périple d'un an ou deux, une nouvelle génération de problèmes surgissent, bien plus inextricables encore que les premiers. Ce n'est pas parce que l'organisme peut supporter un bref séjour dans un bunker spatial qu'il peut s'y habituer pour de bon. Les astronautes qui reviennent sur Terre après avoir passé plusieurs mois dans l'espace ne se sentent pas très bien. Pour tout dire, ils ne tiennent plus debout. Sans pesanteur, le corps s'égaille comme un troupeau sans berger : le sens de l'équilibre perd le nord, les os perdent leur calcium, les muscles fondent, le sang monte à la tête, les globules rouges disparaissent, le système immunitaire s'affaiblit, le volume pulmonaire diminue. Il s'agit donc de trouver des stratégies de compensation destinées aux os, aux muscles, aux fluides, au métabolisme, sans parler du psychisme. Il faudra certainement des années encore avant d'avoir passé en revue tous les problèmes de fonctionnement du corps humain dans l'espace.

Qu'elle soit humaine ou automatique, la conquête de Mars sera une aventure longue, complexe et coûteuse, mais qui vaut bien des sacrifices, puisqu'une seule bactérie découverte suffira pour répondre à la question : sommes-nous seuls dans l'Univers ? Est-ce bien d'ailleurs un gros sacrifice ? Le budget annuel que la NASA et les autres agences spatiales consacrent aux missions martiennes est d'à peu près 500 millions de dollars. Dans le même temps, Mars – le groupe agroalimentaire cette fois, dont les barres chocolatées font les délices de beaucoup – vient de débourser 23 milliards de dollars pour s'offrir Wrigley, le numéro un mondial du chewing-gum... Cinquante années de financement de missions sur la Planète rouge !

Notons qu'une découverte étonnante faite en 1996 a laissé croire qu'on pouvait déjà répondre à la question de la vie sur Mars. Car aller à Mars est une chose, d'un coût monumental, mais il ne faut pas oublier que, de temps à autre, c'est Mars qui vient à nous, et tout à fait gratuitement, sous la forme de météorites.

La plupart de celles qui tombent sur Terre sont des morceaux d'astéroïdes, ces corps rocheux qui gravitent autour du Soleil indépendamment des planètes. Beaucoup sont concentrés entre Mars et Jupiter, et occasionnellement l'un d'eux, ou un fragment d'une collision entre eux, sort de sa trajectoire et peut croiser l'orbite de la Terre. Mais il existe aussi des météorites d'origine martienne (comme il y en a d'origine lunaire). Ce sont des morceaux qui ont été arrachés à la planète par de gros impacts de comètes ou d'astéroïdes. La gravité étant assez faible à la surface de Mars, il suffit qu'un rocher soit éjecté avec une vitesse de 5 km/s (contre 11 sur Terre) pour s'affranchir de l'attraction de la planète. Cela reste une vitesse importante, mais très plausible pour un gros impact. Des débris sont ainsi libérés dans l'espace, et certains viennent croiser l'orbite de la Terre, sur laquelle ils tombent alors – il n'y a plus qu'à les ramasser. Encore faut-il savoir les reconnaître, bien entendu. Si un caillou tombe du ciel dans votre jardin, impossible de savoir d'où il vient, à moins de mener des analyses dans un laboratoire. Et, s'il est tombé pendant que vous aviez le dos tourné, vous ne remarquerez même pas sa présence. Les meilleurs terrains pour la récolte de météorites sont les déserts de sable et les banquises, où il y a peu d'autres reliefs et cailloux pour les camoufler.

En août 1996, la NASA fit une annonce sensationnelle : on avait découvert des traces de vie dans une météorite martienne. Les structures analysées au microscope révélaient la présence de nanobactéries, des bactéries beaucoup plus petites que celles que nous connaissons sur Terre, et ce nanisme, pensait-on, constituait la preuve de leur origine extraterrestre. S'ensuivit une longue controverse au cours de laquelle certains invoquaient une origine non biologique (des réactions chimiques à haute température pouvant produire les mêmes structures), et d'autres une simple contamination terrestre (avant sa découverte, la météorite était restée des années exposée sur le sol de l'Antarctique). Le débat fut finalement tranché en 1999, lorsqu'on se rendit compte que les nanobactéries étaient courantes sur notre planète. Simplement, on ne les avait pas encore découvertes !

En d'autres termes, il s'agissait bien d'une trouvaille sensationnelle, mais elle n'avait rien d'extraterrestre. Les bactéries étaient bien de chez nous, quoique d'une espèce totalement inconnue jusqu'alors. Et c'est en décortiquant un caillou martien avec une minutie sans précédent qu'on fit connaissance avec ces bêtes-là.

Cet épisode, ainsi que bien d'autres ces dernières années, nous a appris combien la vie peut prendre des formes inattendues. Depuis peu, on découvre des bactéries partout, y compris dans les environnements les plus hostiles. Dans le geyser de Yellowstone qui bout à 110 °C et regorge de soufre. Dans le sol de l'Antarctique gelé en permanence. Dans des lacs où la salinité atteint 35 %. Dans les eaux les plus acides. Dans le fond des océans, par 2 600 mètres de profondeur et une pression deux cent cinquante fois plus élevée qu'en surface, près de sources hydrothermales dont la température atteint les 350 °C. On les appelle « thermophiles » (qui aiment la chaleur), « psychrophiles » (qui aiment le froid), « halophiles » (qui aiment le sel), « acidophiles » (qui aiment l'acide), « barophiles » (qui aiment la pression). Globalement, on range toutes ces bizarreries en « phile » dans la catégorie des bactéries « extrémophiles », parce qu'elles semblent aimer les conditions extrêmes – extrêmes de notre point de vue, s'entend, pour elles, ce serait plutôt nous les excentriques.

On trouve même des bactéries dans le sous-sol rocheux – dites « endogées » –, à 1 ou 2 kilomètres de profondeur, qui tirent leur énergie de l'oxydation des roches et fabriquent leur matière organique à partir du gaz carbonique dissous. D'autres encore présentent une forte résistance aux radiations ultraviolettes ou radioactives. On en a trouvé dans les déchets du réacteur atomique de Los Alamos, au Nouveau-Mexique, qui se reproduisent benoîtement malgré une radioactivité deux mille fois supérieure à la dose mortelle pour l'homme !

Bonne nouvelle : même en cas de conflagration atomique planétaire, il y aura des bactéries survivantes pour reprendre le flambeau et faire redémarrer la vie sur Terre.

Ces découvertes récentes sont dues (notamment) à la recherche de vie extraterrestre, et elles lui apportent en retour de nouveaux espoirs. La vie est beaucoup, mais vraiment beaucoup plus flexible et plus adaptable que tout ce qu'on imaginait il y a seulement vingt ans. Les milieux les plus inhospitaliers (pour nous) recèlent une activité biologique intense, que nous étions loin de soupçonner. Cela élargit d'autant l'éventail des milieux où nous pourrions découvrir des traces de vie sur d'autres planètes. Si la vie parvient à coloniser des milieux extrêmes sur Terre, pourquoi ne pourrait-elle pas le faire ailleurs ?

Une nouvelle piste pour la recherche de vie sur Mars est d'ailleurs envisagée depuis qu'on connaît les bactéries endogées. Celles-ci vivent au sein même des roches du sous-sol terrestre, tirant leur énergie de l'oxydation des silicates à partir de l'oxygène contenu dans l'eau souterraine. Or, si le sol martien est par endroits un permafrost, il contient de l'eau gelée. Par ailleurs, il contient sûrement des silicates, une roche extrêmement courante. Et, si l'eau de surface est gelée, il ne faut pas oublier que la température augmente de 5 °C à 10 °C par kilomètre de profondeur, à cause de la pression. À 5 ou 10 kilomètres sous la surface, l'eau pourrait donc être liquide. Des silicates et de l'eau, il n'en faudrait pas plus pour les bactéries endogées. Voilà un nouveau scénario séduisant. La vie sur Mars pourrait très bien exister sous forme d'organismes profondément enfouis dans le sol et n'utilisant que des substances minérales et de l'eau. Malheureusement, pour s'en assurer il faudrait pouvoir forer à plusieurs kilomètres sous la surface de notre voisine, une entreprise hors de prix pour l'heure.

Épisode encore plus récent de notre connaissance martienne : en mars 2004, la mission Mars Express[5] a détecté la présence de méthane en faibles quantités dans la très fine atmosphère martienne. Cette découverte pourrait avoir de profondes implications. En effet, dans les conditions qui règnent à

5. http://www.esa.int/esaMI/Mars_Express/

la surface de Mars, le méthane ne peut pas subsister plus de trois cents ans, car des réactions chimiques dues au rayonnement solaire le dégradent en permanence. Sa présence implique donc l'existence d'une source de méthane qui réalimente l'atmosphère. Deux possibilités : une activité géologique de type volcanique ou une activité biologique. Les recherches pour départager ces deux hypothèses sont en cours. À l'heure actuelle, elles sont plausibles toutes deux. D'une part, l'activité géologique, qu'on croyait éteinte à cause du refroidissement de la planète, pourrait bien subsister. Selon les derniers résultats, certaines coulées de laves ne dateraient que de 2 millions d'années, ce qui est beaucoup plus récent qu'on ne le pensait. D'autre part, on a découvert des traces d'eau gelée (encore de l'eau !) sur les pentes mêmes des volcans étudiés. La conjonction de réservoirs de glaces et d'une activité volcanique impliquerait alors l'existence d'eau liquide à intervalles réguliers, voire l'existence de réservoirs liquides permanents entretenus par la chaleur de poches magmatiques, ce qui ouvre une nouvelle possibilité au développement des bactéries. Ainsi, les pentes des volcans comme l'impressionnant mont Olympus[6] (27 kilomètres de haut, 600 kilomètres à la base) pourraient devenir des régions prioritaires pour la recherche de vie sur Mars. Et la liste des sites à prospecter s'allonge d'autant.

Dernier élément d'importance : il est maintenant certain que, pendant la période humide de la planète, entre – 4,6 et – 3,8 milliards d'années, l'écoulement des eaux a provoqué la formation d'argiles. Celles-ci ont été détectées en de nombreux endroits, principalement des hauts plateaux très anciens, parfois sur 500 mètres d'épaisseur. C'est la preuve indubitable que Mars a effectivement connu une époque atmosphérique, avec effet de serre et eau sous forme liquide en permanence. Sur Terre, il faut des millions d'années d'érosion par l'eau pour que des argiles se forment. Or, et c'est là que les choses deviennent intéressantes, certains biologistes estiment que, sur Terre, la vie pourrait être apparue précisément dans les argiles, dont la structure feuilletée est propice aux réplications de molécules.

6. Cliché d'Olympus Mons sur http://antwrp.gsfc.nasa.gov/apod/ap970915.html

L'argile, un peu comme dans la Bible, constituerait la matière première non pas de l'homme, mais de son lointain ancêtre, la première bactérie (que rien n'interdit de baptiser Adam si le cœur vous en dit). Et voilà encore une flopée de sites prometteurs à prospecter sur Mars.

Mars, que l'on croyait sèche, morte et stérile, se montre de plus en plus riche en eau, de plus en plus animée géologiquement, et présente de plus en plus de sites potentiellement propices à une vie passée ou même actuelle. Il y a tellement de sites intéressants qu'on ne sait plus où donner de la mission martienne. Une chose est sûre : dans notre grande traque de la bactérie, il faut impérativement continuer à ausculter cette petite sœur rabougrie.

Et l'autre bonne nouvelle, pour les missions habitées du futur, c'est qu'il n'y aura pas besoin d'emporter des centaines de litres d'eau en bidon. Les glaçons se trouvent en stock sur place. Quittons donc la planète rouge en admirant un splendide cliché pris en 2005 par la sonde européenne Mars Express : près du pôle nord martien, un cratère d'impact de 35 kilomètres de diamètre abrite en son fond un petit lac de glace de 2 kilomètres d'épaisseur, l'eau y ayant été déposée jadis par une comète[7].

L'autre Europe

Les bactéries, telles que nous avons appris à les connaître ces dernières années, posent un épineux problème : on peut les trouver à peu près n'importe où. Plus seulement entre 0 et 100 °C, musardant au soleil, comme on le pensait, mais plutôt de – 200 à + 200 °C, et aussi dans la roche et la glace ou les abysses.

Certains biologistes pensent d'ailleurs que, sur la Terre, la vie ne serait pas apparue d'abord dans les eaux de surface, exposées au rayonnement solaire, ni dans les argiles, mais plu-

7. Cliché sur http://antwrp.gsfc.nasa.gov/apod/ap050720.html

tôt dans le fond de l'océan, près des sources hydrothermales très chaudes, à l'écart de toute lumière. C'est du moins ce que peuvent donner à penser les nombreux sites de cette sorte découverts depuis une vingtaine d'années. Ils abritent des colonies de plantes et d'animaux qui vivent en totale autarcie, sans échange avec la surface ou la lumière.

Mais si cela est vrai, direz-vous, est-il possible qu'une seule souche de bactéries, une souche originelle, ait peuplé ces divers habitats déconnectés les uns des autres ? N'est-ce pas plutôt que la vie est apparue plusieurs fois de façon indépendante, même à la surface de la Terre ? Dans ce cas, pourquoi aller chercher au diable une preuve que nous avons sous les yeux ? Il est possible, en effet, que la première bactérie terrestre n'ait pas été la seule à trouver son chemin vers la vie. Il est possible que les mêmes conditions dans différents endroits aient conduit à plusieurs éclosions indépendantes les unes des autres. C'est possible... mais totalement indémontrable. Contentons-nous d'arriver à dater des fossiles d'organismes microscopiques vieux de 3,8 milliards d'années. Prouver qu'ils ne sont pas apparentés entre eux relève de l'utopie totale. La vie sur Terre est comme une sauce qui mijote depuis des lustres dans le même chaudron ; toute mémoire du ou des amorçages a disparu. Si nous voulons mettre le doigt sur un démarrage indépendant, si bizarre que cela puisse paraître, il est plus réaliste d'aller sonder d'autres astres éloignés qui pourraient présenter les mêmes conditions que la Terre lorsque la ou les premières bactéries ont pris vie.

Or, à première vue, nul corps du système solaire ne présente d'océan liquide, encore moins pourvu de sources chaudes. À première vue. Mais les scientifiques se contentent rarement d'un examen superficiel.

Europe est une grosse boule recouverte de glace craquelée qui tourne autour de Jupiter[8]. Sa glace est surtout formée d'eau, et de gaz congelés, comme le méthane. Entre 1995 et 2003, la sonde spatiale Galileo est passée près d'Europe à plusieurs reprises, et ses mesures ont indiqué, à la surprise

8. Cliché sur http://antwrp.gsfc.nasa.gov/apod/ap071202.html

générale, que le cœur du satellite était chaud. Par quel miracle ? Après réflexion et calcul, on a pointé du doigt les forces de marée dues à Jupiter. Sur Terre, les marées sont dues à l'attraction de la Lune (et, à un degré moindre, à celle du Soleil) qui met la masse océanique en mouvement. L'eau se soulève de plusieurs mètres sur le côté de la Terre qui fait face à la Lune. En fait, il s'agit là de petites marées de rien du tout. Imaginez une marée causée par Jupiter, qui fait trois cents fois la masse de la Terre ! Sur Europe, il n'y a pas d'océan liquide, la surface est bien trop froide, mais en son sein il y a un cœur liquide qui n'a pas encore eu le temps de refroidir et de se solidifier, précisément à cause de ces forces de marée joviennes (on ne dit pas « jupitériennes »). Le cœur liquide de la petite Europe est chamboulé sans arrêt par l'attraction de la gigantesque planète. À chaque rotation, le magma est précipité d'un côté à l'autre, comme dans un bateau qui tangue, et à force d'être ainsi remué il reste chaud et ne se solidifie pas. Mais, si le cœur est chaud, et la surface glacée, qu'a-t-on une chance de trouver entre les deux ? Du tiède bien sûr ! Et par conséquent de l'eau liquide. Il est ainsi devenu certain qu'Europe camoufle un océan d'eau liquide sous plusieurs kilomètres de glace. Mais, se demandera-t-on, est-ce un lieu pour vivre ?

Pourquoi pas ? Les recherches sur Terre ont montré que certaines bactéries étaient capables de vivre sous la banquise. Et, même à l'intérieur de la glace, la vie s'installe entre les cristaux. Il n'est donc pas interdit de penser qu'il existe aujourd'hui sur Europe le même type de bactéries *vivantes* psychrophiles (c'est-à-dire qui aiment le froid, *cf. supra*). *Dans* Europe, plus exactement.

L'autre hypothèse plausible concerne le fond de l'océan : tout comme sur Terre, la vie pourrait s'être développée à proximité d'orifices volcaniques sous-marins qui lui apporteraient l'énergie nécessaire. Sur notre planète, on connaît déjà des dizaines d'espèces de bactéries sous-marines capables de vivre au-dessus de 100 °C. Ces bactéries thermophiles, pratiquant la chimiosynthèse et non la photosynthèse, se nourrissent d'hydrogène et de dioxyde de carbone contenus dans les roches avoisinant les sources chaudes. Elles n'ont besoin ni d'oxygène ni de lumière pour faire bombance. Or les mêmes conditions sont probablement réunies au fond de l'océan d'Europe, si bien que de lointains cousins de nos thermophiles pourraient être en train d'y festoyer.

Europe serait-elle le berceau de bactéries psychrophiles ou de bactéries thermophiles ? Ou des deux ?

Pour tester ces possibilités, il faudrait aller y voir de plus près, débarquer, creuser, prélever. Ici, on parle de missions qui ne sont même pas encore programmées. Mais, dans la seconde partie du XXIe siècle, il y aura probablement des sondes qui se poseront sur Europe pour effectuer des prélèvements liquides à travers les failles de la banquise et pour étudier la composition chimique de son océan subglaciaire. Encore faut-il trouver un endroit où la croûte ne soit pas trop épaisse, car, s'il s'agit d'un bouclier uniforme de 300 kilomètres d'épaisseur, il faudra dire adieu aux espoirs de forage.

En attendant, pour éviter tout risque de contamination de la blanche Europe par des bactéries d'origine terrestre, on a volontairement crashé sur Jupiter la sonde Galileo qui, arrivée à court de combustible après des années de bons et loyaux services, risquait de tomber n'importe où, tel un cheveu dans la soupe primitive.

Titan

Un autre corps du système solaire semble très prometteur. C'est un gros satellite de Saturne nommé Titan[9], dont les astronomes ont coutume de dire qu'il s'agit d'une Terre primitive mise au congélateur. Pourquoi Terre primitive ? Parce que la composition de son atmosphère actuelle est très proche de celle de l'atmosphère primitive de la Terre, avant l'apparition de la vie. À l'époque, il n'y avait pas d'oxygène gazeux, puisque celui-ci a été libéré par les plantes. C'était de l'azote, du méthane, de l'ammoniac et autres bizarreries (du point de vue actuel bien sûr). Et pourquoi le congélateur ? Simplement parce qu'on est

9. Cliché de Titan (image animée montrant la rotation) sur http://antwrp.gsfc.nasa.gov/apod/ap060215.html

très loin du seul radiateur disponible. À 2,5 milliards de kilomètres du Soleil, il fait quelque chose comme – 180 °C en permanence. Donc on peut faire une croix sur les palmiers, mais il n'empêche, à nouveau, qu'il n'est pas impossible qu'une petite bactérie pas trop douillette ait réussi à émerger dans, ou sous, cet univers gelé.

La mission Cassini est donc allée faire un tour par là (elle a mis sept ans pour y arriver) et elle a largué un module d'exploration nommé Huygens qui est descendu dans l'atmosphère de Titan le 14 janvier 2005. En fait de paysages titanesques, les scientifiques ont été déçus : Titan était plat comme une crêpe, parsemé de petits cailloux, de glace d'eau et de méthane[10].

Les instruments de la sonde Huygens ont effectué toute une série de mesures pour savoir ce que l'atmosphère et le sol de Titan pouvaient présenter comme genre de molécules. Au premier stade des analyses, pas de découverte spectaculaire, pas la moindre bactérie, même naine, pas non plus la moisson de molécules prébiotiques espérée. Mais, comme pour Europe, on a acquis la conviction qu'un océan liquide se trouvait emprisonné sous l'épaisse couche de glace et que cet océan mériterait une étude plus approfondie.

Titan, par ailleurs, réservait des surprises bien à lui, largement étalées en surface, mais seulement en nocturne. Durant l'année 2006, des survols cassiniens de la région polaire plongée dans la nuit ont révélé des paysages extraordinaires. Le radar a découvert d'innombrables taches foncées à bords nets, très tranchés. Ces taches correspondent à des zones horizontales totalement lisses. Il est pratiquement impossible de les interpréter autrement que comme des lacs liquides. Des lacs liquides, par – 180 °C ? C'est possible, s'il s'agit de lacs de méthane et d'éthane. La sonde Cassini poursuit sa cartographie minutieuse[11]. 60 % des terrains situés au-dessus de 60 degrés de latitude ont été examinés. Les lacs en recouvrent 14 %, ils ont des tailles variant de 1 à plus de 100 000 kilomètres carrés. Une véritable éponge qui évoque un peu les paysages du nord du

10. Le premier cliché de Titan pris par la sonde Huygens est sur http://antwrp.gsfc.nasa.gov/apod/ap050117.html

11. http://saturn.jpl.nasa.gov/multimedia/images/index.cfm

Canada ou de la Scandinavie, mais en nettement plus froid. De plus, ces lacs semblent tributaires des saisons. En « hiver », quand le pôle est plongé dans la nuit, le méthane serait liquide. Au « printemps », quand le Soleil se lève et que la température monte de 10 °C, le méthane s'évaporerait pour migrer vers le pôle sud et tomber en précipitations diluviennes, formant de nouveaux lacs de ce côté. Et ainsi chaque année, sachant qu'elle s'y étend sur trente de nos années terrestres, tout le stock de méthane liquide migre d'un pôle à l'autre. Les lits des rivières qui drainent les pluies de méthane vers les lacs sont clairement imprimés des deux côtés.

En clair, il semble que le méthane soit à Titan ce que l'eau est à la Terre, nourrissant un cycle complet et permanent d'érosion, de formation de réservoirs, d'évaporation et de précipitations. Tandis que l'eau y joue plutôt le rôle de notre sol rocheux : formant un plancher de glace solide qui recouvre toute la planète. Des orages de méthane sur un sol de glace, quelle féerie ! Même le grand Jules Verne n'y a pas pensé.

Outre l'océan d'eau liquide qui se trouve sous la glace, Titan devient donc intéressant à un second titre, car on y retrouve la même problématique que sur Mars. Le méthane gazeux étant dégradé en permanence dans la haute atmosphère, d'où provient son renouvellement ? Géologie ou biologie ?

Certains chercheurs soutiennent que le milieu titanesque, contenant de l'acétylène et de l'hydrogène, pourrait fournir les nutriments nécessaires à des bactéries productrices de méthane, même à des températures aussi basses que – 180 °C. À creuser, donc.

Encelade

La liste des corps intéressants s'arrêtait là il y a dix ans. Mais les missions spatiales parties pour étudier Europe et Titan ont survolé par la même occasion une poignée d'autres satellites de Saturne et de Jupiter, dont certains se sont avérés bien intrigants. Trois au moins sont entrés dans la catégorie très prisée des détenteurs d'eau. Parmi eux, Encelade, satellite de Saturne, est sans conteste le plus déconcertant.

Avec un diamètre de 500 kilomètres à peine (la Terre en fait près de 13 000), Encelade était *a priori* classé parmi les bouts de caillou froids et morts, genre Lune mais en glaçon. Quelle ne fut pas la surprise des astronomes de contempler sur les clichés envoyés par la mission Cassini d'énormes panaches de matière éjectés sur plusieurs dizaines de kilomètres de hauteur dans la région du pôle sud[12] ! Des volcans sur Encelade ? Alors que la température de surface est de – 200 °C ? Et avec quelle chaleur, s'il vous plaît ?

Après examen des données, il est apparu que les jets visibles sur les clichés n'étaient pas faits de lave, mais d'eau et de vapeur. Encelade possède des volcans d'eau ! Après les lacs de méthane de Titan et son cycle météorologique complet, voici les volcans d'eau d'Encelade et son cycle volcanique complet. Au lieu de recycler les roches silicatées, comme le fait la Terre (fondues en profondeur, éjectées par les volcans, solidifiées en surface), Encelade fait circuler son eau (fondue, éjectée et solidifiée) selon le même cycle.

Une partie de cette eau se trouve vaporisée en haute altitude, formant un semblant d'atmosphère éphémère qui échappe bientôt à l'attraction du satellite pour se retrouver dispersée dans l'un des anneaux de Saturne, qu'elle alimente – ainsi s'explique la teneur anormalement élevée en oxygène de cet anneau (qu'on avait précédemment observée sans connaître sa source). L'autre partie de l'eau éjectée se fige immédiatement sous l'effet du gel et forme du nouveau sol, à la manière dont chez nous la lave se fige à la sortie des volcans. La glace et l'eau en lieu et place de roche et de lave, encore une féerie digne de la meilleure science-fiction.

Établir la présence d'eau liquide sur un corps aussi petit et aussi froid qu'Encelade était une conclusion stupéfiante.

Après examen plus serré encore, on a établi que la réserve d'eau liquide alimentant ce volcanisme n'était pas enfouie à des

---

12. Comparer le cliché réel pris par la sonde Cassini (http://antwrp.gsfc.nasa.gov/apod/ap071013.html) avec une « vue d'artiste » (http://antwrp.gsfc.nasa.gov/apod/ap060608.html).

dizaines ou des centaines de kilomètres, comme sur Europe ou Titan, mais se trouvait à seulement quelques mètres sous la glace. En outre, il ne s'agit pas d'un grand océan mais de différentes poches d'eau, ou lacs sous-glaciaires. Comment cette eau liquide peut-elle se former dans un environnement aussi froid ?

Si la glace d'Encelade est composée d'eau pure, il faut qu'elle atteigne 0 °C pour fondre. Si elle est composée d'eau salée, il lui suffit d'atteindre – 20 °C. S'il s'agit de glace ammoniaquée, la fusion partielle peut commencer à – 100 °C. Mais comment réchauffer un aussi petit corps même à – 100 °C ?

La radioactivité interne et l'effet de marée dû à Saturne, sur le papier, ne semblent pas suffire. Peut-être existe-t-il des interactions gravitationnelles avec les autres satellites qui ajoutent des forces de marée ? À ce stade, il s'agit d'un mystère total, et d'un beau casse-tête à résoudre pour les astronomes. En mars 2007, les experts de la NASA ont proposé un nouveau modèle de formation du satellite, avec un début surchauffé par des réactions radioactives rapides. Un peu tordu comme scénario, proche de la solution désespérée, mais nous ne sommes certainement pas au bout de nos surprises.

Toujours est-il que l'eau jaillit à gros bouillons, faisant d'Encelade un nouveau terrain de prospection pour la recherche de traces de vie.

Ganymède et Callisto

Ganymède est le plus gros satellite de Jupiter, et de tout le système solaire[13]. Avec un diamètre de 5 260 kilomètres, il dépasse la taille de Mercure. Il est complètement gelé en surface, mais là encore la mission Galileo a détecté la présence d'un océan liquide sous la couche de glace. Sa profondeur et sa salinité seraient comparables à celles des océans terrestres. Bien qu'il soit situé à 200 ou 300 kilomètres sous la glace, des mesures ont mis en évidence des minéraux salins hydratés près

13. Vue globale sur http://antwrp.gsfc.nasa.gov/apod/ap990304.html

de la surface, preuve d'importantes remontées d'eau – que ce soit par le biais d'éruptions ou de fractures.

La chaleur qui permet la présence de cet océan liquide serait due au fait que Ganymède possède un cœur métallique chaud et liquide, tout comme la Terre. En effet, Ganymède affiche un important champ magnétique, et celui-ci ne peut être produit que par un cœur métallique en fusion. C'est la taille importante du satellite qui expliquerait sa structure différenciée en couches de densités différentes, comme dans les planètes rocheuses, alors que les corps plus petits restent non différenciés. Plus un corps est gros, plus il est chaud, car la pression au centre est plus importante. Et plus la pression est importante, plus les corps légers sont refoulés en surface, poussée d'Archimède oblige ! Au-delà d'un certain diamètre, les matières qui composent l'astre se trouvent décantées en couches. Ainsi le cœur métallique de Ganymède est-il toujours en fusion, sous un manteau rocheux de silicates qu'il réchauffe, entretenant un océan liquide sous une épaisse couche de glace dont l'extérieur se trouve à – 180 °C.

Quant à Callisto, quatrième satellite de Jupiter, il semble posséder lui aussi un océan d'eau liquide sous une épaisse couche de glace[14]. Globalement, l'eau liquide et solide pourrait représenter 40 % de la masse totale du satellite. Et l'océan serait tellement salé qu'il créerait un léger champ magnétique variable autour de Callisto (les molécules de sel forment en effet des particules chargées qui se comportent comme de petits aimants).

Deux nouveaux océans liquides, c'est-à-dire deux havres potentiels de vie. Soit sous la banquise, soit sur les fonds chauffés par le volcanisme. Décidément, nos fonds sous-marins sont loin de constituer des environnements uniques.

Outre les satellites de Jupiter, sondés par la mission Galileo, on a de nouvelles vues sur deux satellites de Saturne, approchés par la mission Cassini. Téthys et Dioné[15] sont désor-

---

14. Vue globale sur http://antwrp.gsfc.nasa.gov/apod/ap020120.html

15. D'impressionnantes falaises de glace sur Téthys et Dioné sont visibles sur http://antwrp.gsfc.nasa.gov/apod/ap051012.html et http://antwrp.gsfc.nasa.gov/apod/ap060905.html

mais suspectés de présenter une activité hydrologique analogue à celle d'Encelade.

Ainsi, en trente ans, le terrain des recherches concernant la vie dans le système solaire a bien changé. Jadis, seuls les canaux de Mars faisaient rêver. Aujourd'hui, ce sont les profondeurs d'Europe, les lacs de Titan et les volcans d'Encelade qui intriguent.

Mais d'autres objets encore pourraient se révéler intéressants dans notre enquête sur l'origine de la vie, même s'ils ne contiennent pas de bactéries : ce sont les comètes.

Les comètes

Celles qu'on appelle parfois les « vagabondes du ciel » représentent de loin la population la plus grouillante, mais aussi la plus effacée, du système solaire. Elles n'ont ni l'aspect imposant des planètes ou satellites, ni les places de choix des astéroïdes disséminés dans le parterre et les fauteuils d'orchestre, elles doivent se contenter des tout derniers balcons perdus dans le noir et des dernières loges perchées dans les étages à colimaçon. Physiquement, ce sont des blocs de roches et de poussières amalgamées par de la glace. Glace d'eau, mais aussi glace de différents gaz congelés – ils ne pourraient se comporter autrement dans le froid abyssal des confins du système solaire. Les poussières qui sont amalgamées dans la glace rassemblent des carbonates, des silicates et autres choses en -ates.

Ces objets mal mixés et d'une banalité extrême n'attireraient l'attention de personne s'ils ne constituaient ce qui existe de plus proche du système solaire primitif : de véritables fossiles de notre matrice originelle.

Prenez un bâtiment quelconque, votre maison par exemple. Quels sont les objets les plus proches de son origine ? Ce sont les restes de sa construction, briques, tuiles ou planches remisées dans un grenier ou dans une cave. Tout le reste, et surtout les pièces d'habitation, a été recouvert ou remplacé plusieurs fois. De manière analogue, les comètes seraient les déchets de la formation du système solaire restés en l'état. Lorsqu'ils ont pris conscience de cette valeur d'ancienneté, les astronomes se sont avisés qu'ils auraient intérêt à faire les poubelles du grand chantier de construction du système solaire.

On pense que notre système est né d'un grand nuage de particules de gaz et de poussières qui se serait effondré sur lui-même pour donner naissance au Soleil et aux planètes. Mais la périphérie de ce nuage, c'est-à-dire une immense coquille sphérique entourant la région effondrée, serait, elle, restée dans un état très proche du nuage primitif, à peine amalgamé en petits blocs de matière. De même, les éléments les plus externes du disque effondré n'auraient pas réussi à former des planètes et continueraient à promener une ceinture de grumeaux archaïques tout autour du système solaire, au-delà de l'orbite de Neptune.

Ces deux énormes poubelles, le nuage de Oort et la ceinture de Kuiper, ne nous sont connues que parce qu'elles sont des réservoirs de comètes qui parfois se portent « visiblement » à notre rencontre. Des milliards et des milliards d'amalgames de poussières et de gaz gelés y dérivent mollement, dans l'incognito le plus total, mais de temps en temps un bloc, sous l'effet d'une collision, dévie de sa trajectoire et traverse le système solaire. C'est alors que nous pouvons le détecter, car il prend l'allure caractéristique d'une comète : en se rapprochant du Soleil, les gaz commencent à s'évaporer, créant cette longue traînée spectaculaire qu'on appelle « chevelure » et qui peut s'étendre sur plusieurs millions de kilomètres, alors que le noyau solide ne mesure que quelques kilomètres. En d'autres termes, la comète, figurante la plus timide de tout le spectacle, ne se révèle que lorsqu'elle est poussée malgré elle sous le feu du grand projecteur et voit s'embraser les vapeurs issues de ses moiteurs et palpitations. Elle prend alors une ampleur dévorante, qui éclipse même les acteurs de premier plan, avant de s'enfuir à nouveau vers les coulisses où elle s'évanouit pour longtemps.

De mémoire humaine, et surtout depuis les télescopes, on a répertorié des milliers de comètes, certaines très caractéristiques parce qu'elles reviennent régulièrement au voisinage du Soleil (et donc de la Terre), en suivant toujours la même trajectoire. La plus célèbre est la comète de Halley[16], qui revient tous

16. Belle image sur http://www.astrosurf.com/luxorion/Images/halleyfull.jpg

les soixante-seize ans. Ses premiers passages historiques sont notés dans les annales astronomiques chinoises, deux mille ans avant Jésus-Christ, sans pour autant qu'un lien soit établi entre eux. Ce n'est qu'au XVIIIe siècle que l'astronome anglais Halley s'est aperçu de la périodicité précise d'une comète apparaissant toujours au même endroit et il en a conclu qu'il s'agissait d'un seul et même objet tournant autour du Soleil sur une orbite très allongée.

Un visiteur qui revient à intervalle régulier, c'est toujours émouvant. Quand on lui demanda en 1986 ce qu'il pensait de la comète de Halley, qui repassait dans le ciel après un intervalle de soixante-seize ans, l'empereur Hirohito déclara : « C'est bien de la revoir. » Il pouvait en parler, il était né en 1901.

Lors du dernier passage de la comète de Halley, en 1986 donc, les astronomes ont su bien s'équiper pour l'accueillir. Des sondes ont été envoyées à sa rencontre, dont la mission européenne Giotto[17], qui a pu s'approcher à moins de 1 000 kilomètres de son noyau. Pourquoi ce nom ? Parce que, en 1301, une comète gigantesque est passée dans le ciel européen, reconnue plus tard comme étant la comète de Halley, et le célèbre artiste Giotto fut, comme toute la population d'ailleurs, extrêmement impressionné par cette apparition imprévue. Aussi, lorsqu'une riche famille de Padoue lui confia la décoration d'une chapelle entière, l'artiste choisit-il la comète pour figurer l'étoile de Bethléem dans la scène de la Nativité[18].

La sonde eut à essuyer un véritable déluge de particules, puisque la comète, à proximité du Soleil, relâche à fond ses gaz dans de grands geysers qui fusent du noyau. Giotto a bravement résisté à l'orage et a pu photographier le noyau dans un gros plan de paparazzi surprenant sa nudité derrière les paillettes et les voiles, ce qui permit de confirmer sa nature physique de boule de roches et de glace amalgamées. Et d'admirer au passage l'œil de l'artiste : quand on compare la chevelure de l'étoile peinte par Giotto avec le cliché pris par la sonde éponyme en 1986, on trouve exactement la même structure, le

17. http://sci.esa.int/science-e/www/area/index.cfm?fareaid=15
18. http://www.lifeinuniverse.org/noflash/images/Nativity.jpg

même rapport entre la taille de la tête et le développement de la queue[19]...

Bien sûr, une comète s'use à chacun de ses passages près du Soleil, puisqu'elle perd de la matière. Avec le temps, elle finit par se disloquer ; un exemple célèbre et spectaculaire reste la comète Biela, dont on a observé l'éclatement en 1846, et la disparition définitive en 1872. Mais les plus grosses comètes, comme celle de Halley, peuvent survivre à des dizaines et des dizaines de passages avant de disparaître.

Contrairement aux planètes, qui ont des orbites presque circulaires et tournent toutes dans un même plan, les comètes ont des orbites extrêmement allongées, passant très près du Soleil avant de repartir très loin et, pour celles qui ont pris naissance dans le nuage de Oort, elles peuvent provenir de n'importe quelle direction du ciel. Certaines comètes croisent l'orbite terrestre, il existe donc un risque de collision. Mais, statistiquement, ce risque est presque nul, plus faible encore que la chance de gagner au Loto. En revanche, il n'est pas rare que nous croisions le sillage d'une comète qui, lui, est large et long. Ce sillage est une portion de l'espace qui reste pleine de son souvenir, puisque le bolide de matière agglomérée qui fonce dans l'espace tout en fondant sous l'action du Soleil perd de nombreuses particules en chemin. Ces grains minuscules, de l'ordre du millimètre, restent en mouvement rectiligne le long de l'orbite de la comète et forment une sorte de tube de microparticules. Lorsque la Terre, dans son mouvement autour du Soleil, croise l'un de ces tubes cométaires, nous assistons à des pluies d'étoiles filantes. Ces pluies périodiques qu'on admire au mois d'août ou de novembre sont constituées des poussières de comètes qui entrent en collision avec l'atmosphère de la Terre, à 80 kilomètres d'altitude. La friction soudaine échauffe les grains qui se vaporisent et ionisent les molécules d'air sur leur trajet, laissant ces longues traînées lumineuses qui signent leur disparition[20].

---

19. Cliché sur http://techno-science.net/illustration/Retro-techniques/Giotto Halley1986/Giotto-Halley-noyau.jpg

20. Voir le site http://astrosurf.com/toussaint/dossiers/meteorites/meteorites4.htm

Non seulement l'espace vide n'est pas vide, mais il est sillonné de véritables autoroutes tubulaires où l'on ramasse à la pelle les défroques de comètes, abandonnées telle la pantoufle de Cendrillon après le bal.

Comme on l'a dit, les comètes éveillent un intérêt considérable chez les astronomes parce qu'elles constituent une mémoire fossile des débuts du système solaire. Elles proviennent d'une région si lointaine que leur nature n'a pas été modifiée depuis et malgré l'entrée en activité du Soleil. Elles n'ont pratiquement pas été irradiées, et leur composition chimique n'a été modifiée par aucun phénomène ou événement violent. Une vie de comète, c'est le calme plat, l'ennui mortel, le morne carrousel glacial arctique, sauf si, par extraordinaire, l'astre se trouve propulsé sur le devant de la scène et se met à caracoler, déployant une chevelure infiniment trop grande pour lui.

Les planètes, pour leur part, ont considérablement changé de constitution physique et chimique depuis l'époque de leur formation. D'importants phénomènes géologiques y ont effacé les conditions initiales et toute trace de leur formation. Elles ressemblent à d'immenses chaudrons dans lesquels sont tombés en vrac les ingrédients présents lors des débuts du système solaire, où ils se sont fait cuire, recuire et chahuter au fil du temps. Pas un petit bout du grand nuage d'origine n'est parvenu à conserver son intégrité au milieu des grands chambardements qui émaillent une vie de planète.

Sur Terre, les échantillons de roches les plus anciens datent d'environ 4 milliards d'années, et déjà ce sont des roches fort transformées, puisque la totalité de la matière constituant la Terre est d'abord passée par une phase de fusion. Le refroidissement lent a fini par former une croûte dont quelques fragments nous sont parvenus, ce sont ces roches-là qui sont datées de 4 milliards d'années, soit tout de même plus de 500 millions d'années après les premiers événements – on ne pourra pas dire que ce sont des témoins fidèles de la nuit des temps. Hormis ces quelques bouts de croûte primitive, tout le reste a été remobilisé et transformé par les phénomènes géologiques incessants que connaît notre planète agitée : subduction, volcanisme, impacts, séismes, érosion. Si bien que les roches de la croûte terrestre actuelle affichent à peu près tous les âges possibles et imaginables entre 4 milliards d'années et... quelques secondes – l'âge des roches qui, en ce moment même, sortent des volcans et des rifts océaniques.

D'où l'intérêt d'étudier les comètes, puisqu'on trouve là une matière vierge qui donne directement accès à la composition du système solaire primitif. Celles à courte période (quelques dizaines d'années) prennent naissance dans la ceinture de Kuiper et ne sont sans doute pas aussi vierges que celles à longue période, qui proviennent du nuage de Oort. Ces dernières sont le reflet le plus proche de ce qu'était le système solaire il y a 4,6 milliards d'années. Dormant dans un halo à environ – 270 °C, sans impacts et sans réactions chimiques, elles racontent la genèse du système solaire comme si l'on y était.

Et que trouve-t-on dans ces comètes ?

De l'eau, en abondance. Des molécules organiques. Y compris des hydrocarbures (c'est-à-dire des molécules qui ressemblent au pétrole, mais qui proviennent en l'occurrence de réactions chimiques directes, et non de la décomposition de végétaux). On a calculé qu'un corps comme la comète de Halley contient l'équivalent de plusieurs années de consommation planétaire de pétrole. On pourrait donc imaginer qu'un jour on capturera des comètes pour les exploiter comme de simples champs pétrolifères. Mais, pour l'heure, l'entreprise coûterait bien plus cher qu'elle ne rapporterait. Nous ne sommes d'ailleurs pas du tout en mesure de domestiquer un colossal bolide lancé comme une fronde autour du Soleil.

Parmi les particules identifiées dans les comètes, on trouve des molécules prébiotiques comme HCN, HC_3N, H_2CO ou H_2S, ainsi que des composés organiques plus complexes comme les hydrocarbures dérivés du benzène. À partir de ces composés et en présence d'eau, il est relativement direct de former des acides aminés, dont on a effectivement détecté des traces dans certains échantillons. Et, comme on sait que les comètes ont bombardé intensivement la Terre au début de son histoire, certains font l'hypothèse qu'elles y auraient apporté non seulement l'eau, mais aussi les acides aminés nécessaires à la vie. Cette thèse « extraterrestre » est fort controversée. L'étude des comètes présente donc des enjeux majeurs non seulement pour décrire les débuts du système solaire, mais peut-être aussi pour comprendre le démarrage de la vie sur Terre.

C'est pourquoi les grands programmes spatiaux du siècle en cours comprennent beaucoup de missions cométaires, dont la mission européenne Rosetta[21] partie le 2 mars 2004, qui rencontrera la comète Churyumov-Gerasimenko (Chury pour les intimes) près de l'orbite de Jupiter en 2014. Elle effectuera pour la première fois un vol parallèle avant d'y larguer la sonde Philae[22] qui s'y posera et auscultera directement son sol. Un bras articulé plongera au cœur de cette matière vierge des débuts du système solaire. Le nom de la mission rend hommage à la pierre de Rosette qui avait permis de déchiffrer les hiéroglyphes laissés par les anciens Égyptiens. Cette fois, il s'agira de déchiffrer les hiéroglyphes laissés par la naissance du système solaire.

À l'heure actuelle, nous avons déjà un acquis appréciable en matière de missions cométaires.

En 1986, on l'a vu, la sonde Giotto fut la première à courtiser une comète de près, c'était Halley. La sonde a pris des clichés et traversé les jets de gaz et de poussières pour les analyser *in situ*. Deux types de particules ont été détectés : des poussières silicatées et des poussières organiques (dont des macromolécules et des polymères).

En 2004, la mission Stardust[23] a survolé et échantillonné le noyau de la comète Wild 2. La sonde a déployé une raquette comprenant des panneaux d'aérogel, une matière visqueuse dans laquelle sont venues s'encastrer les poussières cométaires, tels des papillons dans un filet. Chaque particule a creusé un petit sillon tubulaire dans le gel destiné à les capturer sans les abîmer. La sonde est revenue sur Terre le 15 janvier 2006 avec quelques milliers de grains de poussière. C'était le premier retour de matière extraterrestre depuis les missions sur la Lune dans les années 1970. D'abord, un dixième de la collecte a été distribué entre deux cents chercheurs de tous pays, soit

21. http://smsc.cnes.fr/ROSETTA/Fr/

22. Du nom de l'obélisque qui permit en complément de la pierre de Rosette de déchiffrer les hiéroglyphes.

23. http://stardust.jpl.nasa.gov/home/index.html

10 microgrammes en tout, l'équivalent de deux grains de sel de cuisine ! Deux cents chercheurs sur deux grains de sel, telle est la science actuelle, capable de passer chaque molécule au peigne fin. Les composés identifiés étaient étonnamment nombreux, comme s'ils provenaient d'une grande variété de régions de la nébuleuse protosolaire, et non d'une zone médiane relativement homogène comme on le pensait. La comète serait donc formée d'un mélange de particules récoltées tous azimuts, ce qui indiquerait que le système solaire naissant a connu de fortes turbulences, une sorte de gigantesque brassage de l'ensemble de ses composants. Dans le disque en train de s'aplatir, le régime était donc celui d'un tambour de machine à laver plutôt que celui d'une sage mise en rangs dans le préau de l'école.

Le dernier survol d'un noyau cométaire a eu lieu en juillet 2005. La sonde Deep Impact[24] a non seulement survolé le noyau de Temple 1, mais elle l'a aussi bombardé avec un projectile de 300 kilos afin d'étudier les effets de la collision à l'aide d'une caméra[25]. En attendant de pouvoir réaliser des interventions plus délicates, on a agi un peu comme un enfant trop jeune avec un jouet inconnu : le mettre en pièces pour voir de quoi il est fait. Dans le nuage consécutif à l'impact, on a repéré deux composés gazeux (eau et gaz carbonique) et six composés solides principaux. Le choc a libéré à peu près la même quantité de vapeurs d'eau que de poussières solides. La comète est donc moitié glace, moitié poussières.

On attend maintenant les résultats de Rosetta en 2014 pour savoir, vraiment, de quoi le cœur d'une comète est fait.

24. http://solarsystem.nasa.gov/deepimpact/index.cfm
25. http://www.futura-sciences.com/galerie_photos/showgallery.php/cat/569

3

LA FORMATION DU SYSTÈME SOLAIRE

Opéra en quatre actes

Le Soleil n'a pas toujours existé. La Terre non plus. Cette idée a de quoi troubler. Nous qui sommes collés au système solaire comme un mollusque au navire, nous avons du mal à imaginer que cette résidence permanente ne soit pas le tout ni le toujours de l'Univers. Et pourtant ! Des générations d'étoiles sont nées et sont mortes avant que le Soleil n'en vienne à montrer le rond de son disque.

Les étoiles, dans l'Univers, sont un peu comme les êtres humains sur Terre : il en arrive toujours de nouvelles, et celles qui ont fait leur temps disparaissent, léguant leur patrimoine aux générations futures. Notre Soleil est né quand l'Univers était déjà vieux de 9 milliards d'années. Il mourra dans 5 milliards d'années. Dans l'intervalle, il constitue un abri garanti. Mais néanmoins provisoire, comme un radeau fait de rondins assemblés est voué un jour à s'éparpiller.

Pendant très longtemps, la formation du système solaire fut une histoire pleine d'hypothèses et de points d'interrogation. Comment, en effet, décrire ce qui a précédé non seulement l'homme, mais la Terre elle-même ? Où trouver des traces, des témoins auxquels se fier ? Non seulement nous n'y étions pas, mais aucun des objets que nous connaissons n'y était non plus. C'est un peu comme chercher, dans la botte de foin, l'aiguille qui serait capable de dire comment le foin a pu sortir de terre.

Et puis les progrès techniques ont permis cette prouesse : observer dans le ciel de nouvelles étoiles à peine nées. *Bêta Pictoris*, dans les années 1980, a été la première étoile à livrer ses petits secrets de berceau. Et l'on vit une épaisse couche de matière diffuse l'entourant comme une grosse écharpe de plumes. Puis d'autres étoiles naissantes ont été détectées, toujours avec le même nuage de matière agencé en boa autour des épaules. Comme rien ne ressemble plus à une étoile qu'une autre étoile, tout porte à croire qu'à travers ces jeunettes nous regardons dans un miroir le système solaire tel qu'il était lorsqu'il venait de naître. C'est donc grâce à ces observations très récentes que nous pouvons enfin tester et affiner nos hypothèses sur la formation du système solaire. Le modèle théorique est en plein développement, mais on s'accorde au moins sur quatre grandes étapes : contraction de la nébuleuse protosolaire, aplatissement du disque d'accrétion, formation des anneaux planétaires, condensation du Soleil et des planètes.

UN NUAGE QUI REÇOIT UN COUP DE PIED

On appelle « nébuleuse protostellaire » (ou « protosolaire » pour ce qui nous concerne) un immense nuage de gaz et de poussières qui flotte dans l'espace vide entre les étoiles. Un tel nuage, qui constitue la matrice d'un nouveau système stellaire, est essentiellement composé d'hydrogène et d'hélium.

Au début de son existence, l'Univers était seulement composé d'hydrogène, l'élément chimique le plus simple et le plus léger (son atome est composé d'un proton et d'un électron). Aujourd'hui, l'Univers contient trois quarts d'hydrogène et un quart d'hélium (le deuxième gaz le plus léger, formé de deux protons, deux neutrons et deux électrons), ainsi que de petites quantités d'éléments chimiques plus lourds (oxygène, carbone, silicium, fer, etc.). Ces éléments ont été fabriqués dans le cœur des étoiles, où les hautes températures font fusionner plusieurs atomes d'hydrogène. Ainsi, la composition chimique de l'Univers change progressivement au cours du temps, au fur et à mesure du travail de transformation opéré par les étoiles. On peut même dire que la composition chimique de l'Univers indique son âge comme une véritable horloge : plus l'hydrogène a été transformé, plus l'Univers est vieux. Les atomes lourds, de plus en plus nombreux, sont en quelque sorte les cheveux blancs de l'Univers.

Lorsque le Soleil s'est formé, des générations d'étoiles avaient déjà énergiquement carburé pour produire des éléments chimiques plus lourds que l'hydrogène. Le nuage protosolaire contenait donc toutes sortes d'atomes intéressants qui se retrouvent aujourd'hui dans les planètes du système solaire, dans notre assiette au petit déjeuner et dans le livre que vous tenez entre les mains. Ces atomes-là flottaient, tous, dans la nébuleuse qui nous a engendrés. Oui, la matière qui forme notre corps, nos vêtements et tout ce qui nous entoure, cette matière flottait librement dans l'espace voilà 5 milliards d'années.

L'essentiel de ce nuage (98 %) était pourtant composé d'hydrogène et d'hélium, des gaz trop rudimentaires pour produire autre chose qu'une étoile ou des planètes molles. Seuls 2 % de poussières solides contenaient des choses aussi sophistiquées que du carbone, de l'azote ou de l'oxygène lié avec du fer, du nickel, du magnésium, du silicium, du soufre, etc. Mais c'est déjà plus qu'il n'en faut pour assembler un petit vaisseau comme la Terre, et quelques autres planètes dures en prime.

Après être demeuré stable et impassible pendant longtemps, le nuage protosolaire s'est trouvé bousculé par un événement survenu dans son voisinage, probablement l'explosion d'une grosse étoile (supernova). L'onde de choc extérieure, tel un coup de pied bien placé, a rompu l'équilibre indécis du flottement stationnaire, entraînant l'effondrement du nuage sur lui-même. Aussitôt entamé, l'effondrement s'est entretenu sous l'effet de la gravitation et a produit une grande condensation centrale en forme de boule de gaz. Or, pour peu que la masse atteigne un niveau suffisant, la pression et la température au centre montent en flèche ; une fois que son cœur atteint 10 millions de degrés, la boule d'hydrogène se transforme automatiquement en réacteur nucléaire : les noyaux d'hydrogène fusionnent pour se transformer en hélium avec un fort dégagement d'énergie. Le Soleil est né.

UNE NÉBULEUSE TOUPIE

Dès le début de l'effondrement, la masse de gaz se met à tourner sur elle-même, obéissant à l'onde de choc qui impose une direction initiale. Et plus elle se contracte, plus la rotation accélère, car la physique, en ses infinis truchements, établit un lien entre volume et vitesse de rotation. Lorsqu'un patineur sur glace entame une rotation avec les bras tendus, il n'a plus qu'à les fermer pour accélérer sa pirouette. Il en va de même pour le nuage protosolaire, ce patineur géant : on le heurte, il se recroqueville et du même coup se transforme en toupie. La rotation rapide va entraîner à son tour l'aplatissement du nuage en disque – encore un conjungo automatique : plus ça tourne vite, plus ça s'écrase. Exactement comme dans une barbe à papa ou un tour de potier qui tournerait trop vite, la matière a tendance à s'aplatir en disque (le patineur, lui, est suffisamment rigide pour garder figure humaine, mais nul doute que, très rapide et sans squelette, il finirait en crêpe).

Ce disque de gaz et de poussières qui se forme autour de l'étoile centrale est appelé « disque d'accrétion », car c'est en son sein que va se dérouler ce qu'on appelle l'« accrétion ». C'est l'agglomération des petits corps solides en corps de plus en plus gros, agglomération rendue possible, et même inévitable, par la nouvelle configuration. Tant qu'on était dans un nuage, il y avait de la place, et chacun musardait tranquillement. Mais que ce nuage s'aplatisse en disque, et c'est la bousculade garantie.

DES PLANÈTES EN FLOCONS

Comment fabriquer un mastodonte comme la Terre à partir de micropoussières ? Cela paraît dément, pourtant tous les disques d'accrétion le font. On a repéré au télescope des dizaines d'étoiles jeunes qui en présentent un. Certains sont pleins, d'autres fragmentés en anneaux, d'autres encore presque résorbés – ces étapes étant corrélées avec l'âge des étoiles.

Reprenons depuis le début. Dans le placide nuage protosolaire se trouvent 98 % de gaz et 2 % de matière solide. Celle-ci se présente sous forme de grains minuscules, pas plus larges qu'un dix millième de millimètre, dans lesquels se trouvent des silicates et des oxydes métalliques, des molécules carbonées et de la glace d'azote et d'eau. Ces grains flottent dans un milieu gazeux qui connaît une agitation thermique faible mais non nulle. Régulièrement, des grains se rencontrent et s'agrègent à cause de leur surface légèrement collante. Puis, lorsque le nuage se voit traversé par l'onde de choc d'une supernova, la turbulence du gaz augmente brusquement et forme des tourbillons qui produisent des agrégats de particules de quelques centimètres, lesquels forment des flocons poreux. C'est un peu comme la neige : lorsque des cristaux se télescopent en plein vol, ils ont tendance à s'agglutiner en flocons par leurs aspérités de surface. Nous voilà donc avec de futures planètes et de futurs êtres vivants qui se baladent sous forme de flocons. Drôle de purée ! Là-dessus s'ajoutent les effets de la gravité. D'une part, les flocons sont entraînés dans l'effondrement gravitationnel global du nuage qui s'aplatit en disque, et ils se rencontrent de plus en plus souvent, formant des agrégats encore plus importants, jusqu'à atteindre quelques mètres. D'autre part, ils commencent à ressentir l'attraction gravitationnelle mutuelle et à se rassembler non plus seulement par contact aléatoire, mais aussi par attraction des petits par les gros. Résumons notre pensée : l'union (des flocons) fait la force (d'attraction).

Pendant quelques millions d'années, le manège tourne, et les grumeaux grossissent sans arrêt. À partir d'une certaine taille, ils se condensent sous leur propre poids, comme la neige se tasse en glace, perdant leur belle consistance de flocons. Ils font quelques kilomètres de diamètre, on les appelle « planétésimaux ». Plusieurs milliards de ces embryons de planètes tournent en orbite dans le même plan autour du bébé étoile. Progressivement, le disque perd son homogénéité et se scinde en plusieurs régions distinctes ayant la forme d'anneaux.

UN NETTOYAGE À L'ASPIRATEUR

Les chocs et les chutes se poursuivent. Bientôt, l'accrétion s'emballe, lorsqu'un corps a acquis une masse suffisante pour aspirer, c'est-à-dire faire tomber vers lui tout ce qui se trouve dans son voisinage. Et plus il aspire, plus sa capacité d'aspiration augmente, puisque chaque chute accroît sa masse. Chaque chute augmente aussi sa température, car les chocs de plus en plus violents dégagent beaucoup d'énergie. La plupart des planètes solides commencent ainsi leur vie d'adolescente par une période très agitée où leur matière entre en fusion sous l'effet des chocs extérieurs (et aussi de la radioactivité intérieure due aux éléments provenant de la supernova).

Après les planètes en poussières, les planètes en flocons et les planètes en embryons, voici donc les planètes en fusion, crépitantes et rageuses. Elles passent décidément par tous les états avant de devenir les grandes dames majestueuses que nous connaissons.

Notez que tous les chocs ne conduisent pas nécessairement à un grossissement des corps. Lorsque deux blocs de tailles comparables se rencontrent trop violemment, ils peuvent repartir fragmentés. Et, même lorsqu'il s'agit d'une chute d'un petit corps sur un gros, l'angle et la vitesse peuvent aboutir à des éclats de matière propulsés dans l'espace. On pense que c'est ce qui s'est passé lors de la formation de la Lune, celle-ci ayant été arrachée d'une proto-Terre encore chaude et malléable à la suite d'un choc violent avec un planétésimal. La Lune arrachée à la Terre ? Mais oui, c'est très plausible. La Terre toute jeune était molle comme une boule de compote chaude. Percutez-la avec une autre boule de compote, et vous pourrez, si l'angle et les vitesses s'y prêtent, éjecter un gros morceau qui n'aura pas assez d'énergie pour s'échapper définitivement et se stabilisera en orbite comme un chien en laisse. Beaucoup plus petit que la Terre, ce morceau s'est refroidi plus vite et a perdu toute trace d'atmosphère. Il demeure en l'état depuis 4 milliards d'années, comme un membre amputé et momifié qui resterait à la remorque de son corps d'origine. Voilà pour la Lune.

Mais revenons aux planétésimaux. En quelques dizaines de millions d'années, le disque d'accrétion s'est nettoyé pour faire place à huit planètes principales. Toutefois, même après la disparition progressive des anneaux, le système solaire primitif était encore encombré d'une foule de petits corps, planétésimaux résiduels, plus ou moins sphériques, morceaux de comètes lointaines, astéroïdes informes qui circulaient en tous sens et qui ont donc bombardé pendant très longtemps les corps principaux. Pendant 600 millions d'années, chacune des huit planètes, mais plus encore les planètes centrales que les planètes extérieures, fut le siège d'un déluge de comètes et de météorites. Au terme de ce bombardement, la Terre possédait des océans, grâce à l'eau apportée par les comètes.

Vous vous demanderez peut-être pourquoi l'eau a dû venir des comètes et ne se trouvait pas dans les composants d'origine de la Terre ? Parce que la composition première de la Terre, tout comme celle de chacune des planètes, a été fortement influencée par sa position par rapport au Soleil. La chaleur dégagée par la jeune étoile a trié les éléments en fixant ceux qui pouvaient survivre à chaque distance. De manière générale, l'eau et les gaz ont été refoulés vers la périphérie, formant les planètes gazeuses et les comètes, tandis que les métaux et les silicates résistaient bien à la chaleur. C'est pourquoi les quatre planètes proches du Soleil sont solides et riches en silice, fer, magnésium et aluminium. L'eau, les gaz et les matières carbonées n'ont été apportés sur Terre que plus tard, par les avalanches de comètes. Celles-ci, qui s'étaient formées dans la partie extérieure du disque, ont été arrachées de leur orbite par la force gravitationnelle des planètes géantes et projetées en désordre vers le centre où se trouvaient les planètes rocheuses. Et c'est ainsi que nous jouissons à la fois des plaisirs solides, liquides et gazeux.

Entre Mars et Jupiter se trouve encore un anneau rempli de planétésimaux rocheux – vestiges tardifs et définitifs du disque d'accrétion. Ceux-ci n'ont pas réussi à former une planète à cause de l'influence de Jupiter. Sa masse énorme, en effet, perturbe les trajectoires de ces petits corps en les accélérant périodiquement, si bien que toute accrétion devient impossible.

Un autre anneau très large s'étend au-delà de Neptune, rempli de millions de petits corps glacés. On l'appelle « la ceinture de Kuiper ». C'est l'origine des comètes à période courte, comme la comète de Halley, cette visiteuse si fréquente que certains hommes peuvent la voir deux fois dans leur vie.

La formation des planètes, en bref, évoque une cohue qui ne commence à se calmer que lorsque le nombre des participants se trouve fortement réduit par le cannibalisme. Ceux qui ont englouti les autres ont enfin la paix, telles des multinationales ayant ratiboisé le petit commerce.

Acte de naissance

On connaît l'âge du système solaire avec une précision insolente. Il est vieux de 4,566 milliards d'années, la marge d'erreur étant de l'ordre du million d'années. Estimer un nombre de 4,566 milliards à 1 million près, voilà une prouesse – c'est comme si l'on devinait la date de naissance d'un homme de 40 ans à trois jours près. Comment est-ce possible ?

C'est que les techniques de datation radioactive sont extrêmement efficaces. Elles sont fondées sur le fait que certains noyaux atomiques sont instables (ou encore : radioactifs) et se désintègrent en d'autres noyaux, stables, à une vitesse définie. Parmi ces méthodes, prenons d'abord la plus connue, la datation au carbone 14. Dans les organismes vivants, le carbone est régulièrement renouvelé par la nourriture. Le rapport entre l'espèce instable (carbone 14, possédant 6 protons et 8 neutrons) et l'espèce stable (carbone 12, possédant 6 protons et 6 neutrons) ne change pas. Mais, dès que l'organisme meurt, le stock de carbone se fige, et la proportion de carbone 12 augmente au fur et à mesure que le carbone 14 se désintègre. Donc, si l'on mesure, dans un bout d'os donné, la proportion de carbone 14 par rapport au carbone 12, on peut en déduire l'âge du fossile, c'est-à-dire le moment où l'organisme est mort et où le carbone 14 a commencé à diminuer. On saura ainsi si l'on a marché sur le fémur de son arrière-grand-père, sur celui d'un Mérovingien ou sur celui d'un ancien Gaulois.

Le carbone 14 sert tout simplement de sablier, un sablier qui commence à se vider le jour où l'organisme cesse d'échanger de la matière avec le monde extérieur, pour se vider à une vitesse précisément connue. Le carbone 14 se désintègre sur une période relativement courte, de l'ordre de quelques milliers d'années, ce qui en fait une très bonne horloge pour dater des objets historiques et préhistoriques, comme des ossements, des bois et des tissus. Mais, au-delà d'un certain horizon temporel, le sablier est vide quoi qu'il en soit et ne peut plus rien nous apprendre. Par chance, il existe aussi des éléments radioactifs qui se désintègrent beaucoup plus lentement, comme l'aluminium par exemple, et qui permettent de dater des événements extrêmement anciens, comme la formation d'une roche, ou même de remonter jusqu'au début du système solaire.

Encore faut-il posséder des objets qui ont été produits à cette époque. Pour la formation du système solaire, ces échantillons ne sont pas faciles à trouver, puisque tous les matériaux qui existent sur Terre ont été transformés, mâchés et remâchés par les péripéties de l'histoire terrestre : bombardement de la Terre primitive, puis volcanisme et activité interne de la planète qui n'ont cessé de fondre et de remanier les matériaux d'origine. Or un sablier radioactif ne peut témoigner que du moment de sa propre mise en route, c'est-à-dire du moment où les échanges et les transformations de matière se sont figés en une roche inerte. Aucun des sabliers radioactifs qui existent sur Terre ne s'est mis en marche *avant* la formation de notre planète, c'est une nécessité logique.

Et, pourtant, il y a par chance une faille dans le système, une exception à la règle et une petite porte restée entrouverte pour les émissaires du fond des âges. Il existe bien, malgré tout, des échantillons de matière qui sont arrivés jusqu'à nous, *intacts*, depuis l'époque de la formation du système solaire. Ce sont les météorites. On appelle ainsi tout échantillon de matière qui, venant de l'espace, tombe sur Terre. Il fallait y penser ! Seul ce qui tombe sur Terre a une chance d'être plus vieux que la Terre.

Ces bouts de cailloux sont des morceaux d'astéroïdes ou de comètes formés aux premières heures du système solaire et qui n'ont pas été embrigadés plus loin dans le processus d'accrétion. Parfois même, avec un peu de chance, il peut s'agir de cailloux qui existaient déjà *avant* la première phase d'accrétion, et qui flottaient tels quels dans la nébuleuse protosolaire (par exemple, des résidus de planètes antérieures pulvérisées par la mort de leur étoile). Ce sont en tout cas des témoins directs des tout premiers instants du système solaire, les seuls objets qui peuvent dire : « J'y étais » et qui n'ont pas perdu la mémoire.

Penchons-nous à nouveau sur cette première phase. On a dit plus haut que le nuage protosolaire avait été déstabilisé par un événement violent comme l'explosion d'une supernova. Qu'est-ce qu'une supernova ? C'est la mort spectaculaire d'une étoile géante. On sait, pour en avoir observé de multiples exemples dans le ciel, que les étoiles très massives explosent violemment à la fin de leur vie en libérant une énergie phénoménale, en même temps que tous les éléments chimiques fabriqués dans leur cœur. Et l'on pense que l'onde de choc d'une supernova, si elle rencontre un nuage de gaz et de poussières sur son parcours, peut provoquer son effondrement et commencer un nouveau système stellaire. Pourquoi faire une telle hypothèse ? Parce qu'elle tient la route physiquement (comment le nuage vaporeux pourrait-il *ne pas* être perturbé par un tel déferlement d'énergie ?) et parce que nous possédons, pour ce qui concerne la formation du système solaire, un objet, tout concret et tout matériel, qui pourrait bien être la trace directe de cet événement.

En 1968 est tombée au Mexique une grosse météorite près d'un village nommé Allende. Trois tonnes de matière ont été récoltées et analysées au laboratoire. Cette météorite contenait de petits grains blancs, inclusions de cristaux dans la roche carbonée[1], et ces cristaux contenaient des éléments radioactifs très particuliers. Ceux-ci ne pouvaient pas être apparus spontanément, car il faut des énergies très intenses pour les fabriquer. Ils ne pouvaient être que le résultat de l'irradiation de la roche par des particules de très haute énergie, comme on en trouve dans les rayons cosmiques émis par une supernova. Ces rayons cosmiques, en frappant la roche qui flottait librement dans la

1. Voir un fragment caractéristique sur http://www.ac-nice.fr/clea/lunap/html/Meteorites/6-allende.jpg

nébuleuse protosolaire, ont modifié sa composition chimique et créé de nouveaux éléments, dont une espèce rare d'aluminium, qui ont commencé leur désintégration radioactive à ce moment-là. La météorite a gravité pendant des milliards d'années dans le système solaire, assistant à sa naissance, à sa jeunesse, à sa maturité, aux bactéries, aux dinosaures, etc., jusqu'en 1968 après Jésus-Christ où elle a croisé par hasard le chemin de la Terre et s'est posée à Allende au Mexique – un destin bien insolite pour un restant de planète d'une autre époque, mais quel destin n'est pas insolite après tout ? Une aubaine exceptionnelle, en tout cas, pour les scientifiques. La mesure des éléments radioactifs qu'elle contient a permis de dater exactement le début de leur désintégration : 4,566 milliards d'années. Cette météorite est donc en soi une horloge de grande précision qui s'est mise en route il y a 4,566 milliards d'années, lors d'un dégagement d'énergie considérable, très probablement l'explosion d'une supernova qui a précipité la formation du système solaire. Que pourrait-on rêver de mieux comme messager spécial ?

Si vous le souhaitez, et si vous avez quelques économies, vous pouvez acheter un morceau de la météorite Allende. Vous détiendrez un petit caillou qui ne paie pas de mine bien qu'il soit plus ancien que tout objet possible dans le système solaire. Quand les atomes qui constituent notre corps, la tour Eiffel ou l'Everest flottaient encore librement dans l'espace interstellaire sous forme de petits flocons mous, ce caillou existait déjà tel que nous le voyons aujourd'hui, il flottait lui aussi dans l'espace, vieux débris éjecté par une phase antérieure de l'Univers et qui a fixé dans sa matière le flash lumineux de la supernova inaugurale. Les morceaux de la météorite Allende sont vendus tranchés et polis, ce qui met en évidence les petits grains blancs dans lesquels se trouvent les fameux éléments radioactifs – horloges naturelles qui continuent à compter le temps écoulé depuis l'éternuement d'étoile qui nous a mis sur orbite.

Jusqu'où va le système solaire ?

Aujourd'hui que l'on connaît des milliers et des milliers de petits corps autres que les planètes, la question se pose de savoir ce qu'est au juste le système solaire, et surtout jusqu'où il va. Est-ce la force gravitationnelle qui peut en donner une délimitation valable ? Pas vraiment, puisque sa portée est théoriquement infinie. La force de gravitation décroît en fonction du carré de la distance, donc elle devient très faible à longue portée, mais ne s'annule jamais. En revanche, on peut définir l'endroit où la force d'attraction d'une autre étoile va l'emporter sur celle du Soleil. On peut ainsi tracer des zones d'influence gravitationnelle, comme des poches, des vallées ou des cuvettes dans lesquelles les objets tombent vers une étoile plutôt qu'une autre. Physiquement, cette zone s'étend, pour le système solaire, jusqu'au bord extérieur de la grande structure dont il a déjà été question : le halo de comètes lointaines, qu'on appelle « nuage de Oort ». Ce nuage est le vestige de l'immense nébuleuse protosolaire, dont la périphérie est restée disséminée en halo tandis que l'intérieur s'est condensé et aplati en un disque où sont nés le Soleil et les planètes. Ce nuage est beaucoup plus lointain que la plus lointaine des planètes et que la ceinture de Kuiper.

Reprenons notre modèle à échelle réduite, où le Soleil est une bille, la Terre, un grain de sable tournant à 1 mètre de distance et Pluton, une poussière à 40 mètres. Pendant longtemps, on a cru que le système solaire se limitait à cela : une bille centrale qui rassemble 99 % de la masse totale et une dizaine de grains de sable qui s'échelonnent jusqu'à 40 mètres. Mais il faut y ajouter, d'abord, la ceinture de Kuiper, partie externe du disque d'accrétion, qui s'étend jusqu'à 50 mètres, et ensuite le nuage de Oort, un halo de milliards et de milliards de poussières et cailloux, qui s'étend jusqu'à 100 kilomètres. Oui, vous avez bien lu : 100 kilomètres ! Voilà la véritable zone d'influence gravitationnelle de cette petite bille centrale qui ne mesure que 1 centimètre de diamètre : 100 kilomètres. Les grains de poussière qui gravitent à cette énorme distance, et pour lesquels le Soleil paraît à peine plus gros qu'une autre étoile, sont encore gouvernés par sa masse.

Et où se trouve la plus proche étoile ? À 500 kilomètres. C'est Proxima du Centaure, autre petite bille de 1 centimètre. Les distances interstellaires sont réellement gigantesques, carrément insensées, en regard des dimensions des étoiles.

Si l'on se replace en distances vraies, le diamètre du système solaire, nuage de Oort compris, est de l'ordre d'une année-lumière, soit 10 000 milliards de kilomètres. Un chiffre si grand qu'il ne nous parle plus. Tâchons de nous représenter concrètement ce que cela veut dire : vous partez d'une extrémité du système solaire et vous roulez en voiture à 100 km/h, sans jamais vous arrêter. Vous devrez rouler pendant plus de 11 millions d'années avant de rejoindre en ligne droite l'autre bout du système solaire. Autre chose que la route des vacances vers la Méditerranée ! Et, pour atteindre l'étoile la plus proche, vous ajouterez encore 45 millions d'années de voyage sans sommeil ni pause pique-nique.

Fallait-il gaspiller tant d'espace ? Franchement, ça se discute. Si la première étoile était cinq fois plus proche, nous n'aurions pas davantage le temps de faire l'aller-retour pour les vacances, et en plus cela ferait désordre : nos cailloux deviendraient ses cailloux, les planétésimaux extérieurs pourraient à l'occasion passer d'une étoile à l'autre, on ne saurait plus qui est chez soi et qui transfuge. Du reste, la structure par archipels isolés est un corrélat forcé de la manière de procéder : lorsqu'un immense nuage se contracte, il se détache et se coupe fatalement du monde extérieur. On pourrait dire que devenir une étoile, c'est s'isoler par définition, puisqu'il faut accaparer tout ce qui existe dans un rayon de 1 année-lumière pour se donner du volume. Les étoiles ne sont pas éloignées arbitrairement, elles sont éloignées par fabrication. Leur formation même est un acte de sécession.

Jeunes systèmes stellaires

Aujourd'hui, grâce aux progrès techniques, il est possible d'observer directement des étoiles lointaines qui sont en train de se former, en même temps que leur système planétaire. *Bêta Pictoris* est la première qui se soit laissé surprendre au saut du lit. Au lieu d'un point, on voyait une tache, mais ce n'était pas le télescope qui était mal réglé, c'était l'étoile. Comme une diva en coulisses, elle s'apprêtait seulement à émerger des couches de costumes, perruques, maquillages et accessoires répandus en désordre tout autour d'elle.

Bêta Pictoris se trouve à 60 années-lumière du Soleil (6 000 kilomètres entre les deux billes), elle est âgée d'une vingtaine de millions d'années, ce qui correspond à la phase d'accrétion des planètes, dans un environnement pas encore nettoyé. Son disque d'accrétion se présente sur la tranche par rapport à nous, de sorte que nous pouvons voir de profil la grosse boule centrale en cours de condensation dans le disque aplati composé de gaz et de poussières[2]. Ce système devrait nous aider à comprendre comment un disque d'accrétion se transforme en planètes. Les premières études montrent que le système contient des planétésimaux et des astéroïdes en collisions fréquentes. Ce billard généralisé est analogue à celui qui a eu lieu pendant des millions d'années dans le système solaire. De plus, on a récemment observé les indices sûrs de millions de comètes autour de *Bêta Pictoris*, en train de s'évaporer sous l'effet de leur chute vers les planétésimaux ou vers l'étoile. Par ces deux phénomènes, bombardement et évaporation, le disque d'accrétion de l'étoile est en début de phase de nettoyage.

AU Microscopii, une étoile âgée de 12 millions d'années visible par la tranche de son disque, présente les mêmes signes d'activité intense.

---

2. Cliché sur http://antwrp.gsfc.nasa.gov/apod/ap971128.html

Ces systèmes très jeunes nous montrent directement à quoi a pu ressembler le système solaire primitif, ce sont des copies conformes de notre propre passé.

On observe aussi d'autres systèmes plus évolués dont les planètes sont déjà bien formées, comme celui qui entoure l'étoile Fomalhaut, la plus lumineuse de la constellation du Poisson austral. Celle-ci se trouve à 25 années-lumière (2 500 kilomètres entre les deux billes). Âgée de 200 millions d'années, elle présente encore un disque extérieur très net, tandis que la partie interne semble bien nettoyée. Le disque extérieur est l'équivalent de notre ceinture de Kuiper. Il est constitué de blocs de matière qui ne se sont pas agglutinés à d'autres planétésimaux. Il a fait l'objet de la photo la plus détaillée faite à ce jour d'un disque de poussières et de gaz[3]. On y voit clairement un disque étroit et très large qui entoure l'étoile à une distance quatre fois plus grande que notre ceinture de Kuiper (logique, car Fomalhaut est deux fois plus massive que le Soleil). Le disque est découpé en tranches ; sa structure ressemble fort aux anneaux de Saturne. Son bord interne est décalé par rapport à la position de l'étoile, ce qui suggère la présence d'une planète géante orbitant sur une trajectoire elliptique. Celle-ci balayerait et absorberait la poussière constituant le disque de la même façon que Neptune délimite la frontière interne de notre ceinture de Kuiper.

Véga, dans la constellation de la Lyre, est une autre étoile proche du Soleil (25 années-lumière) et jeune (350 millions d'années). Les observations de son disque montrent une abondance de particules microscopiques très chaudes. Des grains aussi petits devraient être refoulés par le rayonnement stellaire. Leur présence prouve qu'il s'en forme de nouveaux en permanence, dans une phase d'intense bombardement météoritique et cométaire, comme celle qu'a connue la Terre voilà plus de 4 milliards d'années.

Toutes ces observations sont les jalons de notre nouvelle science concernant la formation du système solaire. Faute de preuves *in situ*, nous progressons en allant voir comment les choses se sont passées chez les voisins.

---

3. Cliché sur http://antwrp.gsfc.nasa.gov/apod/image/0507/fomalhaut_hst_wf.jpg

4

L'AVENIR DE LA TERRE

Le climat

Sans anthropocentrisme excessif, on peut considérer la Terre comme la plus coquette devanture du système solaire. Elle est la seule à posséder un système terre-océan-atmosphère en interaction. C'est une machine thermique complexe affichant des saisons et dotée d'un champ magnétique important. Avec ses continents, ses océans et ses nuages, elle offre une physionomie contrastée et changeante, que les astronautes en mission ne se lassent pas de contempler par le hublot[1]. Les clichés de Mars ou de Neptune, ces étendues monotones, ont du mal à soutenir la comparaison. Mais qu'on s'attendrisse ou non sur ses paysages frétillants, la Terre est notre port d'attache, et le seul possible jusqu'à nouvel ordre. Nous aimerions donc nous assurer de sa pérennité. Les atteintes humaines à l'équilibre écologique de notre planète existent malheureusement, mais il n'est pas de notre ressort de les analyser en détail ici. Toutefois, au vu des lancinantes questions sur le sujet, voici quelques lignes très résumées de la situation.

C'est depuis une ou deux décennies que l'on parle incessamment du changement climatique induit par les activités humaines. Or le climat est un système d'échange d'énergie en grande partie réglé par des mouvements astronomiques.

1. La célèbre image de la Terre prise par l'équipage de la mission Apollo 17 se trouve notamment sur http://antwrp.gsfc.nasa.gov/apod/ap070325.html

Comment parvenons-nous, petits humains, à détraquer cette immense mécanique ?

Un petit rappel évident pour commencer. Le climat *annuel* dépend essentiellement de deux paramètres :

• le mouvement elliptique de la Terre autour du Soleil, qui fait que sa distance à l'astre du jour varie, et donc l'intensité du rayonnement au sol ;

• l'inclinaison de l'axe de rotation de la Terre sur elle-même, qui entraîne une variation de l'angle des rayons solaires au cours de l'année.

De là l'élasticité de la durée du jour, et les changements de saison, selon des cycles annuels.

Ce qui est moins connu du public, c'est que le climat traverse aussi des cycles à beaucoup plus long terme, dus à des variations très lentes dans les mêmes facteurs :

• l'axe de rotation décrit lui-même un mouvement giratoire, comme celui d'une toupie, sur une période de 26 000 ans[2] ;

• l'inclinaison du même axe par rapport au plan de l'orbite terrestre varie entre 22° et 24° selon un cycle de 41 000 ans ;

• l'orbite de la Terre a une forme qui s'étire en ellipse, puis s'arrondit en quasi-cercle sur une période de 100 000 ans.

La combinaison de ces trois grands cycles produit des dérives dans l'intensité de l'ensoleillement et donc dans la force des saisons, avec des minima (périodes glaciaires) et des maxima (périodes de chaleur tropicale) bien marqués. La dernière glaciation remonte à 11 000 ans. La prochaine devrait se produire dans 40 000 ans.

Mais il y a un autre acteur dans cette affaire. L'ensoleillement et la température au sol sont modulés par le filtre de l'atmosphère. Celle-ci peut être plus au moins nuageuse (donc réfléchissante) et plus ou moins chargée en gaz à effet de serre. Ceux-ci ont pour effet de piéger le rayonnement infrarouge qui est réémis par le sol exposé au Soleil, exactement comme la vitre d'une serre retient la chaleur. Au total, la planète conserve plus de chaleur et affiche une température plus élevée que s'il n'y avait pas d'atmosphère.

---

2. On appelle cela « la précession des équinoxes ».

La composition de l'atmosphère a toujours été le résultat de processus naturels. Elle a connu des variations parfois très importantes, mais plutôt lentes. La nouveauté totale de ce dernier siècle, c'est que l'atmosphère s'est brusquement enrichie de tous nos rejets. Ces gaz d'origine humaine (on dit aussi « anthropique ») proviennent essentiellement des fumées produites par les diverses combustions nécessaires à notre développement économique (chauffage, transport, industrie, fermentations). À cause d'eux, l'effet de serre a augmenté dans des proportions qui ne sont pas comparables à ce que la Terre a connu jusqu'ici. Le réchauffement qui en résulte est de 1 °C en moyenne sur le dernier siècle, dont les neuf dixièmes dans les cinq dernières années. On peut parler d'un emballement, dont les conséquences sont très difficiles à prévoir. C'est pourquoi tant de spécialistes en appellent au principe de précaution, qui est un dérivé moderne de l'adage populaire : « Dans le doute, abstiens-toi. » Les conséquences d'un changement climatique rapide pourraient être si dommageables[3] et irréversibles qu'il vaut mieux tout faire pour ne pas y être confrontés.

Mais tous les experts ne sont pas convaincus de la seule responsabilité humaine. D'autres causes, naturelles celles-là, peuvent contribuer au réchauffement observé, comme les variations de l'activité du Soleil et l'affaiblissement de son bouclier magnétique.

La controverse est rude, et ne porte pas seulement sur des aspects scientifiques. Le meilleur conseil à donner au public non averti est de ne jamais prendre un article de journal grand public comme référence documentaire valable, mais de remonter aux documents qui sont à la source, par exemple ceux du GIEC (Groupe d'experts intergouvernemental sur l'évolution du climat)[4], auquel le prix Nobel de la paix a été attribué en 2007 (mais qui aurait tout autant mérité un prix Nobel de physique !). Quoi qu'il en soit, il serait sage de ne pas aggraver le problème.

---

3. Mais peut-être pas aussi dévastatrices que certains alarmistes voudraient faire croire.

4. Voir par exemple http://www.manicore.com/documentation/serre/GIEC.html

Les météorites

Prenons maintenant un peu de recul. Qu'en est-il des menaces purement astronomiques sur l'état à long terme de notre planète ? Cette magnifique et délicate mécanique sur laquelle nous nous ébattons est-elle menacée par quelque collision cataclysmique, comme certains films aimeraient nous le faire penser ?

On vient de montrer que le système solaire est composé de milliards et de milliards de cailloux en plus des principales planètes. Par leur seule présence, ces corps flottants soumis à la gravitation et à rien d'autre constituent *ipso facto* un risque de collision avec la Terre. Celle-ci, d'un strict point de vue gravitationnel, n'est en effet qu'un aimant ou un aspirateur, moins puissant certes que Jupiter ou le Soleil, mais un aspirateur quand même. Nous sommes d'ailleurs rejoints quotidiennement par quelque 500 tonnes de matière venant de l'espace, la grande majorité de celle-ci tombant heureusement en une pluie débonnaire de grains de poussière. C'est la preuve que notre aspirateur progresse dans un environnement remarquablement propre, constat peu étonnant puisqu'il y tourne en rond depuis plus de 4 milliards d'années.

Il n'empêche que des chocs plus importants se produisent occasionnellement, creusant sur notre belle géographie des cratères d'impact plus ou moins envahissants. Par exemple le Meteor Crater[5], en Arizona, a été provoqué par l'impact d'une roche d'environ 40 mètres, survenu il y a 50 000 ans. On appelle « météorites » les morceaux d'astéroïdes ou de comètes qui se frayent ainsi un chemin jusqu'à la surface terrestre. Face à de tels événements, il n'y eut jusqu'à présent d'autre attitude que le fatalisme. Si le ciel devait nous tomber sur la tête, nous ne pouvions rien y faire. Mais, avec les progrès techniques, on commence aujourd'hui à pouvoir sérieusement évaluer les risques,

5. Cliché sur http://antwrp.gsfc.nasa.gov/apod/image/9711/azcrater_lpi_big.jpg

et même à élaborer des stratégies de défense en cas de grosse météorite en vadrouille.

Les comètes se détachent du nuage de Oort et parcourent le système solaire en tous sens, ou bien proviennent de la ceinture de Kuiper et suivent des trajectoires elliptiques peu inclinées sur le plan des planètes. De leur côté, les astéroïdes font partie du disque des planètes et gravitent sur des orbites quasi circulaires situées entre celles-ci. La plupart des astéroïdes tournent sagement comme un troupeau de moutons entre Mars et Jupiter, bien confinés par les forces gravitationnelles des deux planètes. Ces blocs de roches sont restés dans l'état où ils étaient lors de la formation du système solaire, interdits d'accrétion par la masse de Jupiter, et gravitent toujours au même endroit. Ils ne sont pas tout à fait identiques à ce qu'ils étaient au début cependant, car ils ont perdu leurs gaz volatils. Ces gros cailloux se comptent par milliers[6]. Environ 5 000 ont été catalogués et suivent une orbite connue, dont 250 ont un diamètre supérieur à 100 kilomètres. Quant aux cailloux de moins de 1 kilomètre, ils doivent avoisiner le million et ne sont pas encore répertoriés un par un.

L'astéroïde numéro 5523, découvert au télescope du mont Palomar en 1991, a été baptisé « Luminet » quelques années plus tard. Une façon qu'a la communauté des astronomes professionnels de rendre hommage au travail d'un de leurs collègues, lequel n'a pourtant quasiment jamais mis l'œil derrière un télescope ! En tout cas, ce caillou d'une dizaine de kilomètres gravite sagement autour du Soleil selon une orbite quasi circulaire, bien calée entre celles de Mars et de Jupiter[7].

Cependant, de temps à autre, il peut arriver que des astéroïdes s'échappent du troupeau. Le plus souvent, c'est une collision entre eux qui perturbe leur stabilité gravitationnelle et les envoie au diable. Ils peuvent alors quitter leur chaste ceinture,

---

6. Galerie d'astéroïdes sur http://sse.jpl.nasa.gov/planets/profile.cfm ? Object =Asteroids&Display=Gallery&Page=2

7. Ce qui est le cas de la très grande majorité des astéroïdes, dont les trajectoires peuvent être visualisées en temps réel sur http://www.astroarts.com/simulation/asteroid-orbit.php (entrer par exemple le numéro de l'astéroïde dans la fenêtre « Object name »).

prêts à faire les quatre cents coups, éventuellement croiser l'orbite de la Terre (auquel cas on les appellera « géocroiseurs »). D'où les risques de collision dont nous allons parler.

Par ailleurs, de nombreux petits fragments se détachent des astéroïdes lorsqu'ils se cognent entre eux, et ces poussières forment l'essentiel des 500 tonnes de matière extraterrestre qui tombent sur Terre chaque jour – masse qui peut paraître énorme mais ne représente qu'un moustique à côté des 6 000 milliards de milliards de tonnes de notre replète planète. 99 % de cette matière arrive au sol sous forme de cendres ou de poussières, car la Terre est efficacement protégée par son atmosphère. Celle-ci provoque des frottements intenses sur les corps en chute libre, au point de les brûler complètement ou de les pulvériser. C'est d'ailleurs le problème technique principal pour les missions spatiales qui doivent rentrer sur Terre : comment ne pas se faire atomiser par la planète qu'on aimerait tant rejoindre ?

Les petits bouts d'astéroïde ou de comète qui brûlent en traversant l'atmosphère forment des étoiles filantes. Si l'on additionne les poussières issues de ces combustions et celles qui se déposent lentement (car elles étaient déjà microscopiques), on obtient lesdites 500 tonnes de matière, des micrométéorites si petites qu'il est impossible de les repérer. Mais, statistiquement, il suffit de passer l'aspirateur une fois l'an dans le grenier, ou de se brosser les cheveux après une longue randonnée en montagne, pour avoir une bonne chance de capturer quelque poussière extraterrestre.

Venons-en aux risques de collision. Parmi les astéroïdes qui se détachent de la ceinture principale, il y a parfois de gros cailloux, de quelques mètres à quelques kilomètres, et même de très gros, jusqu'à 500 kilomètres, voire 1 000. Certains croisent l'orbite de la Terre et pourraient la percuter. Cela s'est déjà produit et se produira encore. La Lune et Mercure, deux corps dépourvus d'atmosphère protectrice, de surcroît sans tectonique ni érosion pour effacer les traces, montrent des surfaces criblées de cratères d'impact, preuve que les collisions ont été monnaie courante dans l'histoire du système solaire. Et les dégâts peuvent être considérables. Un bloc de 20 kilomètres tombant du ciel provoque un cratère de 200 kilomètres de diamètre.

Grâce à son atmosphère, la Terre est moins défigurée que ses voisines. Nos quelques kilomètres d'air forment un puits brûlant et tranchant qui consume entièrement les petits cailloux et concasse les rochers de taille moyenne en morceaux plus petits. Mais un très gros bloc, lui, ne pourrait pas être détruit par un simple coussin d'air, il provoquerait un cataclysme majeur. Cela s'est déjà produit puisqu'on trouve des traces de très grands cratères d'impact sur notre planète.

Pendant longtemps, les scientifiques n'ont pas voulu accorder trop de poids à ce genre de scénario catastrophe. Il est vrai que les probabilités de collision sont très faibles et que le thème semblait plus indiqué pour les récits et les films de science-fiction que pour les études scientifiques.

Mais, en 1991, un événement spectaculaire est venu bouleverser nos perspectives sur le sujet.

Cette année-là, à la stupéfaction de la communauté scientifique, une comète entière s'est précipitée sur Jupiter. Cette comète, depuis longtemps en orbite autour du Soleil, est passée cette fois un peu trop près de la planète géante et a été déviée de sa course par sa masse énorme. Elle s'est mise à orbiter autour de Jupiter dont les forces de marée l'ont disloquée en 21 morceaux (les tensions internes entre les faces opposées de la comète étant devenues trop fortes). Ces 21 morceaux ont continué à orbiter en cortège pendant quelques mois, mais en perdant de la vitesse, ce qui indiquait qu'ils allaient bientôt choir sur la planète. Effectivement, au jour calculé par les astronomes, les 21 morceaux sont tombés les uns après les autres dans la gueule de Jupiter, sous l'œil de tous les grands télescopes terrestres. Les impacts observés ne ressemblaient pas à ce qui aurait pu se produire sur Terre, puisque Jupiter est une planète gazeuse. Mais les chocs ont quand même libéré une énergie phénoménale, visible sous forme de jets de feu de 3 000 kilomètres de haut, et de tourbillons et boursouflures qui ressemblaient à des champignons atomiques[8].

Cet événement a fasciné le monde entier et a prouvé par l'exemple que les risques de collision importante ne sont pas négligeables, même après 4,5 milliards d'années de nettoyage.

---

8. Images et films sur http://www2.jpl.nasa.gov/sl9/

DANS LE PASSÉ

Dans l'histoire de la Terre, on connaît plusieurs épisodes d'extinctions massives d'espèces vivantes. Le dernier en date remonte à 65 millions d'années. On retient surtout la disparition des dinosaures, mais ce sont en réalité 90 % des espèces animales qui ont tiré leur révérence. Seuls les petits animaux ont survécu, tandis que tous ceux dépassant quelques kilos ont péri. Nul n'était en mesure d'expliquer pourquoi. Dans les années 1970, le physicien Luis Alvarez a proposé une thèse extravagante : ce serait la chute d'une météorite qui aurait provoqué le cataclysme. Un corps de 10 kilomètres aurait suffi. En percutant la surface terrestre, sur un continent ou bien dans l'océan, le corps se pulvériserait intégralement. Voilà plusieurs kilomètres cubes de poussières éjectées dans la haute atmosphère. Les vents auraient étalé ce nuage et recouvert la Terre d'un épais manteau de poussières qui allait bloquer la lumière du Soleil pendant plusieurs années. L'énergie solaire n'arrivant plus à la surface du globe, toute la chaîne alimentaire se serait écroulée. La photosynthèse se serait arrêtée, les végétaux se seraient éteints, puis les herbivores, puis les carnivores. Ce scénario permet d'expliquer une extinction massive et rapide.

Cette thèse parut d'abord fantaisiste, mais des indices chimiques troublants sont venus l'étayer. Dans des argiles qui datent de cette époque, et qui sont réparties sur toute la surface de la Terre, on a découvert une composition chimique différente de celle de la croûte terrestre. Et cette composition chimique anormale correspond à celle des astéroïdes et des comètes – avec des proportions d'éléments qui ne se trouvent pas à la surface de la Terre.

Malgré la solidité de l'argument, la thèse est restée fort combattue, contestée et discutée. Une autre théorie postulait un volcanisme très actif, qui aurait ramené à la surface du magma des profondeurs ayant une composition chimique différente du reste de la Terre.

Mais, en 1990, la controverse a trouvé sa résolution avec la découverte du cratère d'impact associé à la collision. Lors d'une prospection pétrolière dans le golfe du Mexique, on a repéré un cratère très érodé et à moitié immergé sous la mer, près du village de Chicxulub. Les photos[9] par échographie radar montrent un cratère de 150 kilomètres de diamètre, causé par l'impact d'un corps de 10 kilomètres seulement. Le choc a dû provoquer un tsunami de 8 kilomètres de haut. Des coquillages ont été emportés jusqu'aux côtes nordiques du Canada et y sont restés incrustés : on en a récemment trouvé les fossiles !

L'impact météoritique est aujourd'hui l'explication admise pour cette extinction massive séparant le crétacé de l'ère tertiaire. Une équipe d'astronomes américains et tchèques pense même avoir identifié l'origine de la météorite : une collision aurait eu lieu il y a 165 millions d'années dans la ceinture principale – au sein d'un groupe d'astéroïdes appelé « Baptistina » –, disloquant un corps de 170 kilomètres de diamètre en une série de fragments plus petits, dont le rocher de 10 kilomètres qui a finalement percuté la Terre, 100 millions d'années plus tard.

Pour les autres extinctions massives qui ont eu lieu dans les 500 millions d'années qui précèdent, on essaie de trouver les cratères d'impact qui pourraient y être associés. On a à ce jour des cratères candidats pour chacune des cinq extinctions massives.

Il est donc très probable que le destin de la Terre a été fortement influencé par des événements imprévisibles, qui ont réorienté soudainement l'évolution du vivant. Ce ne sont pas forcément toujours des collisions cosmiques, ce peuvent être des cataclysmes volcaniques, de vastes régressions marines ou des combinaisons de toutes ces calamités. Quoi qu'il en soit, l'histoire de la vie peut être vue comme un arbre qui prend racine dans les bactéries primitives et dans les organismes unicellulaires ayant peuplé l'océan pendant des milliards d'années. Puis la vie sort des océans, commence à se diversifier, formant des branches de plus en plus ramifiées et différenciées. La sélection naturelle fait parfois disparaître des branches, quand les espèces ne s'adaptent pas efficacement aux modifications de leur environnement. Mais surviennent des catastrophes qui peuvent éradiquer jusqu'à 90 % des branches de l'arbre. Seuls

---

9. Image sur http://www.thunderbolts.info/tpod/2006/image06/06012xchicxulub.jpg

quelques petits rameaux subsistent çà et là, qui formeront l'unique amorce vivante d'un nouvel arbre. C'est dire combien les développements de la vie apparaissent contingents. S'il n'y avait pas eu le météore de Chixculub, nous ne serions pas là aujourd'hui pour en parler, puisque les mammifères n'auraient jamais pu devenir l'espèce dominante. Au crétacé, ils n'étaient que de petits rongeurs vivant à l'ombre des dinosaures tout-puissants. Mais, suite au cataclysme, tous les sauriens sont morts, tandis que les petits rongeurs ont pu creuser des galeries dans le sol et survivre quelque temps en se nourrissant de larves d'insectes et de débris végétaux qui pourrissaient. Après quoi le Soleil une fois revenu, la voie était dégagée en surface.

De même, certaines espèces marines des profondeurs et quelques insectes ont résisté à l'extinction massive. On a remarqué que les scorpions et les cafards sont aujourd'hui les espèces les plus résistantes. Dans les atolls du Pacifique où l'on a fait exploser des bombes atomiques, ils sont toujours là. Si un nouvel événement devait supprimer 99 % des espèces à la surface de la Terre, ils deviendraient les espèces dominantes.

Outre les chocs qui ont causé ces réorientations de l'évolution du vivant, il y a une collision encore plus formidable dans l'histoire de la Terre, qui s'est produite bien avant l'apparition de la vie, quand notre planète était encore en cours de refroidissement : celle qui a provoqué la formation de la Lune. Là aussi, l'accident fut d'une importance cruciale pour la suite de l'histoire, puisque la Lune a stabilisé l'axe de rotation de la Terre[10] et, en remuant les masses océaniques grâce aux marées, a favorisé la dissémination des organismes vivants.

D'accident en accident, nous sommes donc apparus sur scène. Ce qui veut dire deux choses. Si un enchaînement différent d'accidents s'était produit, quelque chose d'autre occuperait aujourd'hui la surface terrestre : d'autres espèces animales, ou seulement végétales, ou pas de vie du tout. Et, si un nouvel accident arrivait qui bouleversait les conditions de vie, nous pourrions être balayés comme des malpropres, aussi sûrement que les dinosaures et tant d'autres l'ont été avant nous.

---

10. Sans la Lune, l'inclinaison de l'axe terrestre aurait varié de façon chaotique.

DANS LE FUTUR

Ce qui s'est déjà produit peut se reproduire et se produira certainement un jour. Cela pourrait passer pour un dicton populaire ; c'est une vérité statistique.

En 1908, une météorite de 30 mètres de diamètre est tombée en direction de la Sibérie. À quelques kilomètres d'altitude, elle s'est désintégrée, provoquant une onde de choc qui a ravagé la forêt sibérienne sur des milliers de kilomètres carrés[11]. D'autres météorites, plus grosses ou plus compactes, résistent à l'étau brûlant de l'atmosphère et arrivent d'un bloc au sol, où elles éclatent alors sous l'effet du choc, comme à Allende en 1968. Jusqu'à ce jour, on ne rapporte pas de morts directes dues à des chutes de météorites. Les zones habitées occupent (jusqu'à ce jour) des surfaces trop réduites à l'échelle de la planète. Mais les astronomes sont conscients que rien n'exclut une catastrophe majeure.

Les progrès techniques nous permettent aujourd'hui de surveiller au télescope de tout petits astéroïdes de 5 mètres de diamètre. On s'est aperçu ainsi qu'il y avait beaucoup de corps susceptibles de passer à proximité de la Terre. De temps en temps, les journaux annoncent qu'un bolide nous a frôlés. En général, il est passé à quelques centaines de milliers de kilomètres – ce qui, à l'échelle astronomique, correspond à une distance très courte il est vrai, mais, enfin, il n'y a pas de quoi s'alarmer. Ces repérages sont permis grâce à toute une série de programmes de surveillance appelés SpaceWatch – véritable réseau d'observatoires qui auscultent, cataloguent et calculent afin de repérer les intrus potentiellement dangereux pour la Terre. On a répertorié plusieurs centaines de géocroiseurs, dont les orbites sont calculées pour les trois cents prochaines années sans qu'un risque de collision ait été mis en évidence. Mais il suffirait qu'un nouveau géocroiseur fasse son apparition ou bien qu'un géocroiseur connu change un peu de trajectoire pour que la menace vienne à l'ordre du jour.

---

11. Impressionnant cliché sur http://www.teslasociety.com/pictures/tunguska/tunguska2.jpg

Une telle éventualité a été envisagée en juin 2004, lorsque des observations de test pour un nouvel équipement ont intercepté par hasard un objet inconnu. Il s'agissait d'un astéroïde de 300 mètres à très courte période orbitale (323 jours) susceptible de croiser la Terre. Baptisé Apophis (dieu destructeur des Égyptiens), il fut immédiatement suivi de près pour estimer sa trajectoire. Le 27 décembre 2004, la probabilité d'impact calculée avec les observations disponibles se montait à 1 sur 20 pour le 13 avril 2029, un risque très élevé mais qui fut occulté dans les médias par la tragédie du tsunami en Asie du Sud-Est. Ensuite, de nouvelles observations modifièrent le calcul d'orbite, celle-ci passant maintenant à 40 000 kilomètres de la Terre. Cela reste très proche (un dixième de la distance Terre-Lune), et un tel frôlement ne manquera pas de modifier la trajectoire de l'astéroïde pour l'avenir. Or cela pourrait conduire à un impact réel lors d'un prochain passage, sept ans plus tard. Plus précisément, si en 2029 le parcours d'Apophis passe dans une petite zone de 600 mètres de large, le drame est scellé pour 2036. La probabilité qu'Apophis passe dans la cible est faible (1 sur 48 000), mais nous ne pourrons pas en savoir plus avant 2010 car Apophis passe la majeure partie de son temps entre l'orbite de la Terre et le Soleil ; il se cache donc dans notre ciel bleu, tout comme la nouvelle Lune. En 2010, lors de son prochain passage, nous reprendrons les calculs, et si ceux-ci montrent que la possibilité qu'Apophis passe dans cette fenêtre en 2029 est réelle, il faudra songer aux moyens de se protéger avant 2036.

Une autre alerte, toute récente, est à verser au dossier des cocasseries de la science. Le 8 novembre 2007, un objet inconnu est repéré à l'approche de la Terre. Compte tenu de sa luminosité et de sa trajectoire, on pronostique un corps de 20 kilomètres qui passera à 5 600 kilomètres de la Terre cinq jours plus tard, avec un risque de collision non nul, vu les incertitudes de calcul. Tous les astronomes sont en émoi. Seul un Russe pense à une coïncidence marquante : il se souvient que la sonde européenne Rosetta, dans la trajectoire compliquée qui doit la mener vers la comète Chury, va passer à 5 600 kilomètres de la Terre précisément le 13 novembre. Il envoie un message au centre d'observation qui a donné l'alerte :

« N'auriez-vous pas pris Rosetta pour un astéroïde ? » C'était bien ça. Une sonde dont l'éclat métallique avait fait surestimer la taille.

À force d'envoyer des machines dans le ciel, on finit par se faire peur, comme le chat qui sursaute à la vue de sa propre queue. Mais que ferait-on si un tel astéroïde menaçait réellement la Terre ?

La première idée qui vient à l'esprit serait de le détruire, en envoyant un missile nucléaire par exemple. Mais cela risquerait d'être encore pire, car l'explosion produirait plusieurs morceaux, donc plusieurs projectiles dangereux prenant des trajectoires imprévisibles. Il serait nettement plus judicieux de dévier la trajectoire du bolide pour l'éloigner de la Terre. On pourrait par exemple faire exploser un missile dans le voisinage de l'astéroïde, en s'y prenant suffisamment tôt pour que la rencontre ait lieu avant que le bolide soit capturé par la gravitation terrestre. Certains proposent des voies plus douces encore : faire fondre en la chauffant une partie du corps (si c'est une comète), en concentrant la lumière sur lui au moyen de vastes miroirs gonflables, pour changer sa trajectoire ; diriger sur lui de puissants lasers qui pourraient bombarder sa surface pour vaporiser des roches – le jet résultant servant à dévier le bolide ; envoyer un projectile sur le corps afin de le dévier (mais de nouveau se poserait le risque de fragmentation) ; asperger une partie du corps de talc blanc pour qu'elle réfléchisse les rayons solaires, ce qui modifierait aussi sa trajectoire. Une solution très élégante consisterait à faire du remorquage gravitationnel : en envoie un vaisseau spatial à proximité de l'astéroïde, et on les fait naviguer côte à côte pendant des mois, en imprimant régulièrement une infime modification de direction au vaisseau. La masse de celui-ci suffirait à exercer une légère force gravitationnelle sur l'astéroïde qui serait ainsi remorqué comme par un filin invisible et serait finalement dévié de sa trajectoire. Utiliser la gravitation comme ficelle, voilà un cours de physique bien compris. Pour Apophis, il suffirait de le rencontrer quelques mois avant le 13 avril 2029 et de le dévier de quelques centimètres pour éviter qu'il passe dans la zone dangereuse de 600 mètres de large. Une intervention tout en douceur au moyen d'un simple vaisseau spatial classique.

Il y a différents scénarios à étudier, différents problèmes à résoudre, les astronomes qui travaillent sur ces questions essaient de convaincre les gouvernements que ces programmes ne coûtent pas très cher – quelques millions de dollars, ce qui n'est rien comparé à d'autres programmes – pour un enjeu peu probable mais tout de même très important. En cas de menace, il vaudrait mieux ne pas être pris de court…

Si un astéroïde de 10 kilomètres surgissait aujourd'hui dans le ciel, nous ne pourrions rien faire pour l'écarter. 10 kilomètres, c'est la taille critique à partir de laquelle il y aurait une catastrophe planétaire et une extinction massive – les corps répondant à ce critère portent le doux nom d'« astéroïdes tueurs ». La probabilité de collision avec ce genre de meurtriers est de l'ordre d'un événement tous les 100 millions d'années.

Pour un objet de 1 kilomètre, capable de détruire la Belgique, la probabilité est d'un événement tous les millions d'années.

Pour un objet de l'ordre de 50 mètres, comme celui qui est tombé en Sibérie en 1908, elle est d'un par siècle.

Dans l'état actuel du réseau, les objets de l'ordre de 50 mètres ne peuvent pas être tous surveillés, il est donc possible qu'on ne les voie pas venir. Les corps de 10 kilomètres, eux, seraient de toute façon impossibles à dévier. En revanche, les corps de 1 kilomètre sont étroitement surveillés – on en connaît plus d'un millier ! Le plus proche passera à 300 000 kilomètres de la Terre en 2028.

Cela dit, il n'y a pas que du mauvais dans les astéroïdes. Outre que nous leur devons notre apparition après le nettoyage des dinosaures, nous pourrions aussi finir par leur trouver une destination commerciale. Les astéroïdes, en effet, possèdent tout ce qu'il faut pour devenir un jour les mines de l'espace. Ils sont riches en fer, nickel, platine, tungstène, or, cobalt… Aux cours actuels, un kilomètre cube rapporté sur Terre pourrait valoir 5 000 milliards d'euros. Malheureusement, les frais d'exploitation se monteraient bien au-delà de cette somme, annulant l'intérêt de l'opération. Mais qui sait si un jour nous n'irons pas chercher nos matières premières dans l'espace ? Il est fort probable qu'au XXIIe siècle les hommes auront construit des usines sur certains astéroïdes pour remédier à l'épuisement des ressources naturelles terrestres.

D'ores et déjà, nous avons réussi à poser des sondes sur plusieurs de ces petites mines volantes.

Le 12 février 2001, la sonde américaine NEAR[12] s'est posée sur Éros, un gros astéroïde de 34 kilomètres de long, après avoir tourné autour de lui comme un moustique et l'avoir photographié sous toutes les coutures pendant un an. La sonde a fourni des millions de données et pris des photos qui révèlent des détails de quelques dizaines de centimètres.

Le 12 septembre 2005, c'était au tour d'une sonde japonaise, Hayabusa[13], de se satelliser autour de l'astéroïde Itokawa, de 630 mètres de long seulement – à peine un radeau cosmique –, puis de s'y poser deux semaines plus tard. C'est un véritable record de précision, permis par un moteur ionique capable d'effectuer ses propres corrections de trajectoire sans intervention humaine.

Sur les clichés, la physionomie rocheuse du tout petit astre s'avéra très étrange, alternant les zones lisses et les zones chaotiques, et surtout ne présentant pas de cratères d'impact[14]. Aujourd'hui, les scientifiques japonais proposent une explication : si l'astéroïde a un aspect bizarre, c'est parce qu'il tremble ! Il est si petit que chaque rencontre avec une météorite le fait vibrer entièrement (comme un tremblement de terre qui s'étendrait à toute la planète). Sur Itokawa, le moindre caillou déclenche un séisme généralisé. Ainsi, les cailloux se groupent ou s'éloignent selon les résonances sismiques, et les cratères sont comblés de gravillons et nivelés.

Après de nombreux déboires techniques sur place, le retour d'Hayabusa a été plusieurs fois reculé, mais la sonde a finalement quitté le sol d'Itokawa le 25 avril 2007 et sera, on l'espère, parmi nous en juin 2010. Tout le suspense consiste à savoir si elle a bien engrangé les échantillons de sol qu'on lui a demandé de prélever.

---

12. http://nssdc.gsfc.nasa.gov/planetary/near.html
13. http://www.isas.jaxa.jp/e/enterp/missions/hayabusa/index.shtml
14. Voir l'image sur http://antwrp.gsfc.nasa.gov/apod/ap051228.html

De son côté, la sonde américaine Dawn[15], partie le 27 septembre 2007, est en route pour le gros astéroïde Vesta (530 kilomètres) et la planète naine Cérès (950 kilomètres), qu'elle doit rencontrer en 2011 et 2015 respectivement.

Parallèlement, la NASA étudie le projet d'envoyer des hommes sur un astéroïde d'ici à 2020. Deux astronautes feraient un voyage de trois mois aller-retour pour séjourner une semaine sur le petit astre. Séjourner est une façon de parler, puisque, avec la faible gravité qui règne sur un tel corps, il est impossible d'y rester attaché (le seul fait de poser un pied vous propulse en l'air !). Là-bas, personne n'aura les pieds sur terre. Il s'agira plutôt d'y flotter en s'arrimant d'une façon ou d'une autre. Différents systèmes sont à l'étude : le fauteuil volant motorisé, le câble d'arrimage au vaisseau, l'ancre d'amarrage à l'astéroïde ou même le câble élastique déployé tout autour de l'astre et qui permet de se déplacer en attachant son harnais au câble. Outre l'étude de l'astéroïde, une telle mission permettra de tester grandeur nature une future expédition vers Mars.

15. http://dawn.jpl.nasa.gov/

5

LES NOUVELLES PLANÈTES

Sommes-nous seuls dans l'Univers ? Depuis des millénaires, cette question agite de nombreux cerveaux et se résout en termes d'opinion : certains pensent que oui, certains pensent que non. Il en est qui ont payé cher le fait de penser que non. Giordano Bruno, montant sur son bûcher en l'an de grâce 1600, devait regretter on ne peut plus amèrement de n'avoir aucune preuve pour étayer sa vision d'une multitude de mondes habités.

Depuis octobre 1995, il y a enfin quelque chose que nous *savons* pour de bon : il existe d'autres planètes dans l'Univers. Le Soleil n'est pas la seule étoile entourée d'une petite cour de corps fidèles. Cela ne répond certes pas encore à la question de la vie extraterrestre, mais en fournit au moins les prémisses indispensables. On ne voit pas, en effet, comment une forme de vie, si exotique soit-elle, aurait pu se développer ailleurs que sur une planète.

Que d'autres étoiles, semblables au Soleil, possèdent comme lui des planètes, on pouvait le parier sans gros risque. Mais, en l'absence d'observations concrètes, il était impossible de l'affirmer. Or l'observation semblait tenir de la mission impossible, puisqu'il fallait chercher des corps tout petits et non brillants dans le voisinage immédiat de corps immenses et éblouissants. Cela revenait à chercher une tête d'épingle collée à une lampe de poche. Et, pourtant, on a fini par les coincer, ces planètes « extrasolaires », ou encore « exoplanètes » en raccourci. La stratégie était simple, encore qu'il fallût y penser. Il suffisait de *ne pas* chercher à les voir directement, mais de détecter leur influence sur les étoiles qu'elles accompagnent. En effet, si l'on observe dans une étoile un mouvement périodique autour d'une position moyenne, on peut suspecter la présence d'un corps massif en rotation autour d'elle qui lui imprime cette petite danse gravitationnelle. De la même façon que la main autour de laquelle tourne une fronde ou que le valseur fait pirouetter sa partenaire, l'étoile oscille au rythme du corps qui l'accompagne. Plus la pulsation est forte, plus le compagnon est lourd. Plus la pulsation est rapide, plus celui-ci est proche. C'est comme un boitillement ou un déhanchement qui dénoterait la présence d'un complice invisible tenu en laisse. Suivant l'amplitude et la période des boitillements, on peut calculer la masse et la distance des corps qui tournent autour des étoiles.

Imaginons qu'un astronome extraterrestre observe le système solaire avec des instruments de très haute précision, il s'apercevrait que le Soleil oscille d'une quinzaine de mètres autour d'une position d'équilibre en douze ans. C'est Jupiter, la planète la plus massive, qui lui imprime cette oscillation.

Bien que ces oscillations soient minuscules, même lorsqu'il s'agit d'une grosse planète, les instruments dont nous disposons aujourd'hui permettent de les repérer. D'infimes décalages dans le spectre (profil lumineux) des étoiles trahissent de légères variations de vitesse par rapport à nous. Si elles sont périodiques, on a toutes les chances d'avoir mis la main sur une planète. Au début, on ne pouvait les détecter que si elles avaient plusieurs fois la masse de Jupiter. On récolta donc un grand nombre de planètes géantes gazeuses pendant plusieurs années. Mais, régulièrement, la précision des mesures s'améliore, de plus petites variations deviennent détectables. On repère aujourd'hui des planètes pesant quelques masses terrestres (par des oscillations de l'étoile de l'ordre de quelques centimètres), et c'est au tour des planètes rocheuses de tomber par paquets dans nos instruments.

Au total, on affiche près de trois cents nouvelles planètes au compteur, dont plus de deux cents systèmes planétaires (c'est-à-dire plusieurs planètes autour d'une même étoile, qui lui impriment donc des oscillations multiples). C'est à une véritable course au trésor que se livrent les équipes d'observation dans le monde entier, traquant, après la première planète, la première rocheuse, puis la première atmosphérique, puis la première habitable, puis la première aqueuse, puis, qui sait ? la première planète présentant des signes de vie. C'est peut-être pour bientôt avec le projet Darwin (voir plus loin).

Une énorme surprise accompagna la découverte de la première planète extrasolaire, 51 *Pegasi*. Quoique géante et gazeuse, elle se trouve très près de son étoile, contrairement à notre lointaine et froide Jupiter. Il en a été de même pour les planètes suivantes, toutes des géantes gazeuses très proches de leur étoile et donc très chaudes. Raison pour laquelle on les a appelées des *jupiters chauds*[1]. Ce fut un coup de théâtre, car on pensait qu'une planète proche de son étoile ne pouvait pas être constituée de gaz – ceux-ci étant volatils et donc libérés par la chaleur. Un jupiter chaud devrait s'évaporer. Or ces nouvelles planètes existent, elles sont bien gazeuses et surchauffées. S'agit-il de planètes à peine formées qui sont en train de perdre leur masse de gaz ? Ou faut-il revoir toute notre théorie sur la formation des planètes ? Comme souvent, une seule observation a suffi à tout remettre en question.

Notez que lorsqu'on dit que notre Jupiter est froide, il s'agit de sa surface. Dans ses profondeurs, la pression transforme l'hydrogène gazeux en liquide, il se pourrait même qu'au centre la pression soit si forte que l'hydrogène se trouve sous forme cristalline, soit quasiment de l'hydrogène solide. Sous cette forme, l'hydrogène est capable de libérer de l'énergie thermique détectable lorsqu'on observe Jupiter en infrarouge.

Cela nuance la définition classique qui veut qu'une étoile émette de l'énergie alors qu'une planète se contente de réfléchir la lumière de son étoile. Les grosses planètes gazeuses, qui ont la même composition que les étoiles, n'atteignent pas la masse nécessaire pour entrer en fusion et pour déclencher des réactions thermonucléaires, mais elles émettent quand même un peu d'énergie thermique.

Quant à la chaleur du magma terrestre, elle provient, d'une part, du refroidissement du noyau de métal liquide et, d'autre

1. Lire le roman d'Élisa Brune, *Les Jupiters chauds*, Belfond, 2002.

part, de la désintégration des éléments radioactifs qui se trouvent dans le manteau (cette épaisse couche de roches entre le noyau et la croûte) et qui libèrent de l'énergie. Il ne s'agit pas pour autant de fusion d'atomes, comme dans le Soleil, mais simplement de désintégrations de noyaux instables en noyaux plus stables.

Pour revenir aux planètes extrasolaires, voici un tableau résumant les événements majeurs qui ont balisé leur découverte.

• 1992, un astronome polonais découvre des corps très petits (pas plus de quatre fois la Terre) tournant autour d'une étoile à la nature très particulière, à savoir un pulsar (voir le chapitre correspondant dans « Nouvelles nationales »). La découverte est si étrange qu'on n'ose pas encore parler de planète extrasolaire.

• Octobre 1995 : Michel Mayor et Didier Queloz, de l'observatoire de Genève, découvrent la première planète extrasolaire autour d'une étoile « normale », dénommée 51 *Pegasi*, éloignée de 40 années-lumière. C'est un événement symboliquement comparable à la découverte de l'Amérique par Christophe Colomb, un premier contact avec un nouveau monde. De nombreux astronomes se mettent à traquer les oscillations stellaires, et les découvertes de planètes extrasolaires commencent à pleuvoir.

• 1997 : première détection d'un système de trois planètes autour de l'étoile *Upsilon* d'Andromède, une étoile double (un système de deux étoiles liées).

• Septembre 1999 : première détection d'une planète par la méthode du transit. Au lieu de détecter une perturbation dans le mouvement de l'étoile, on détecte une chute de sa luminosité, due au passage d'une planète devant elle. Cette méthode ne peut fonctionner que dans le cas particulier où nous observons le système stellaire par la tranche – soit 5 % des cas –, mais alors elle peut permettre de découvrir des planètes plus petites et plus éloignées de leur étoile que la méthode classique. La planète est baptisée Osiris.

• Novembre 2001 : on découvre qu'Osiris possède de l'oxygène et du carbone dans son atmosphère. Mais celle-ci est tellement perturbée par la chaleur de l'étoile toute proche qu'elle échappe à la gravitation de la planète. Osiris est en train de s'évaporer sous nos yeux – au rythme de 10 000 tonnes d'hydrogène par seconde ! Quand tout le gaz aura été libéré dans l'espace, il restera un corps rocheux beaucoup plus petit. De nombreux résidus rocheux planétaires pourraient ainsi peupler les abords immédiats des étoiles. Ce type de planète étrange a reçu le nom tout aussi étrange de planète « chtonienne » (dans la mythologie grecque, cet adjectif est associé aux divinités infernales).

• Août 2004 : on découvre autour de l'étoile *Mu Arae* la première planète qui pourrait être rocheuse, car avec ses 14 masses terrestres, elle est en dessous de la limite planète gazeuse-planète rocheuse, évaluée à 15 masses terrestres.

• Avril 2005 : pour la première fois, on parvient à détecter directement de la lumière provenant d'une planète déjà connue. Jusqu'alors, toutes les détections étaient indirectes, fondées soit sur le mouvement, soit sur la luminosité de l'étoile. Cette fois, on a recueilli du rayonnement infrarouge provenant directement d'une planète qui fait cinq fois la masse de Jupiter. La détection de son rayonnement propre a été possible du fait qu'elle tourne autour d'une naine rouge, c'est-à-dire une étoile de très faible luminosité, et qu'elle s'en trouve très éloignée (cinquante-cinq fois la distance Terre-Soleil).

• Juillet 2005 : on trouve une exoplanète tournant autour d'une étoile qui fait partie d'un système de trois étoiles. Sur cette planète, le coucher de soleil principal est accompagné de deux couchers de soleil secondaires. Quels ciels étranges… La planète a été baptisée « Tatooine » par son découvreur.

• Janvier 2006 : détection de la première planète rocheuse certaine. Elle fait cinq fois la masse de la Terre. Malheureusement, c'est un congélateur : très éloignée de son étoile, elle affiche – 220 °C.

• Août 2006 : on découvre deux planètes qui tournent l'une autour de l'autre sans être arrimées à une étoile. Ce sont des planètes flottant librement dans l'espace vide !

• Septembre 2006 : découverte d'une planète d'un type nouveau : la planète-bouchon. Son rayon fait 1,4 fois celui de Jupiter, mais elle ne fait même pas la moitié de sa masse. Elle est moins dense que du liège.

• Avril 2007 : première détection d'une planète rocheuse de type habitable, ainsi désignée parce qu'elle se trouve à une distance de l'étoile qui autorise la présence d'eau liquide à sa surface. Elle tourne autour de l'étoile Gliese 581 qui se trouve à seulement 20 années-lumière du Soleil. Gliese 581 est une naine rouge, cinquante fois moins brillante que le Soleil. C'est pourquoi, bien que quatorze fois plus proche de son étoile que la Terre (elle orbite en treize jours), la nouvelle planète se trouve malgré tout dans une zone de température modérée, qui devrait osciller entre 0° et 40 °C.

• Juillet 2007 : première détection probable de molécules d'eau dans l'atmosphère d'une planète extrasolaire. Il s'agit d'un jupiter chaud, un peu plus gros que le nôtre, qui tourne autour de son étoile en un peu plus de deux jours. La présence d'eau sur une exoplanète ne serait pas une surprise en soi. C'est un composé abondant dans l'Univers. Mais sa détection représenterait un nouvel exploit technique et l'aboutissement d'une course acharnée parmi les astronomes.

La présence d'eau est d'ailleurs si banale que certains pensent trouver bientôt des planètes qui en contiendraient beaucoup plus que la Terre et qui se présenteraient sous la forme de « planètes océan », c'est-à-dire entièrement recouvertes de liquide, sans continents ni îles qui en émergent. Comme quoi, la variété des autres mondes possibles est loin d'être épuisée.

• Septembre 2007 : découverte d'une planète en orbite autour d'une étoile moribonde, V391 *Pegasi*. Analogue au Soleil mais vieille de 10 milliards d'années, cette étoile a expulsé ses couches périphériques et perdu 40 % de sa masse lorsque son stock d'hydrogène a été épuisé. C'est maintenant une étoile naine qui brûle l'hélium en carbone. La planète découverte en orbite autour d'elle est la plus vieille planète connue, et c'est aussi la preuve qu'un système planétaire peut survivre aux phases violentes de fin de vie d'une étoile.

• Décembre 2007 : détection d'une cinquième planète autour de l'étoile 55 *Cancri*. C'est le plus gros système planétaire connu à ce jour. Cette cinquième planète, quarante-cinq fois plus massive que la Terre, se trouve dans la zone habitable, où l'eau peut exister sous forme liquide.

• Octobre 2008 : le satellite européen Corot découvre un objet de la taille de Jupiter mais vingt fois plus lourd. Autrement dit, il est deux fois plus dense que le plomb. De quoi est-il fait ? Est-ce vraiment une planète, ou une minuscule étoile dense ?

• Février 2009 : Corot déniche une cousine de la Terre. Avec un rayon double de celui de notre planète, Corot Exo 7b devient la plus petite exoplanète jamais découverte. La comparaison avec notre planète bleue s'arrête là, car Corot Exo 7b fait le tour de son étoile en vingt heures seulement, si près d'elle qu'une température de 1 500 °C règne à sa surface !

En un peu plus de dix ans, on a ainsi découvert un assortiment inimaginable et très diversifié de planètes extrasolaires[2]. Et nul ne sait ce qui nous attend encore, puisque à ce jour nous n'avons fait que quelques sondages dans la banlieue du Soleil.

Sur plus de trois cent cinquante exoplanètes recensées, une poignée seulement ont une masse inférieure à dix masses terrestres, mais il s'agit d'un biais dû aux techniques d'observation qui ont mis du temps à s'affiner. Désormais, la proportion de planètes rocheuses devrait s'accroître continuellement, et même supplanter les jupiters chauds. Les modèles théoriques montrent en effet qu'un disque protoplanétaire devrait donner plus facilement naissance à des planètes de taille terrestre qu'à des monstres gazeux.

Mais, comme on l'a vu, la présence de planètes géantes gazeuses à une distance très faible de leur étoile n'est pas compatible avec le modèle de formation exposé plus haut. La théorie actuelle ne fabrique tout simplement pas de jupiters chauds, elle affirme qu'une géante gazeuse ne peut se former qu'au-delà de cinq fois la distance Terre-Soleil, par accrétion lente de gaz autour d'un embryon de roches et de glaces faisant déjà dix masses terrestres. Or ces jupiters chauds sont là, disséminés dans le ciel. La théorie est donc fausse ou incomplète. Tablons d'abord sur l'incomplétude, car il ne faut jamais jeter une théorie à la légère. Parmi les hypothèses permettant d'expliquer les jupiters chauds, l'une des plus en faveur est celle de la migration. Les jupiters chauds se seraient formés à grande distance de l'étoile, comme nos géantes gazeuses, avant de migrer progressivement vers le centre et de se faire éventuellement décoiffer jusqu'à l'os si elles s'aventuraient trop près de leur étoile, comme la planète Osiris.

---

2. Leur catalogue est tenu à jour sur http://exoplanet.eu/

Des mécanismes capables d'enclencher ces mouvements de migration sont connus et peuvent s'intégrer au modèle de base. Les moyens de les arrêter sont moins évidents. Peut-être ne s'arrêtent-ils pas, et tous les jupiters chauds sont-ils destinés à tomber sur leur étoile ?

L'hypothèse de la migration – une hypothèse folle avancée pour expliquer une situation folle – pourrait bien, par un rebond assez cocasse, arranger nos affaires, ici dans le système solaire, car il semblerait que la formation de Jupiter, de Saturne et d'Uranus s'explique finalement mieux si l'on admet qu'elles ont pris naissance deux fois plus loin du Soleil qu'elles ne s'y trouvent à présent.

Certains pensent même, simulations numériques à l'appui, que les systèmes planétaires sont beaucoup moins stables qu'on ne le croyait jusqu'ici. Dans un premier temps, les planétésimaux fusionnent et forment des planètes. Ensuite, celles-ci pourraient continuer à connaître des collisions dont la violence aboutirait alors à éjecter environ une planète sur deux, émaillant l'espace vide d'une insoupçonnable population de planètes orphelines (dont les deux planètes flottantes découvertes en août 2006 pourraient être les premières portées à notre connaissance). Par ailleurs, 20 % des planètes restantes feraient le grand plongeon sur leur étoile. Ainsi se nettoieraient les systèmes stellaires. Au total, il semble raisonnable de penser qu'il y a autant de planètes hors des systèmes stellaires qu'à l'intérieur.

Parallèlement aux efforts pour affiner les théories de formation des systèmes planétaires, la course aux signes de vie s'intensifie comme jamais depuis qu'elle a de la matière à se mettre sous le télescope. Et cette recherche a tout son sens. En effet, on sait que le rayonnement émis par la Terre présente des signatures marquées qui lui sont imprimées par la biosphère (présence d'oxygène et d'ozone principalement), si bien que des astronomes extraterrestres pourraient certainement détecter la vie terrestre depuis des distances astronomiques (sans parler de nos émissions radio qui quittent la Terre en permanence, mais depuis moins d'un siècle seulement, ce qui rend leur détection possible uniquement par des voisins très proches). On a toutes les chances, dès lors, de débusquer l'existence d'êtres vivants extraterrestres rien qu'en analysant le rayonnement provenant de leur planète.

Le premier volet de cette grande enquête implique la détection des planètes elles-mêmes. Outre les grands observatoires terrestres qui consacrent une fraction importante de leur temps à cette recherche, il y a désormais une mission spatiale entièrement consacrée à cet objectif, la mission européenne Corot[3], dont le satellite a été lancé le 27 décembre 2006. Son télescope embarqué observe différentes zones du ciel par tranches de cent cinquante jours – au total : dix champs contenant 12 000 étoiles chacun. Il utilise la méthode du transit qui permet de détecter de petites planètes. D'autant plus petites qu'il n'est pas soumis aux turbulences de l'atmosphère et que sa sensibilité est extrême : il décèle d'infimes variations de luminosité stellaire, de l'ordre de 0,005 %, là où les instruments précédents ne descendaient pas en dessous de 1 %.

La méthode du transit permet également, en étudiant de près le profil de variation lumineux, de collecter des informations sur l'atmosphère planétaire, et même des données météorologiques. Un exemple : sur la planète répondant au nom mélodieux de HD 189733b, on sait qu'il fait 650 °C côté nuit et 930 °C côté jour, avec des vents puissants qui soufflent à environ 10 000 km/h. On a même établi la carte des températures en douze bandes longitudinales, analogues aux bandes de Jupiter. Une prouesse, pour un corps situé à 60 années-lumière et qui n'a même pas été observé directement, mais seulement à travers la variation de luminosité de son étoile.

On attend avec impatience la mission américaine Kepler[4], dont le lancement a eu lieu le 6 mars 2009 – juste hommage rendu au génial astronome allemand qui, en 1609, publia *Astronomia nova*, un livre révolutionnaire dans lequel il dévoilait pour la première fois les lois des mouvements planétaires[5]. Le satellite éponyme a été mis en orbite non pas autour de la

---

3. http://smsc.cnes.fr/COROT/Fr/

4. http://kepler.nasa.gov/

5. La même année 1609 vit les premières observations à la lunette télescopique par Galilée. C'est grâce à ces deux géants de la science que la vision de l'Univers qui avait cours depuis l'Antiquité put changer, faisant notamment de la Terre une planète banale parmi d'autres, et du Soleil une étoile comme les autres. Voilà pourquoi quatre cents ans après, l'année 2009 a été décrétée par l'Unesco et l'ONU « année mondiale de l'astronomie ».

Terre, mais autour du Soleil, et pointera toujours le même champ de 100 000 étoiles sur une durée de quatre ans. Si une « exo-Terre » se trouve dans le bon alignement pour passer devant son étoile tous les deux ans au maximum, Kepler en remarquera le double clin d'œil.

Le second volet, encore plus ambitieux, concerne la recherche des signes de vie. Le projet consacré à cet objectif s'appelle Darwin[6] et sera lancé en 2020. Il est européen et devrait permettre de détecter la présence de vie en même temps que de capturer le rayonnement direct de planètes aussi petites que la Terre. Il sera formé d'un ensemble de cinq satellites postés à 1,5 million de kilomètres de la Terre et travaillant en coopération. Ses instruments d'analyse seront capables de détecter la présence d'eau et d'oxygène dans l'atmosphère des planètes découvertes, donc de formes de vie. De toutes les bonnes nouvelles des étoiles qu'on peut espérer au cours des prochaines années, ce seraient sans doute les meilleures !

Le chapitre des exoplanètes, qui n'existait pas en astronomie il y a quinze ans à peine, est aujourd'hui l'un des plus actifs. Impossible d'ouvrir un magazine d'astronomie grand public ou une revue spécialisée sans tomber sur de nouvelles détections, des analyses de données, des modélisations. C'est comme si une porte s'était ouverte sur une salle jusque-là inaccessible et remplie de merveilles. Emplie surtout d'objets qui commencent à ressembler à notre propre environnement et qui nous font miroiter l'espoir, sinon de converser avec de nouveaux voisins, du moins de mieux comprendre quand et comment la vie peut émerger sur une planète, et si elle l'a déjà fait ailleurs qu'ici. C'est bien évidemment la résolution du mystère de nos origines qui est en jeu. Avec les exoplanètes, l'astrophysique empiète peu à peu sur le terrain de la métaphysique et de la science-fiction.

---

6. http://www.esa.int/esaSC/120382_index_0_m.html

DEUXIÈME PARTIE

Nouvelles nationales : les étoiles et la galaxie

1

LA VOIE LACTÉE

Dans le monde astronomique, il y a trois niveaux d'agrégation marquants : les systèmes stellaires, les galaxies et l'Univers.

Les *systèmes stellaires* contiennent une ou deux étoiles assorties de planètes – nous venons de faire le tour du nôtre, le système solaire.

Les *galaxies* rassemblent des systèmes stellaires par dizaines ou centaines de milliards. Au télescope, elles se distinguent des étoiles par leur forme étendue et non pas ponctuelle, ainsi que par leur éloignement. La galaxie qui nous héberge est la Voie lactée.

L'*Univers* dans son ensemble collectionne les galaxies comme des timbres dans un album – au bas mot 100 milliards, nous y viendrons dans la troisième partie.

Ces trois niveaux sont emboîtés. On passe de l'un à l'autre par des zooms arrière successifs. On pourrait voir le système solaire comme une famille, la Voie lactée comme un peuple et l'Univers comme l'humanité. Ou une cellule, un organe et le corps. Ou une feuille, un arbre et la forêt. Un mot, un livre et la bibliothèque. Prenez l'analogie qui vous plaira, pourvu qu'il y ait beaucoup d'éléments à chaque niveau et un changement d'échelle net entre les niveaux.

Nous embarquons ici pour une visite guidée du deuxième niveau.

Notre galaxie, la Voie lactée, nous entoure de toutes parts ; nous ne sommes que l'un de ses nombreux systèmes stellaires. Imaginons que nous prenions des photos du ciel nocturne dans toutes les directions au même moment, à la fois dans l'hémisphère Nord et dans l'hémisphère Sud. Si nous raccordons toutes ces photos ensemble, nous aurons une mosaïque de clichés astronomiques couvrant la totalité du ciel et formant une sphère autour de nous. Le ciel ressemble en effet à une sphère creuse, du moins vu depuis ce petit point dans l'espace qu'est la Terre. L'ensemble des étoiles répertoriées sur cette sphère ne représente qu'une toute petite portion de la Voie lactée.

Projetons-nous maintenant à l'extérieur de cette sphère-mosaïque et regardons les photos par transparence (disons que nous les avons imprimées sur un papier translucide). Nous obtenons un globe céleste qui offre en un coup d'œil le firmament entier. On trouve dans le commerce de ces sphères étoilées qui permettent de tenir toutes les constellations entre deux mains. La mappemonde du ciel peut également être projetée à plat sur des cartes, exactement comme le globe terrestre peut être projeté sur un planisphère.

Cependant, contrairement aux continents de la carte du monde, les objets qui composent la carte du ciel n'ont rien à faire ensemble. Ils se trouvent rassemblés et agencés par le hasard de notre point de vue particulier. Une carte dessinée depuis un autre point de la galaxie serait très différente de la nôtre, même s'il pouvait s'y trouver un certain nombre d'étoiles communes. La raison en est que toutes les étoiles situées côte à côte sur notre carte du ciel occupent en réalité des profondeurs très différentes. L'une peut être à quelques années-lumière de nous, et sa voisine, dix ou vingt fois plus loin. À l'œil nu, nous ne distinguons que de simples points lumineux juxtaposés, environ 3 000 étoiles en tout, qui sont nos plus proches voisines. Libre à nous de les relier par des dessins (les constellations si chères aux cartographes du ciel et aux astrologues) – le fait est que ces dessins sont arbitraires et n'existent que dans nos représentations.

Une galaxie est un immense rassemblement d'étoiles qui vivent ensemble. Si l'on parlait d'animaux, on pourrait évoquer un troupeau ; s'il s'agissait d'humains, on dirait un peuple. Mais un peuple gigantesque, puisqu'il y a au minimum 100 milliards d'étoiles, rien que dans notre galaxie. Il est probable que bon nombre d'entre elles possèdent un cortège de planètes. Bonjour, les extraterrestres. N'y aurait-il qu'une étoile sur mille qui en possède – vision très économe –, cela nous laisse 100 millions de systèmes planétaires à explorer au sein de la Voie lactée. On le voit, la grande aventure spatiale ne fait que commencer. Sans compter que l'Univers contient plus d'une centaine de milliards de galaxies... mais laissons cela pour plus tard.

Nous ne pouvons pas voir notre galaxie depuis l'extérieur, pas plus qu'au XIXe siècle on ne pouvait voir notre planète depuis la Lune. Jusqu'à la fin des années 1960, lorsque quelques privilégiés ont obtenu un ticket aller-retour pour montrer à tout le monde les clichés de la Terre dans sa totalité. Quant au système solaire, quelques sondes lancées dans les années 1980 commencent à peine à en atteindre l'extrémité (restreinte à l'orbite de Pluton) et à nous envoyer des photos du Soleil vu de loin. Mais la galaxie, nous y sommes profondément enfoncés, et aucun vaisseau spatial n'est près de pouvoir en sortir pour la photographier en pied. Malgré cela, par recoupements entre photos prises dans toutes les directions et par analogie avec d'autres galaxies, nous savons précisément à quoi elle ressemblerait si nous pouvions la photographier de loin. Elle se présente comme un immense disque pourvu d'un renflement sphérique en son centre[1]. Comme une crêpe qui aurait avalé une balle de golf. C'est là un modèle de galaxie assez courant, dont on observe de multiples exemples ailleurs dans l'Univers. Notre galaxie est d'un modèle tout ce qu'il y a de plus banal.

Le principe copernicien a encore frappé. Vous savez que l'illustre savant polonais a déménagé la Terre de son piédestal au centre du monde pour en faire une planète quelconque tournant autour du Soleil. S'il en avait su davantage sur la taille du monde, il ne se serait pas arrêté là. Car le Soleil lui-même n'est pas le centre du monde, mais une étoile quelconque sur un bras de notre galaxie. Et la Voie lactée elle-même n'est qu'une galaxie quelconque parmi des milliards d'autres du même acabit. On rattache au principe copernicien toute règle de pensée qui refuse de nous attribuer un statut privilégié. Être copernicien, c'est dire : nous n'avons rien de spécial, nous ne sommes

1. Cliché en infrarouge sur http://apod.nasa.gov/apod/ap000130.html

pas le nombril du monde. Et, jusqu'ici, ça marche à tous les coups.

Le jour n'est peut-être pas très éloigné où nous nous apercevrons que l'Univers lui-même n'a rien de spécial et n'en est qu'un parmi d'autres. La formulation semble paradoxale, car l'Univers est par définition l'ensemble de tout ce qui existe. Mais rien n'interdit d'imaginer des Univers qui auraient précédé le nôtre et se seraient succédé avant le Big Bang, ou bien des Univers qui se dérouleraient dans des dimensions sans lien avec les nôtres, ou dans des ordres de grandeur qui nous échappent totalement. Mais ne brûlons pas les étapes, nous y reviendrons dans la troisième partie ; laissons cela pour l'instant aux Copernics du futur et revenons dans notre Univers qui nous paraît – provisoirement – si spécial.

La taille d'une galaxie se mesure en années-lumière. Avec une année-lumière (a.l. en abrégé, soit environ 10 000 milliards de kilomètres), on traverse à peine le système solaire, d'un côté du nuage de Oort à l'autre. L'étoile la plus proche du Soleil, Proxima du Centaure, se trouve à 4 a.l. La taille typique d'une galaxie comme la nôtre est de 100 000 a.l. dans son diamètre et de 100 a.l. dans son épaisseur. Hormis son bulbe central, elle forme donc un disque très aplati, comme une crêpe de 1 millimètre de haut sur 1 mètre de large. Aucun cuisinier ne serait capable d'en fabriquer une aussi fine qui tienne ensemble.

On sait que le système solaire, lui aussi, a toutes les allures d'une crêpe : si l'on réduit le Soleil à la taille d'une bille, il est entouré d'un disque de 50 mètres formé par les planètes et la ceinture de Kuiper. Mais cela concerne une échelle toute différente. Des minicrêpes comme le système solaire, il en faut des milliards et des milliards pour en constituer une géante comme la Voie lactée. La galaxie est donc une crêpe de crêpes ? Pas très original, direz-vous. Est-ce que l'Univers, lui aussi, ferait dans la pâtisserie ? Non, imaginez-vous, l'Univers n'a pas la forme d'une crêpe. Aux dernières nouvelles, il tendrait plutôt vers le ballon de football. Mais, là encore, nous y reviendrons dans les pages internationales.

Au sein de la Voie lactée, notre système solaire se trouve assez près du bord de la crêpe, à peu près aux deux tiers de la distance au centre. C'est ce qui explique que, lorsque nous regardons le ciel vers le centre de la crêpe, nous voyons un embouteillage d'étoiles. En fait, il y en a tellement, superposées sur une grande profondeur, que nous ne les distinguons plus comme des points séparés, nous voyons plutôt une traînée blanchâtre. Les luminosités stellaires se mélangent et forment un effet de brume qui est à l'origine du terme « Voie lactée ». On a gardé coutume de nommer ainsi cette portion du ciel, alors que le terme désigne maintenant la galaxie entière, qui s'étend partout autour de nous. Lorsque, par une belle nuit d'été, vous apercevez un halo blanchâtre qui barre le ciel, dites-vous bien qu'il s'agit de la tranche de notre galaxie. L'axe de cette immense roue d'étoiles dans laquelle nous nous trouvons emportés s'étend là, directement sous nos yeux.

Toutes les étoiles de la galaxie tournent autour de son centre de gravité comme des ânes autour d'un manège. Toutes les minicrêpes autour du centre de la maxicrêpe. Mais, si l'on regardait la galaxie non plus par la tranche mais de face, en s'élevant loin au-dessus du bulbe (expérience de pensée, bien sûr), on s'apercevrait que le disque n'est pas uniformément rempli. Il ressemblerait un peu à un tourniquet d'arrosoir automatique : les étoiles ont tendance à se regrouper sur des bras incurvés en spirale. D'où le nom de galaxie spirale[2]. De plus, si toutes les étoiles tournent autour du centre galactique, ce n'est pas à la même vitesse. Les plus proches bouclent un tour complet bien plus rapidement que les plus éloignées, si bien que les bras s'allongent de plus en plus. Le Soleil met environ 250 millions d'années pour accomplir un tour complet de la galaxie. Autant dire que toute l'histoire humaine se déroule au même endroit et que nos affaires piétinent… Et cela, bien que le Soleil se déplace à la vitesse décoiffante de 220 km/s (par rapport au centre de la galaxie). On court, on court, et l'on n'avance guère.

Comme on l'a dit, le centre de la spirale présente un gros renflement appelé « bulbe ». Mais l'ensemble (disque et bulbe), qui forme la galaxie proprement dite, baigne encore dans un nuage d'étoiles beaucoup moins dense qui occupe un volume sphérique appelé « halo ». Celui-ci peut s'étendre jusqu'à

2. Voir un bel exemple de spirale sur http://apod.nasa.gov/apod/ap030310.html

200 000 années-lumière du centre (une sphère quatre fois plus large que la crêpe).

Dans ce halo, il est probable que se niche, outre les étoiles éparses, une myriade de naines brunes, des corps plus gros que des planètes mais plus petits que des étoiles. Elles seraient monnaie courante dans le halo parce que la matière y était beaucoup plus dispersée que dans le disque de la galaxie au moment où elles se sont formées. N'ayant pas atteint la masse nécessaire, elles n'ont jamais accédé au statut d'étoiles. Ces maigrichonnes, invisibles puisqu'elles ne brillent pas par elles-mêmes et n'ont pas d'étoile proche dont elles pourraient réfléchir la lumière, sont qualifiées de « matière noire atomique ». Pour des raisons théoriques, on pense qu'il y a probablement dix à cent fois plus de matière noire atomique que de matière lumineuse dans l'Univers. Les naines brunes pourraient en constituer une partie, mais on cherche toujours de quoi le reste pourrait être fait. C'est l'un des grands mystères de l'astrophysique aujourd'hui, que nous discuterons dans la troisième partie.

Petit moment de rêverie : flânons dans le halo, trouvons une étoile de belle taille pourvue d'une planète habitable, et installons notre transat pour observer le spectacle de la nuit. À la bonne saison, lorsque la planète se trouve entre l'étoile et la galaxie, nous pouvons voir se lever, dès le crépuscule, l'immense roue d'étoiles de la Voie lactée, qui occupe bientôt la totalité du ciel. Au lieu d'un ciel piqueté de façon homogène, comme sur Terre, nous contemplons un tourbillon d'étoiles, comme les nuages d'un ouragan monstrueux. Les astronomes de cette planète ne savent plus où donner de l'œil.

Quittons maintenant notre point de vue extérieur et plongeons dans l'épaisseur de la galaxie. On y trouve des milliards d'étoiles, bien sûr, accompagnées ou non de planètes, mais pas seulement cela. Dans les immenses espaces qui séparent les étoiles flottent de vastes nappes de gaz (d'hydrogène et d'hélium, plus des traces d'autres atomes) et des nuages de poussières (silicates, carbonates). Ces objets vaporeux forment de grandes étendues sombres sur les clichés astronomiques, car les particules de poussière et les molécules de gaz y font écran, et bloquent la lumière des étoiles d'arrière-plan. Mais, lorsqu'on utilise des filtres et des temps de pose appropriés, on voit apparaître des paysages galactiques magnifiques, où se distinguent certaines étoiles dans le fond, et devant elles les nappes rouges d'hydrogène et les nuages cotonneux de poussières[3]. Sur certains clichés apparaissent de grandes volutes colorées qui ressemblent à des fusées moutonnantes. On a coutume d'accentuer un peu les couleurs pour rendre les structures plus visibles. Ces couleurs traduisent des différences de températures au sein des nuages, qui elles-mêmes découlent de différences de composition chimique. En effet, les divers éléments chimiques d'un nuage reçoivent le rayonnement lumineux des étoiles avoisinantes et le réémettent à des fréquences qui leur sont caractéristiques. Et qui dit « fréquence » dit « couleur ». Ces couleurs sont donc des signatures qui trahissent l'abondance relative de certains éléments chimiques dans le nuage : hydrogène, carbone, oxygène, magnésium...

Notez bien que, sur les photos, ces nuages de gaz ont presque l'apparence de masses solides, alors qu'il s'agit de concentrations extraordinairement ténues. Leur densité est beaucoup plus faible que le meilleur vide de laboratoire qu'on soit capable de produire sur Terre. De l'ordre de quelques dizaines de particules par centimètre cube. Un volume de notre air ferait figure de bloc d'acier à côté de ces impalpables volutes. Il n'empêche que, par contraste avec le reste du milieu interstellaire, on a là un excès de densité qui se découpe nettement sur les clichés comme des reliefs bien définis. On les appelle « nuages moléculaires », ou bien « nébuleuses galactiques » (ce sont les précurseurs des nébuleuses protostellaires qui vont engendrer de nouveaux systèmes stellaires), et on leur donne parfois des noms liés à leur forme : nébuleuse de l'Aigle[4], nébuleuse de la Tête de Cheval[5]...

Ces nébuleuses galactiques ne doivent pas être confondues avec les « nébuleuses planétaires » qui résultent, elles, de la mort explosive d'un système stellaire, et sont donc plutôt des cadavres (voir plus loin). Cela dit, ces nébuleuses planétaires se

---

3. Galerie d'images http://hubblesite.org/gallery/album/nebula_collection/
4. http://antwrp.gsfc.nasa.gov/apod/ap070218.html
5. http://www.cfht.hawaii.edu/hs/AIOM/English/CFHT-Coelum-AIOM-Oct2003.html

diluent et peuvent fort bien participer à la constitution d'une nouvelle nébuleuse protostellaire. De nébuleuses en nébuleuses, l'Univers est une vaste entreprise de recyclage, qui d'embryons fait des cadavres, et de cadavres de nouveaux embryons.

Ces grandes nappes gazeuses peuvent rester stables pendant longtemps, jusqu'au jour où une perturbation interne les fragmente en nébuleuses protostellaires qui s'effondrent sur elles-mêmes, provoquant la formation de grumeaux centraux qui vont devenir des étoiles. À l'origine de l'effondrement, on peut aussi trouver des perturbations externes, comme l'explosion de la supernova qui serait à l'origine de la formation du système solaire.

Dans la magnifique nébuleuse de l'Aigle, on peut voir trois stalagmites gazeuses d'une hauteur de quelques années-lumière chacune. Au sommet de ces colonnes se distinguent des excroissances, des sortes de globules, qu'on suppose être des embryons d'étoiles. Les nuages de cette région connaissent une instabilité interne et commencent à s'effondrer. Les grumeaux qui en résultent vont bientôt s'agglomérer en étoiles – raison pour laquelle les astrophysiciens d'outre-Atlantique ont pompeusement baptisé ces trois structures les « piliers de la création ». Il nous est ainsi donné l'occasion d'assister en direct à la formation de nouvelles étoiles, alors que dans notre système solaire cet épisode remonte à près de 5 milliards d'années.

C'est une fameuse aubaine pour nous que l'Univers fonctionne selon des cycles inlassablement recommencés. Bien que notre histoire présente de grandes zones d'ombre dues à l'effacement des traces par le temps, nous pouvons braquer nos télescopes alentour et retrouver les mêmes scénarios qui se rejouent sous nos yeux. Voulons-nous comprendre la formation des planètes ? Allons voir ce qui se passe autour de *Bêta Pictoris* ou de Fomalhaut. Voulons-nous remonter plus loin et voir la formation du Soleil ? Pointons le télescope sur la nébuleuse de l'Aigle. Voulons-nous retrouver les débuts de la galaxie ? Nous pouvons détecter des galaxies naissantes, comme on le verra plus loin. Le problème n'est pas le manque d'informations, mais plutôt d'arriver à les capturer et à les déchiffrer, car elles sont chaque fois cachées plus savamment que des œufs de Pâques dans un jardin anglais. Les planètes naissantes sont noyées dans les disques stellaires. Les étoiles naissantes sont enfouies dans un cocon de poussières. Et les galaxies naissantes sont éloignées aux limites de nos capacités. Donc, nous sommes chanceux, car toutes les scènes sont là, et toutes les pièces se rejouent *ad libitum*, mais il faut se contorsionner pour y assister. À force, les astronomes sont devenus d'obstinés spectateurs.

S'il y a une chose que l'astrophysique du XXe siècle a pu réaliser avec grand succès, c'est de reconstituer de façon plausible et complète le cycle de vie des étoiles : leur naissance, leur évolution et leur mort. Ces termes anthropocentriques ne doivent évidemment pas être pris à la lettre. Les étoiles ne sont pas des êtres vivants, ce sont des systèmes physiques. Mais elles traversent des stades bien marqués de formation, d'évolution et de disparition que nous allons détailler.

2

NAISSANCE DES ÉTOILES

Matrice

Les grands nuages sombres dont nous venons de parler sont le début de toutes choses pour les étoiles : leur origine, leur source, leur matrice. Tandis que les êtres vivants, tels que nous les connaissons, sortent d'un corps ponctuel, œuf, ovule, spore ou graine, les étoiles, elles, descendent d'un nuage, et encore, bien plus ténu que l'air que nous respirons. Nous grandissons d'un mouvement centrifuge, elles se concentrent d'un mouvement centripète. Nous absorbons de la matière pour croître, elles en éjectent pour se resserrer. Elles partent de presque rien, moins qu'un souffle, et elles seront le siège des maximums d'intensité que connaît l'Univers : combustion nucléaire, supernova, trou noir. Elles remportent haut la main la palme de l'efficacité.

Un nuage moléculaire est donc un objet extrêmement dilué (quelques dizaines à quelques milliers d'atomes par centimètre cube, tandis que l'air en contient 30 milliards de milliards), mais sa force est dans l'empan démesuré de temps et d'espace dont il dispose. Il s'étend en effet sur des distances de plusieurs centaines d'années-lumière, et contient au total de quoi former plusieurs centaines d'étoiles. Au gré des mouvements dont ils sont animés dans la galaxie, ces nuages se fragmentent en unités plus petites, donnant naissance aux nébuleuses protostellaires que nous avons décrites dans la première partie. Celles-ci entrent parfois en collision les unes avec les autres, comme les grumeaux dans une soupe que l'on mélange. Or une légère perturbation sous forme de compression suffit à y déclencher un effondrement gravitationnel vers le centre, entraînant leur condensation en étoile.

Les zones les plus denses des grands nuages moléculaires s'appellent « globules de Bok » en jargon scientifique, et « sacs à charbon » pour les amis, à cause de leur aspect opaque[1]. Ils apparaissent noirs sur des clichés par ailleurs constellés de points lumineux, évoquant des régions vides, mais c'est bien le contraire : s'ils apparaissent noirs, c'est parce qu'ils contiennent suffisamment de particules pour arrêter les rayons lumineux et sont justement un peu moins vides que les autres régions interstellaires. On y trouve des concentrations de poussières accumulées en poches dans le nuage d'hydrogène.

Pour sonder le contenu de ces nuages, inutile d'utiliser un télescope classique ; il ne constatera qu'une absence de lumière. Ils n'en émettent pas, en dehors de la faible réémission de la lumière des étoiles voisines par les molécules gazeuses de la périphérie du nuage, responsable des volutes colorées dont on vient de parler. Les régions de poussières plus denses restent, quant à elles, totalement opaques. Cependant, les astrophysiciens ne s'avouent pas battus. Ils savent que, s'il y a dans ces nuages des embryons d'étoiles, ils doivent commencer à chauffer, et donc à émettre du rayonnement infrarouge.

Tout corps chaud émet du rayonnement infrarouge, vous, nous, le chien, le chat, le ver de terre, le barbecue, l'eau de vaisselle, la bouse de vache. Un corps humain dans une pièce noire est parfaitement visible pour une caméra infrarouge (qu'on peut aussi bien appeler « détecteur de chaleur »). En fait, seul un corps « théorique » à – 273 °C, le zéro absolu, n'émettrait rien (en pratique aucun corps ne peut être au zéro absolu). Avoir une température non nulle, c'est nécessairement émettre de la chaleur, autrement dit du rayonnement infrarouge, de plus en plus intense au fur et à mesure que la température monte. La température est même la mesure du rayonnement d'un corps. Quand vous avez de la fièvre, vous

1. http://www.eso.org/gallery/d/4231-2/phot-02a-01.jpg

rayonnez davantage ; vous ferez une tache plus rouge sur le cliché de la caméra infrarouge.

Par chance pour les astronomes, ce rayonnement, contrairement à la lumière visible, n'est pas arrêté par les poussières. S'il y a donc, dans un globule de Bok, un grumeau d'étoile en train de s'échauffer, son rayonnement doit traverser toute l'épaisseur du nuage et être détectable. Pour observer les embryons d'étoiles, on fait donc l'équivalent d'une échographie sur les matrices stellaires : en braquant des télescopes à infrarouge en direction de ces sacs à charbon, on détecte bien les embryons.

À ce stade, les étoiles ne sont pas réellement formées : elles ne sont pas encore sphériques, pas encore sculptées par leur propre gravité. Par conséquent, elles ne sont pas encore autonomes, mais restent liées au milieu extérieur, comme un véritable embryon qui échange de la matière avec son placenta. Sur les clichés en infrarouge[2], ces étoiles en formation apparaissent comme des patates chaudes, halos ellipsoïdaux dont le centre est le point le plus chaud. Elles sont en liaison électromagnétique avec le nuage de gaz ambiant, et elles ne fonctionnent pas encore comme des étoiles qui brûlent leur combustible. Ce sont plutôt des chantiers d'étoiles. Des machines thermiques en cours de montage. Des champs de patates chaudes.

Accouchement

Il est possible, avec les instruments actuels, d'assister en direct à l'accouchement d'une étoile, ou plutôt d'une nichée d'étoiles, car celles-ci naissent souvent par paquets. Typiquement, on trouve des zones où cinquante étoiles naissent d'un coup. Ces épidémies stellaires sont dues à des perturbations qui s'enclenchent en série, quand le souffle d'une étoile naissante déstabilise le nuage voisin, et ainsi de suite, ou bien à des restes d'une supernova qui perturbent le voisinage sur des dizaines

2. http://www.eso.org/gallery/v/ESOPIA/StarClusters/phot-16c-03-normal.jpg.html

d'années-lumière à la ronde, ou bien encore à une collision de galaxies (nous en parlerons dans la troisième partie) qui occasionne des rencontres et des accumulations de grandes quantités de matière. Dans certaines régions de l'Univers, le taux de formation stellaire atteint des dizaines ou des centaines de fois celui qu'on observe dans notre galaxie (la Voie lactée est calme, elle ne pond que quatre ou cinq nouvelles étoiles par an). On parle alors de « flambées d'étoiles », un phénomène qui ressemble à un feu d'artifice cosmique et qui peut durer des millions d'années.

La nébuleuse protostellaire se contracte pendant quelques milliers d'années, formant un cocon de plus en plus dense et de plus en plus chaud autour de la patate centrale en formation. Le nuage tourne sur lui-même selon l'impulsion aléatoire qu'il a reçue au départ, choc, perturbation, collision. Au fil du temps, la rotation s'accélère, selon le principe du patineur déjà évoqué, et le nuage s'aplatit en disque, selon le principe du potier déjà évoqué lui aussi.

Rappelons-les quand même, ces principes fondamentaux. Principe n° 1 : tout corps qui se contracte alors qu'il tourne accélère (patineur). Principe n° 2 : tout corps qui accélère alors qu'il tourne s'aplatit (potier). Ici, les deux principes se combinent. On a un nuage en rotation qui accélère parce qu'il se contracte (à cause de la gravitation) et qui s'aplatit parce qu'il accélère. Résultat : au centre, la contraction gravitationnelle l'emporte sur l'aplatissement, et l'étoile devient boule, tandis qu'à la périphérie l'aplatissement l'emporte sur la contraction, et le nuage se fait disque.

Au centre se forme donc un grumeau de plus en plus dense, l'étoile nouveau-née. Elle devient extrêmement chaude, mais pas assez pour déclencher des réactions thermonucléaires comme le Soleil. Sa chaleur provient uniquement de la contraction du gaz – celui-ci tombe vers le centre en un véritable déluge et s'échauffe dans ce mouvement. Tels sont les bébés étoiles qu'on voit émerger progressivement de leur matrice, lorsqu'on les regarde en rayonnement infrarouge. Ce sont des corps de plus en plus chauds, des patates au four, totalement opaques et sombres, comme du charbon qui serait chaud mais pas encore brûlant.

La théorie classique, élaborée dans les années 1970, postulait que les étoiles se forment uniquement selon ce mouvement d'effondrement de matière. Mais, lorsque les ordinateurs ont permis de faire des simulations du phénomène, à la fin des années 1980, on s'est aperçu que la recette ne fonctionnait pas. Bien avant que l'étoile n'atteigne la masse du Soleil, elle tourne si vite qu'elle ne peut plus se contracter, mais se disloque au contraire. Le potier l'emporte sur le patineur et pulvérise la matière. Impossible de fabriquer une étoile sur ce modèle. C'est qu'il y manque un mécanisme calmant, qui a été depuis lors théorisé et observé : en même temps qu'elle se contracte, l'étoile émet des jets de matière au-dessus de ses deux pôles. Cette matière expulsée à plusieurs centaines, voire milliers de kilomètres par seconde part en tourbillonnant le long de l'axe de rotation stellaire, formant deux jets perpendiculaires au disque. L'étoile refoule ainsi 10 à 20 % de la matière dont elle se nourrit, mais l'énergie qu'elle perd dans ce mouvement la fait ralentir et lui évite l'autodestruction par emballement.

Ainsi, pour grossir, l'étoile doit ralentir, et ces jets de matière lui servent de parachutes de freinage. Ils ont été observés sur plusieurs étoiles naissantes – toujours en infrarouge puisqu'on est dans des phénomènes qui dégagent de la chaleur mais pas de lumière. Ceux de l'étoile XZ *Tauri* n'avaient pas plus de trente ans d'âge lorsqu'ils ont été détectés en 1995[3]. Depuis, ils se sont allongés d'année en année. On peut y voir le film en direct de la phase cruciale du grossissement d'un bébé étoile.

Jeunesse

Prenons maintenant une étoile de 1 million d'années. Elle est en pleine phase d'adolescence. Si l'on photographie son voisinage avec un temps de pose prolongé, on trouve des nébulosités gazeuses très diffuses. C'est le vestige clairsemé de sa matrice. Comment en est-elle arrivée là ?

---

3. http://antwrp.gsfc.nasa.gov/apod/ap000921.html

L'étoile naissante, ou patate chaude, au cours de son grossissement et de sa contraction, devient de plus en plus chaude, et, lorsqu'elle atteint la température coquette de 1 million de degrés (chaleur uniquement due à la pression qui règne au centre), elle entre dans une première phase de combustion. En effet, à cette température, le deutérium fusionne. Qu'est-ce que le deutérium ? Un atome frère de l'hydrogène, une variante plus riche d'un neutron dans son noyau, formé en très petites quantités lors du Big Bang (enfin, trois minutes après) et qui se trouve dans le nuage de départ. Ayant une température de fusion nucléaire plus basse que l'hydrogène, il sert en quelque sorte de préallumage, qui porte l'étoile à la température d'allumage. À 1 million de degrés, les noyaux de deutérium fusionnent et occasionnent un brusque et puissant dégagement d'énergie. Ce rayonnement refoule le gaz et la poussière environnants vers la périphérie du disque. L'étoile brille enfin et souffle les traces de son accouchement, comme un nouveau-né qui couperait le cordon ombilical de ses propres dents. Elle est devenue indépendante de son environnement, en pleine phase d'affirmation de soi.

Cela dit, elle tient à peine sur ses pattes. Malhabile encore à gérer les flux d'énergie antagonistes entre contraction gravitationnelle et combustion nucléaire, l'étoile jeune est un objet instable et fluctuant, sujet à des variations brusques de luminosité, comme une ampoule électrique soumise à un courant variable.

Elle a néanmoins atteint sa masse de croisière, les jets se sont taris, et le disque environnant a été soufflé en ceinture de gaz extérieure, tandis que les débris poussiéreux commencent à s'accumuler en flocons. S'il se trouve assez de matière disponible au pourtour de l'étoile, c'est le début de la phase de formation des planètes que nous avons décrite plus haut. Et surtout, sous l'effet du deutérium qui fusionne, la boule de gaz s'échauffe de plus belle.

À ce stade, deux destins sont possibles. Si l'étoile est trop peu massive (moins de soixante-quinze fois la masse de Jupiter), elle ne parviendra pas à monter suffisamment en température pour enclencher la combustion de l'hydrogène. Après avoir brûlé son deutérium, elle va s'éteindre et se refroidir lentement, pour devenir ce qu'on appelle une *naine brune*, plus prosaïquement une étoile ratée. L'existence de ces avortons était prédite par la théorie depuis les années 1960, mais les premières ont été découvertes à partir de 1995. On en connaît aujourd'hui des centaines, et l'on pense qu'il pourrait en exister autant que d'étoiles « réussies » – soit 100 milliards dans notre galaxie.

Si l'étoile est suffisamment massive, elle atteindra 10 millions de degrés, température à laquelle l'hydrogène entre en fusion. La réaction thermonucléaire entraîne un énorme dégagement d'énergie vers l'extérieur qui arrête le mouvement de contraction. L'étoile entre alors dans une longue période de stabilité.

L'ensemble du processus de naissance a pris 30 millions d'années, une peccadille à côté des quelques milliards d'années de vie adulte qui s'étendent devant elle.

Elle brille maintenant dans un environnement presque totalement nettoyé. Les planètes, s'il y en a, sont formées. On observe quelques restes épars de gaz et de poussières qui forment un halo bleu. C'est le cas par exemple pour les Pléiades[4], un groupe d'étoiles bien connues et visibles à l'œil nu, âgées de moins de 50 millions d'années. Elles brillent littéralement de mille feux, parce qu'en plus de chaque source centrale en pleine combustion on décèle, déjà aux jumelles, des barbiches et des bavures lumineuses qui sont les dernières traces visibles de la nébuleuse mère.

---

4. http://antwrp.gsfc.nasa.gov/apod/ap071118.html

3

VIE DES ÉTOILES

Maturité

Qu'appelle-t-on une étoile adulte ? Il suffit de regarder le Soleil[1]. C'est une étoile complètement débarrassée des traces de sa naissance. Autour de lui, il n'y a plus de vestiges de la nébuleuse protosolaire d'il y a 5 milliards d'années, à part les astéroïdes et comètes qui forment un petit résidu éloigné. Toute la gangue gazeuse a disparu. Notre astre du jour est isolé et autonome.

Mais la transformation la plus frappante s'est déroulée en son centre. Quand la température critique de 10 millions de degrés a été atteinte, les atomes d'hydrogène ont commencé à fusionner pour former des atomes d'hélium. Cette réaction aboutit à une légère diminution de la masse totale des atomes et à la libération d'une énergie énorme. Celle-ci est émise sous deux formes distinctes : du rayonnement (de la lumière) et des particules (des neutrinos). Le fantastique débit d'énergie du Soleil provient entièrement de ces réactions de fusion nucléaire. Chaque seconde, 600 millions de tonnes d'hydrogène sont consommées, dont 500 tonnes environ sont converties en énergie et tout le reste en hélium. Malgré ce rythme de combustion vertigineux, une étoile comme le Soleil peut vivre à l'aise

1. http://www.eso.org/public/outreach/eduoff/vt-2004/mt-2003/mt-2003-sun-photo-normal.jpg

10 milliards d'années. Sa maturité correspond à cette longue phase de stabilité.

600 millions de tonnes par seconde. Ces ordres de grandeur nous dépassent. Déjà, la Terre est un peu grande pour notre regard. L'horizon d'un être humain sur terrain plat fait environ 300 kilomètres, soit un petit millionième de la surface du globe. Mais alors avec le Soleil... nous perdons définitivement pied. Le Soleil, dans lequel la Terre rentrerait un million de fois, rien que ça. Et qui se permet de brûler 600 millions de tonnes de combustible par seconde, soit un sixième de la production annuelle mondiale de pétrole. Chaque seconde. Non, c'est trop. Nous ne suivons plus. Il faudra se contenter de contempler ces chiffres en toute abstraction, comme s'il s'agissait de papillons exotiques.

Pendant toute sa jeunesse, l'étoile se contracte sous son propre poids. Mais, à partir du moment où les réactions nucléaires sont enclenchées, la libération d'énergie provoque une force contraire, une poussée vers l'extérieur qui a pour effet de dilater l'étoile. Ces deux mouvements se contrebalancent exactement, si bien que la taille de l'étoile ne change plus. C'est un équilibre dynamique où, à chaque instant, la contraction gravitationnelle est compensée par le débit d'énergie sortant. Difficile d'imaginer qu'un objet stable pendant 10 milliards d'années puisse être le résultat d'un conflit permanent ! Comme lorsque deux équipes tirent sur une même corde et font du surplace. Le Soleil s'effondre et se dilate au même rythme à chaque instant. Résultat : le rayonnement est (quasiment) constant, et la durée de vie ne dépend que du moment où le combustible est épuisé. Notre Soleil a pour l'instant brûlé à peu près la moitié de ses réserves.

Une étoile brûle d'autant plus vite ses ressources qu'elle est plus massive et plus puissante. À l'instar d'un camion qui consomme dix ou cent fois plus qu'une voiture familiale, les étoiles ayant dix fois la masse du Soleil flambent toutes leurs réserves en quelques dizaines de millions d'années. À l'inverse, les étoiles qui ne font qu'un dixième de Soleil marchent à l'économie, tels des vélomoteurs, et peuvent rouler pendant des centaines de milliards d'années. Ces petits calibres, mille fois moins brillants que le Soleil, sont appelés « naines rouges ».

Elles fusionnent leur hydrogène en hélium, mais très tranquillement, comme une cuisson à l'étouffée. Elles représentent la majorité des étoiles. *Chi va piano va sano*, le proverbe est vrai même dans le cosmos.

Le rayonnement produit par chaque réaction de fusion, au cœur du Soleil, sort d'un environnement à 15 millions de degrés. C'est un rayonnement de très haute énergie, qui possède une longueur d'onde très courte, qu'on appelle un « rayonnement gamma » et qui serait très dangereux pour les êtres vivants s'il atteignait notre planète. Mais, comme il est émis au centre du Soleil, il doit traverser toute l'épaisseur de l'étoile avant d'atteindre l'espace. Or cette épaisseur est constituée d'un plasma électriquement chargé.

Plasma ne veut pas dire bouillie. En tout cas, pas n'importe quelle bouillie. Pour les physiciens, le plasma est un état très particulier de la matière, où la pression est telle que le gaz prend une forme extrêmement condensée : les noyaux et les électrons des atomes d'hydrogène, au lieu de rester associés, se séparent – car ils prennent moins de place ainsi. Pensez à un parapluie : pour le transporter dans votre mallette, vous n'allez pas le laisser ouvert, avec ses distances rigidement maintenues entre le manche et les pointes. De même, les atomes d'hydrogène peuvent se « démonter » lorsqu'ils sont très comprimés. Les noyaux et les électrons circulent indépendamment au lieu de tenir leurs distances fixes habituelles. C'est pourquoi le gaz évoque une sorte de purée. Et, surtout, il devient électriquement chargé en chacun de ses points. Lorsqu'ils sont associés en atomes, les noyaux et électrons se neutralisent, mais libres, non, chacun exprime son caractère, les noyaux absolument positifs et les électrons totalement négatifs.

Le rayonnement émis au centre du Soleil doit donc traverser une énorme épaisseur de plasma. Connaissant la vitesse de la lumière dans le vide (300 000 km/s), on penserait qu'il ne lui faut que quelques secondes pour traverser le Soleil (700 000 kilomètres de rayon). Loin de là. En réalité, il lui faut... 10 millions d'années ! Oui, vous avez bien lu. La lumière, l'entité la plus rapide de l'Univers, est prise ici au piège. Pourquoi ? Parce qu'elle est obligée d'interagir avec chacune des particules chargées qu'elle rencontre sur son chemin en traversant le plasma. Et elle n'arrête pas d'en rencontrer. La lumière est véhiculée par des particules sans masse appelées photons. Chaque fois qu'un photon quitte une particule, il ne parcourt qu'un millième de millimètre avant d'être capturé ou dévié par une autre particule. C'est un peu comme si vous vouliez sortir d'une salle de cocktail en courant, mais que chacun des convives se presse pour vous serrer la main avant de vous laisser partir. On peut aussi appeler ça « le parcours de l'ivrogne », en raison des innombrables zigzags qui allongent le trajet. Lorsque le photon arrive enfin à la surface du Soleil, il a mis 10 millions d'années et a perdu l'essentiel de son énergie. Et heureusement pour nous. Il n'est plus qu'à 5 500 degrés, c'est un rayonnement non plus gamma, mais de longueur d'onde visible. Plus précisément, du jaune. C'est pourquoi la surface du Soleil est jaune. Et c'est aussi pourquoi nous ne pouvons tirer aucune information sur son centre lorsque nous regardons sa surface. Toutes les caractéristiques des photons émis au centre ont été effacées par leur long trajet et la dégradation de leur énergie.

En revanche, les neutrinos qui sont émis au centre du Soleil, lors des mêmes réactions de fusion, et qui sont aussi nombreux que les photons, n'interagissent quasiment pas avec la matière. Ce sont des particules qui, comme la Suisse, se gardent de prendre parti dans quelque escarmouche que ce soit, d'où leur nom. N'étant presque jamais capturés ni freinés, ils traversent les corps les plus denses comme si c'était du vide. Le Soleil est pour eux complètement transparent, ils en sortent à la vitesse exacte de la lumière dans le vide, c'est-à-dire en deux secondes et quelques dixièmes. Lorsqu'ils arrivent sur Terre, huit minutes plus tard, ils sont encore tout frais, tout chauds, sortant du four, tandis que les photons qui arrivent en même temps sont de vieux produits défraîchis par un parcours mouvementé de 10 millions d'années.

Les neutrinos sont donc susceptibles de nous renseigner en direct (ou plutôt en très léger différé) sur ce qui se passe au centre de notre étoile. Toute modification qui apparaîtrait serait répercutée dans les neutrinos qui nous arrivent huit minutes plus tard. Par comparaison, les photons continueraient à nous parvenir imperturbablement pendant 10 millions d'années même si le cœur du Soleil s'éteignait brusquement. Mais ne prenez pas cela pour un risque réel, c'est juste une image pour illustrer l'antiquité et l'inertie du photon face à la fraîcheur du neutrino.

Tel est l'avantage extraordinaire de l'astronomie des neutrinos sur l'astronomie traditionnelle et la raison pour laquelle on cherche avidement à les détecter.

Malheureusement, l'avantage extrême du neutrino forme aussi l'obstacle principal à sa détection. S'il peut traverser le Soleil sans le voir, il en va évidemment de même pour la Terre ; c'est une passoire totale à ses yeux. Chaque seconde arrivent 60 milliards de neutrinos sur chaque centimètre carré de la Terre, mais ils la traversent de part en part exactement comme si elle n'existait pas. Cela vaut aussi, très logiquement, pour votre corps, qui est traversé par un flux intense et constant de ces bestioles indétectables. 60 milliards de trucs par seconde et par centimètre carré vous vrillent le corps sans même vous chatouiller. Bizarre, non ? Deux réalités qui s'interpénètrent et se traversent sans même s'apercevoir l'une l'autre, on se croirait dans un épisode de *Star Trek*. Et pourtant cela se produit en permanence depuis que le Soleil brille.

Même la plus épaisse chape de plomb est incapable d'arrêter les neutrinos. Sa solidité, qui nous paraît indiscutable, est due aux interactions entre les électrons périphériques des atomes. C'est comme si toute matière possédait, dans sa structure même, de minuscules aimants qui la rendent collante à l'intérieur et repoussante à l'extérieur. Toute chose qui possède des électrons est sensible aux électrons des autres. Chaque corps est un filet d'atomes qui l'empêche de traverser un autre corps. Mais les neutrinos, eux, se fichent éperdument des filets électromagnétiques. Ils ne sont pas constitués d'aimants, ils passent à travers ces filets comme de l'eau dans un... filet.

Malgré leur discrétion, les neutrinos ont été suspectés dès les années 1930 en tant que nécessité théorique. La quantité de lumière émise par les étoiles n'était en effet pas suffisante pour transporter le flux d'énergie produit dans leur cœur. La différence devait s'échapper autrement. Les neutrinos ont été détectés pour la première fois en 1969. Le principe des détecteurs est surprenant : il faut isoler une énorme masse de matière totalement inerte – on met par exemple 50 000 tonnes d'eau ultrapure dans un réservoir à plusieurs kilomètres sous terre –, et l'on attend le moment où, exceptionnellement, un neutrino va entrer en collision avec une molécule d'eau. L'astuce qui permet de le détecter ? Les conditions de pureté et d'immobilité sont telles qu'il ne se passe absolument rien d'autre dans cette piscine, pas le moindre remous, pas la moindre interaction. Ainsi, l'événement infime et rarissime produit une trace détectable – grâce aux milliers de dispositifs photomultiplicateurs (disons des loupes) tapissant les parois de la piscine. Moyennant ces mammouths instrumentaux, on arrive à observer environ cinq neutrinos par jour, sur les 60 milliards par seconde et par centimètre carré qui défilent en permanence. Soit environ un neutrino sur quelques milliards de milliards. Ce n'est pas la pêche la plus efficace qu'on puisse imaginer, mais les astronomes sont déjà fous de joie d'y arriver. Il fallait oser penser que le meilleur télescope solaire serait en définitive une immense cuve d'eau enfouie sous terre !

Et que disent-ils d'intéressant, ces neutrinos solaires ? Ils ont permis de confirmer et de préciser les modèles concernant les réactions de fusion qui se produisent au cœur du Soleil. Ils ont révélé un phénomène inattendu d'oscillation périodique entre trois types différents. Et cette oscillation a été la clé permettant de trancher la question, cruciale pour les physiciens, de savoir si les neutrinos avaient une masse ou non. Ils en ont une, très faible certes, mais non nulle, et cette information est fondamentale pour approfondir les recherches en cosmologie.

À noter que les neutrinos ne sont pas seulement émis dans le cœur des étoiles, ils ont également été libérés lors du Big Bang. Les neutrinos cosmiques sont aussi intéressants que les neutrinos solaires, mais à d'autres titres : on en espère des informations sur le début de l'Univers. Mais ceux-là, on ne les a pas encore détectés, et pour cause : leur énergie est bien trop faible, ce qui diminue d'autant leur possibilité (déjà infinitésimale) d'interagir avec la matière des détecteurs.

Vieillesse

Le Soleil se trouve actuellement dans sa phase de stabilité, destinée à durer 10 milliards d'années, et dont il lui reste une bonne moitié. Stable, il l'est, mais pas parfaitement constant pour autant. Au fur et à mesure que l'hélium s'accumule en son centre, sa température s'accroît tout doucement. En conséquence, notre étoile augmente très lentement de luminosité. Elle est aujourd'hui 25 % plus brillante qu'au moment de sa naissance, il y a 5 milliards d'années. Et, d'ici 1 milliard d'années, sa luminosité se sera encore accrue de 10 %. Ce qui veut dire, automatiquement, que la Terre fera une résidence beaucoup moins confortable. La chaleur accrue accentuera l'effet de serre naturel qui retient cette chaleur, portant notre surface vers les 800 °C. Il faudra clairement songer à s'expatrier vers Mars : la planète rouge sera alors d'une température raisonnable, mais, grave problème pour nous, elle n'offrira qu'un tiers de la pression atmosphérique terrestre. Tant pis pour le bikini, il ne sera pas question de quitter son scaphandre.

Et que se passera-t-il ensuite, lorsque le Soleil aura consommé toute sa réserve d'hydrogène, dans 5 milliards d'années ? Son cœur entièrement constitué d'hélium, il entrera dans une nouvelle phase de sa vie où l'hélium lui-même deviendra le nouveau combustible. Lorsque la combustion de l'hydrogène finissante ne compensera plus l'attraction gravitationnelle, le Soleil recommencera à se contracter, comme au début de son existence. Ce faisant, il va encore monter en température, et, lorsque le cœur atteindra 100 millions de degrés, l'hélium entrera en fusion. Trois atomes d'hélium qui fusionnent forment un atome de carbone avec un fort dégagement d'énergie. Ce sera l'apothéose du Soleil, son chant du cygne. Son cœur se transformera progressivement en carbone. Sous l'effet de cette nouvelle combustion, des changements de structure interne se produiront, qui modifieront l'équilibre de l'étoile. Ses zones périphériques se mettront à gonfler comme un soufflé au four. L'étoile deviendra une *géante rouge*, englobant progressivement les orbites de Mercure et de Vénus. La Terre, si elle survit, ressemblera à un vieux croûton calciné. Les seules orbites peut-être habitables à cette époque seront à chercher du côté des gros satellites de Jupiter et de Saturne, dont la banquise se mettra à fondre : Titan, Callisto, Ganymède... voilà les futures terres promises. L'eau y sera abondante, la température, clémente, et les couchers de soleil, monstrueux.

Ou alors, pour faire un peu de science-fiction, on pourrait imaginer que, dans un futur très lointain, la civilisation humaine (ou une autre ayant pris le relais ?) sera en mesure de motoriser la Terre pour la faire changer d'orbite et lui éviter d'embrasser le Soleil sur la bouche. Un tel projet n'est pas aussi insensé qu'il en a l'air. On a calculé que, dès aujourd'hui, en concentrant toutes les réserves d'énergie dont nous disposons et en construisant un propulseur nucléaire en Antarctique, on parviendrait à faire dévier la planète de son orbite. Un voyage dont la Terre serait le navire. Vous voyez d'ici la salle de contrôle, et la responsabilité du commandant de bord !

Ce qui nous attend ensuite est encore plus hasardeux, puisque le destin des géantes rouges est d'éclater et de se répandre dans l'espace sous forme de nébuleuse, à l'exception du cœur de l'étoile, qui, lui, se recroqueville en bille très dure. Quel peut être le sort d'une planète à travers ces cataclysmes ?

On trouve dans le ciel des étoiles plus vieilles que le Soleil, qui sont actuellement au stade de géante rouge, comme Bételgeuse[2], dans la constellation d'Orion. Son diamètre est tellement dilaté que, si on la mettait à la place du Soleil, elle s'étendrait jusqu'au-delà de l'orbite de Jupiter. Ou encore l'étoile R de la Dorade, qui fait quatre cents fois le diamètre du Soleil et s'étendrait jusqu'à l'orbite de Mars. Ces étoiles offrent une image au présent de ce qui attend le système solaire, d'ici 5 milliards d'années.

L'Univers est vraiment généreux. Non content de nous montrer des systèmes qui reproduisent notre passé (planètes, étoiles ou galaxies), il nous en montre d'autres qui préfigurent notre avenir. De même que chaque homme peut voir naître et

2. http://antwrp.gsfc.nasa.gov/apod/image/9702/betelgeuse_hst_big.jpg

mourir ses semblables et se faire une idée exacte de ses tenants et aboutissants, le système solaire est entouré de structures similaires qui se trouvent à tous les stades de leur existence. Un œil sur le berceau, un œil sur la tombe, rien n'est laissé dans l'ombre. Encore faut-il regarder avec une rare perspicacité.

L'observation toute récente d'une exoplanète autour d'une étoile ayant traversé sa phase de géante rouge apporte pour la première fois des données concrètes sur le sort qui attend peut-être la Terre après la mort du Soleil. V391 *Pegasi* est une étoile presque identique au Soleil, mais âgée de 10 milliards d'années. À la fin de sa phase de géante rouge, elle a perdu environ 40 % de sa masse. Il ne reste d'elle qu'une étoile naine. La planète récemment détectée se situe à 250 millions de kilomètres, mais elle devait se trouver plus près lorsque l'étoile était plus massive – soit à une distance comparable à celle de la Terre, 150 millions de kilomètres. En effet, selon la théorie de la gravitation, la distance d'une planète s'ajuste en fonction de la masse au centre. Pour le comprendre, pensez à une bille qui tourne dans la cuvette d'un entonnoir. Si le fond de l'entonnoir remonte, rendant la pente moins raide, la bille, qui possède toujours la même énergie cinétique, va spontanément rallonger et ralentir sa trajectoire, c'est-à-dire adopter une orbite plus éloignée. Et cela parce que la force de rappel qui la maintient autour du centre a diminué. Et, si l'étoile (ou l'entonnoir) disparaît, la planète (ou la bille) part en ligne droite. Il s'agit d'une loi de conservation purement géométrique. Donc, la planète s'éloigne automatiquement si la masse de l'étoile diminue. Mais la théorie est une chose, la réalité d'une étoile moribonde en est une autre, plus mouvementée. L'étoile perd une bonne partie de sa masse au cours d'une phase d'explosion qui doit être d'une violence extraordinaire pour les objets orbitant dans son voisinage. Cependant, il semblerait bien que cette exoplanète se soit éloignée tout en gardant une orbite stable. Elle apporte ainsi la preuve réelle (et non plus théorique) qu'il est possible de survivre aux soubresauts de fin de vie d'une étoile. Du moins peut-on dire qu'elle a échappé à la destruction physique – mais sûrement pas au coup de chaleur. Pour éviter l'insolation, un éloignement motorisé eût sans doute été plus sûr.

4

MORT DES ÉTOILES

Poids plume et poids légers

Comme les boxeurs, les étoiles se classent par leur poids. Celles qui font moins de 10 % de la masse solaire entrent dans la catégorie des poids plume, les *naines brunes*. En tant qu'étoiles, celles-ci sont mortes avant d'être nées. Chauffées jusqu'à plusieurs milliers de degrés lors de leur contraction, elles n'iront jamais plus loin, faute d'une masse suffisante, elles vont progressivement perdre cette chaleur sous forme de rayonnement infrarouge – ce qui nous permet de les détecter. Les plus grosses d'entre elles connaissent un préallumage avec la combustion du deutérium, mais qui ne suffit pas à atteindre la température de combustion de l'hydrogène, et elles en sont réduites à se refroidir comme les autres.

À terme, autrement dit quelques dizaines de milliards d'années, les naines brunes redeviennent aussi froides que leur environnement et ne peuvent plus apparaître même sur un cliché infrarouge. Exemptes de tout rayonnement, elles deviennent alors totalement invisibles, pour toute espèce de télescope.

Les poids légers, appelés *naines rouges*, pèsent entre 10 % et 30 % de la masse solaire. Ils atteignent la température d'allumage de l'hydrogène et connaissent ensuite une combustion tellement calme qu'ils peuvent ronronner pendant des centaines de milliards d'années – économes comme un poêle à charbon que l'on réglerait sur le régime le plus bas. Par conséquent peu brillants et peu chauds. Ces petits gabarits font partie de la famille des étoiles, certes, mais à peu près au même sens qu'un paresseux fait partie des mammifères : à son rythme.

Vu leur durée de vie record, il nous est impossible d'observer comment ces étoiles meurent. L'Univers est loin d'être assez vieux pour qu'une naine rouge ait consommé toutes ses noisettes. Ce sont les immortelles, ou quasi immortelles de notre monde, qui regardent défiler les générations d'étoiles plus puissantes et plus tapageuses, non sans rire, car rira bien qui rira la dernière – et il ne fait aucun doute que la dernière étoile du monde sera une naine rouge.

D'après les calculs, lorsqu'elles auront épuisé tout leur hydrogène, les naines rouges devraient voir se contracter leur noyau d'hélium, mais sans parvenir aux températures qui permettraient de faire entrer celui-ci en fusion. Elles se refroidiront alors progressivement pour se muer en boules gazeuses d'hélium condensé et froid, qu'on appelle – par anticipation – « naines noires ». Mais celui qui pourra vérifier ces prédictions *de visu* n'est pas encore né, loin s'en faut.

Poids moyens

Pour les étoiles comprises entre 30 % et huit fois la masse du Soleil, qui forment la catégorie des poids moyens, nous avons déjà évoqué leur destin lorsque tout leur hydrogène est épuisé : elles se transforment en géantes rouges. Faute de pression due aux réactions nucléaires, leur cœur se contracte et monte en température, ce qui force l'hélium à fusionner puis entraîne une énorme dilatation de leur atmosphère. Dans notre Soleil, cette nouvelle combustion se poursuivra pendant 200 millions d'années (un clin d'œil comparé aux 10 milliards d'années de stabilité qui ont précédé).

Au fur et à mesure que l'hélium se transforme en carbone, celui-ci commence à son retour à capturer des noyaux d'hélium pour fabriquer des noyaux d'oxygène.

Puis, lorsque l'hélium s'épuise, le rythme de la combustion diminue, l'énergie libérée ne parvient plus à compenser l'attraction gravitationnelle, et le centre de l'étoile se met à nouveau à se contracter. Le cœur de carbone s'effondre lentement sur lui-même, pendant que la combustion de l'hélium se déplace vers les couches périphériques. Pendant plusieurs milliers d'années, l'étoile devient fantasque, gonflant et dégonflant au gré des effondrements de ses couches internes, envoyant des bouffées de gaz à tout-va.

La vie active de cette catégorie d'étoiles s'arrête lorsqu'elles ont converti tout leur stock d'hélium en carbone et en oxygène. Dans un sursaut final, elles éjectent violemment leur atmosphère dans l'espace, mettant leur cœur de carbone et d'oxygène à nu. Elles sont devenues ce qu'on appelle des *naines blanches*. Pourquoi « naines », alors qu'elles se trouvaient dans la catégorie des poids moyens et sont même passées par une phase géante ? Parce que, suite aux contractions successives, la taille de leur cœur, qui est réduit aux couches de carbone et d'oxygène effondrées sur elles-mêmes, devient vraiment petite, bien plus petite même que celle des naines brunes ou des naines rouges. Une naine blanche n'est pas plus grosse que la Terre – ce qui pour une étoile est, il faut bien le dire, du dernier ridicule.

De son côté, l'atmosphère de l'étoile va se répandre dans le milieu interstellaire et former une coquille gazeuse de plus en plus diluée qu'on appelle *nébuleuse planétaire* (très trompeusement puisqu'il s'agit d'un reste d'étoile et non de planète, mais c'est une erreur historique qui s'est fossilisée dans la nomenclature). Cet objet est, lui, tout sauf ridicule, il mérite un développement à part entière.

LES NÉBULEUSES PLANÉTAIRES

Les formes et les couleurs des nébuleuses planétaires peuvent être extrêmement spectaculaires, et les noms qu'on leur donne reflètent leur caractère photogénique : nébuleuse de l'Hélice, de l'Eskimo, de l'Œil de Chat, du Papillon, du Spirographe[1]... Ces vastes nuages de matière sont en effet éclai-

1. Impressionnante galerie d'images sur http://hubblesite.org/gallery/album/nebula_collection/planetary_/

rés de l'intérieur par le rayonnement puissant de la naine blanche centrale. Le cœur désossé de l'étoile rayonne encore à plus de 20 000 °C et émet de l'ultraviolet, un rayonnement de plus haute énergie que la lumière visible, capable d'exciter les atomes de la nébuleuse et de les rendre fluorescents, chaque type d'atome selon une longueur d'onde spécifique. Ainsi se forment des anneaux et des motifs rouges, jaunes, verts, bleus. En moins de cent mille ans, la nébuleuse se disperse complètement, répandant son matériau dans l'espace.

Les étoiles qui deviennent des naines blanches constituent les usines à carbone de l'Univers. Et le carbone, c'est la base de la chimie organique, puis éventuellement de la matière vivante. Il y a du carbone dans toutes les formes vivantes que nous connaissons, et tout ce carbone, jusqu'au dernier atome, a été fabriqué dans le cœur des étoiles. Mais comment est-il passé du cœur d'une étoile à votre petit cœur de chair ?

Le carbone ainsi que l'oxygène, qui ont été fabriqués à partir de l'hélium, se trouvent dans le cœur de l'étoile mais également dans ses couches périphériques, cette enveloppe qui va être expulsée une fois que l'étoile aura fini sa combustion. Du carbone se trouve donc régulièrement lâché dans l'espace interstellaire, chaque fois qu'une étoile moyenne expire en nébuleuse planétaire. D'énormes cloques de gaz soufflées par ces étoiles moribondes partent dans l'espace à des vitesses folles, emportant avec elles ces briques fondamentales que sont les atomes de carbone. Un jour, ces cloques percuteront un nuage de gaz interstellaire et participeront à la formation d'une nouvelle nébuleuse protostellaire. On pourrait même considérer les volutes de carbone que contiennent ces cloques comme des traînées de spermatozoïdes qui vont aller féconder un nuage dormant – puisque ce sont en effet les semences d'une vie future possible[2].

Ainsi, à chaque génération d'étoiles, le milieu de départ s'enrichit du produit de la phase précédente. Dès la deuxième génération, du carbone se trouve inclus dans les ingrédients des nébuleuses protostellaires. À la troisième génération, il y en a

2. http://antwrp.gsfc.nasa.gov/apod/ap080413.html

un peu plus. Ce carbone participe à la formation des corps célestes qui se condensent dans le nuage, en particulier les planètes. Ainsi se crée un type d'environnement totalement nouveau, qui était impossible aux tout débuts de l'Univers : des corps solides, riches en carbone et chauffés par des étoiles de troisième ou quatrième génération.

LES NAINES BLANCHES

Quant au cœur de l'étoile morte, transformé en naine blanche, que devient-il ? Toute sa masse y est comprimée aux dimensions de la Terre, ce qui en fait un objet incroyablement dense, de l'ordre de 1 tonne par centimètre cube. Cette densité est quarante mille fois plus élevée que celle des métaux les plus denses. Comment le carbone, une matière qui n'est pas tellement lourde en soi, peut-il atteindre de tels sommets ? Il s'agit ici de ce que les physiciens appellent « carbone dégénéré », c'est-à-dire du carbone dont la structure atomique a été modifiée.

Dans les conditions normales, les électrons qui tournent autour des noyaux atomiques occupent de très grands volumes – c'est pourquoi on peut dire que la matière ordinaire est pratiquement constituée de vide. Si le noyau de l'atome avait la taille d'une bille, les électrons périphériques orbiteraient à 2 kilomètres ! L'apparente solidité de la matière n'est pas due aux particules elles-mêmes, mais aux champs électriques qui leur sont associés. Si votre doigt ne s'enfonce pas dans la table, ce n'est pas parce que vos particules entrent en contact avec celles de la table, mais parce que les champs électriques de la surface de la table et de votre peau se repoussent. Les particules ne se rencontrent jamais, ayant toujours d'énormes espaces vides autour d'elles. Mais il faut savoir que, dans la matière ordinaire, toutes les niches possibles ne sont pas occupées par les électrons. Ceux-ci se répartissent sur différentes couches, et là dans différentes cases, mais la plupart des places restent vides. Or il existe des états particuliers de la matière dans lesquels les électrons sont décalés vers les niches les plus proches du noyau, un peu comme dans une salle de spectacle remplie au quart, dont on rassemblerait tous les spectateurs aux premiers rangs. Ils prennent beaucoup moins de place ainsi que s'ils étaient distribués jusqu'au fond. C'est de la même façon que la matière peut atteindre des densités énormes et totalement inconnues sur Terre, où elle n'a aucune raison de se serrer au point d'éradiquer toute case vide. Notre matière à nous est pleine de cases vides, et c'est ce qui fait son charme. Il y a encore beaucoup de jeu dans les rouages, même au sein de la matière la plus lourde, plomb ou platine.

Mais les naines blanches, elles, sont constituées de ce type de carbone « sans trous », ce carbone que l'on dit « dégénéré », qui se forme sous la contrainte de la compression gravitationnelle intense. Ces résidus d'étoiles deviennent donc extrêmement denses, et par la même occasion extrêmement chauds. La compression colossale chauffe l'étoile à blanc, et même à l'ultraviolet, pour le plus grand plaisir de nos télescopes qui saisissent les illuminations de leur nébuleuse planétaire.

Ensuite, lorsqu'elles ont atteint un rayon fixe et incompressible, les naines blanches commencent à se refroidir lentement. Très lentement. Sur des milliards d'années. Et, pendant ce refroidissement, le carbone cristallise doucement, c'est-à-dire que ses molécules s'organisent et se lient en réseaux réguliers. Or le carbone cristallisé existe sous deux formes : le graphite et le diamant (il existe aussi des formes plus rares appelées « fullerènes »). Mais le graphite possède des plans de symétrie qui ne sont pas réalisables dans les conditions d'une naine blanche. C'est donc sous forme de diamant que son carbone doit cristalliser. On peut du coup se prendre à rêver de ces diamants géants flottant librement dans l'espace, et qui seraient la forme sous laquelle se momifieraient neuf soleils jadis brillants sur dix. Mais ne rêvons pas trop, ces diamants stellaires seraient bien trop lourds pour être suspendus au cou ; ils n'ont en commun avec les gemmes terrestres que leur structure atomique. Et puis le processus est tellement lent qu'aucun de ces diamants massifs n'a encore eu le temps de se former depuis la naissance de l'Univers. Il faut des dizaines de milliards d'années pour transformer une naine blanche en diamant géant.

En revanche, puisque toutes les étoiles moyennes finissent par former des naines blanches au bout de quelques milliards d'années, beaucoup de naines blanches ont déjà été créées depuis le début de l'Univers. On estime leur nombre à 10 milliards pour notre galaxie, et ce nombre va croître sans cesse au cours du temps.

Cependant, la détection des naines blanches est rendue extrêmement difficile par leur petite taille et leur faible rayonnement, surtout pour les plus anciennes qui sont les moins chaudes. Dans l'amas globulaire M4 (un groupe d'étoiles faisant partie de la banlieue de notre galaxie), une poignée de naines blanches ont été détectées[3]. Leur luminosité dans le ciel ne dépasse pas celle qu'aurait une ampoule de 100 watts éloignée à la distance de la Lune. Il fallait les yeux de lynx du télescope spatial Hubble pour parvenir à les déceler. Cet amas ancien pourrait contenir 40 000 naines blanches âgées de 12 à 13 milliards d'années – l'âge typique de leur étoile mère.

Quant à l'hypothèse des naines de diamant, elle semble confirmée par de récentes observations. En 2004, l'analyse des pulsations de surface d'une naine blanche de la constellation du Centaure a confirmé qu'une partie de sa masse se trouverait déjà sous forme cristallisée. Cette étoile a été baptisée Lucy, en référence à la chanson des Beatles : *Lucy in the Sky with Diamonds*...

Voilà donc à quoi ressemblent les cadavres d'étoiles dans la grande majorité des cas, et tel sera le sort de notre Soleil. La Terre aura d'abord fondu lors de la phase de géante rouge. Du moins, pour autant qu'elle se trouvera toujours en place d'ici à 5 milliards d'années. Il est en effet impossible de prévoir la mécanique céleste avec certitude sur de telles échelles temporelles. Le système solaire est un système chaotique dont l'équilibre pourrait se modifier à long terme. Mais, si la Terre est toujours là, elle allongera son orbite et passera par une phase de barbecue intense, suivie d'une mise au congélateur définitive. La naine blanche solaire se refroidissant interminablement jusqu'à devenir une naine de diamant, tous les restes de planètes seront plongés dans le froid et l'obscurité d'un espace sans étoile.

3. http://antwrp.gsfc.nasa.gov/apod/ap000910.html

Poids lourds

La plupart des étoiles fabriquent du carbone et de l'oxygène qu'elles relâchent dans l'espace à leur mort. Mais d'où viennent les autres éléments chimiques que nous connaissons : silicium, magnésium, phosphore, soufre, fer, etc. ?

Ils sont formés dans des étoiles plus massives que la moyenne (plus de huit fois la masse du Soleil). Dans ces étoiles de la catégorie « poids lourds », la pression et la température atteintes au centre permettent des réactions de fusion nucléaire supplémentaires. Après l'hydrogène et l'hélium, ce sont le carbone et l'oxygène qui vont fusionner pour former du magnésium, du soufre, du silicium, et ainsi de suite jusqu'au fer. Chaque combustion s'allume au cœur de l'étoile lorsque la température y est suffisamment élevée, tandis que la combustion précédente se poursuit autour. Au final, on obtient une structure en pelure d'oignon, où toutes les réactions nucléaires sont emboîtées. Plus les noyaux formés sont lourds, plus la période de combustion est brève. Lorsqu'un combustible est épuisé, le noyau se contracte tandis que l'atmosphère se dilate, comme dans le cas des géantes rouges. Mais en l'espèce se forme une « supergéante rouge » qui mesure plusieurs milliards de kilomètres de diamètre.

Une fois le noyau de fer formé, la chaîne des fusions successives s'arrête car le fer, lorsqu'il fusionne à son tour, au lieu de libérer de l'énergie, en absorbe. Il se produit alors un déséquilibre dans le cœur de l'étoile, le sens de la réaction s'ajoutant à l'attraction gravitationnelle au lieu de la contrecarrer, de sorte que le noyau de fer s'effondre brutalement sur lui-même. Il forme un autre type de cadavre stellaire, non plus une naine blanche, mais une *étoile à neutrons*.

L'étoile à neutrons est un objet extraordinairement dense, bien plus dense qu'une naine blanche. Sur ce noyau dur d'une dizaine de kilomètres à peine, les couches suivantes de l'étoile vont s'effondrer en chute libre, puis rebondir. Le résultat en est une explosion d'une violence inouïe : la supernova.

LES SUPERNOVAE

Seules les étoiles possédant une masse suffisante terminent leur vie de cette façon spectaculaire : on ne compte environ qu'un poids lourd pour dix poids moyens.

Les restes de l'explosion se diluent dans l'espace sous forme de nébuleuses immenses, comme celle du Crabe[4], dont la taille et l'aspect laissent deviner la violence de la déflagration initiale. Le gaz des couches externes de l'étoile est projeté dans l'espace à des vitesses de milliers, voire des dizaines de milliers de kilomètres par seconde. Ces débris, bulldozers lancés dans l'espace, entreront tôt ou tard en collision avec un nuage de gaz interstellaire qu'ils déstabiliseront. On assistera alors à de nouvelles naissances d'étoiles, ensemencées par tous les éléments chimiques venant de la supernova. Ceux-ci ne sont pas en quantités anecdotiques, loin de là. Rien que la quantité de fer éjectée par une supernova est estimée à vingt mille fois la masse de la Terre.

La nébuleuse du Crabe provient d'une explosion qui a été détectée sur Terre il y a près de mille ans, en 1054. Elle a été observée en Chine, où l'on a vu une étoile nouvelle apparaître en plein jour. À l'époque, on ignorait tout de la vie des étoiles, et l'astrologue du palais n'y a vu qu'un présage favorable à l'empereur. Mais les astronomes d'aujourd'hui ont compris qu'il s'agissait de l'explosion qui a formé la nébuleuse du Crabe. Ce n'était donc pas une nouvelle étoile qui naissait, mais au contraire une étoile géante qui mourait. Mort fulgurante, libérant une énergie équivalente à ce que le Soleil produit pendant toute sa vie. Une supernova, pendant quelques jours, brille comme plusieurs millions d'étoiles ordinaires, voire plusieurs milliards – elle peut devenir aussi brillante qu'une galaxie entière. C'est un événement réellement cataclysmique, qui aurait des conséquences ravageuses s'il se produisait dans notre voisinage. Heureusement, les étoiles géantes sont peu nombreuses, la fréquence des supernovae est donc faible : en moyenne trois par siècle dans une galaxie. Celles que nous pouvons observer grâce aux télescopes se trouvent dans

4. http://www.eso.org/gallery/v/ESOPIA/Nebulae/phot-40f-99-hires.jpg.html

des galaxies extérieures, parfois très lointaines, dont il est d'ailleurs impossible de distinguer les étoiles individuelles. Mais, comme une supernova devient pratiquement aussi brillante que la galaxie elle-même, elle se signale facilement à nos détecteurs. Sur l'ensemble des galaxies que nous tenons à l'œil, nous pouvons observer environ quelques dizaines de supernovae par an.

À ce jour, environ 2 000 supernovae ont été observées au moment de leur explosion. Quelques-unes d'entre elles étaient visibles à l'œil nu, toutes les autres au télescope, mais elles sont également détectables dans les télescopes à neutrinos, ces énormes piscines souterraines susceptibles de capturer un neutrino sur un flux de quelques milliards de milliards. En effet, l'explosion d'une supernova s'accompagne d'un gigantesque flash de neutrinos, équivalent à la production de 100 millions de galaxies pendant cette même seconde. C'est pourquoi, malgré les distances faramineuses, nos pièges à neutrinos crépitent de quelques détections en une seconde (une véritable avalanche !) lorsqu'un flux de neutrinos de supernova traverse la Terre. C'est d'ailleurs par son flash de neutrinos qu'une supernova se fait parfois remarquer.

Si le flux de neutrinos ne dure qu'une seconde, l'éclat lumineux de la supernova, lui, après un pic de quelques jours, se maintient en décroissant lentement pendant plusieurs mois. Il présente une évolution qui fait l'objet d'un enregistrement minutieux afin de constituer des catalogues permettant toutes les comparaisons. Selon l'âge ou la taille de l'étoile mère, selon son environnement immédiat, on trouvera des profils lumineux différenciés (composition chimique, variations de luminosité) qui permettent le classement des supernovae en divers types et sous-types.

Par ailleurs, celles qui ont explosé dans le passé ont laissé d'énormes signatures magnifiques dans le ciel qui s'y déploient pendant des milliers d'années. Nos catalogues recensent actuellement plus de deux cents restes de supernovae localisés dans notre galaxie et les plus proches voisines. Cela nous donne les splendides clichés de la nébuleuse du Crabe ou des dentelles du Cygne[5]. Ces restes sont formés de l'enveloppe gazeuse de l'étoile géante

5. http://antwrp.gsfc.nasa.gov/apod/ap051206.html

qui est éjectée dans l'espace à des vitesses vertigineuses. La nébuleuse du Crabe, vieille de mille ans, se dilate encore au rythme incroyable de 1 000 km/s. Imaginez la puissance du pétard !

Le 24 février 1987, une nouvelle étoile très brillante est apparue dans le Grand Nuage de Magellan, une galaxie satellite de la nôtre[6]. C'était la première supernova visible à l'œil nu depuis celle qui a été observée par Kepler en 1604. Tous les télescopes de l'hémisphère Sud ont suivi l'événement pendant plusieurs jours. Parallèlement, on s'assura que le flash de neutrinos avait bien été enregistré au moment de l'explosion. Les calculs prévoyaient un flux de 100 milliards de neutrinos par centimètre carré, et ce fut en effet une rafale de détections dans toutes les piscines à neutrinos du monde : douze neutrinos furent détectés en quelques secondes au Japon, huit en Ohio, cinq dans le Caucase. Au total, vingt-cinq neutrinos récoltés sur les 100 millions de milliards qui avaient dû traverser les détecteurs, c'était une pêche miraculeuse ! Avec toutes les données enregistrées à l'occasion de cette supernova très proche (170 000 années-lumière, c'est proche pour une galaxie !), les astronomes en eurent pour des années d'analyses et de calculs. Ce fut l'un des grands événements astronomiques de la fin du XXe siècle.

LES ÉTOILES À NEUTRONS

L'étoile à neutrons, cadavre central de la supernova, est un corps d'une densité inimaginable. Une masse supérieure à celle du Soleil est concentrée dans un rayon de quinze kilomètres, ce qui correspond à 100 millions de tonnes par centimètre cube, ou encore le mont Blanc dans un dé à coudre. Pour arriver à une telle densité, les protons et les neutrons de tous les atomes présents ont dû se rapprocher comme s'ils ne formaient plus qu'un seul noyau géant. On vient de parler, au sujet des naines blanches, de matière « dégénérée » ; c'était un état condensé de chaque atome, où les électrons ont été ramenés de force vers les couches les plus proches du noyau. Mais, ici, il n'y a même

6. http://www.eso.org/gallery/v/ESOPIA/Stars/phot-08a-07.tif.html

plus de couches d'électrons, ni d'atomes différenciés. Une étoile à neutrons est une sorte de noyau atomique géant, une soupe de protons, neutrons et électrons – le nom retenu venant du fait que les neutrons y sont majoritaires. Ce type de matière n'existe pas sur notre planète, sauf justement à la toute petite échelle des noyaux de chaque atome.

Du point de vue de l'encombrement, l'étoile à neutrons est donc une version nettement améliorée de la naine blanche. On ne se contente pas de rapprocher les spectateurs de la scène, on les met dessus et on fusionne toutes les scènes de théâtre de la ville en une seule. Résultat : un corps encore plus petit, encore plus massif, encore plus dense.

Entrons dans le détail de l'action : au moment de l'effondrement de l'étoile, sa vitesse de rotation s'accélère brusquement (toujours le principe du patineur : tout ce qui se contracte en tournant accélère). Mais elle échappe à la dislocation (par le principe du potier) du fait que la contraction est très rapide et forme un objet bien plus compact qu'une étoile ordinaire (la force centrifuge est en effet proportionnelle au carré de la vitesse de rotation, mais aussi à la distance au centre). La contraction étant phénoménale, l'étoile à neutrons se retrouve en rotation très rapide, jusqu'à plusieurs centaines de tours par seconde. Simultanément, son champ magnétique se retrouve concentré dans une toute petite sphère. Ce champ intense en rotation rapide produit un effet dynamo qui électrise l'étoile jusqu'à plusieurs millions de milliards de volts. Des particules électrisées sont arrachées de la surface de l'étoile et, piégées par le champ magnétique, elles produisent une cascade de particules et de rayonnements. De cette tempête électromagnétique émergent finalement deux faisceaux d'ondes radio focalisées dans la direction des pôles magnétiques.

Ces faisceaux sont comme les deux ailes d'un nœud papillon dont l'étoile est le centre. L'étoile à neutrons constitue ainsi une sorte de phare cosmique : son double faisceau balaie l'espace. En effet, l'axe magnétique de l'étoile n'est pas aligné sur son axe de rotation. La rotation fait donc voyager le faisceau comme s'il était fiché dans le corps d'une toupie. Si la Terre se trouve sur le trajet de ce faisceau, nos radiotélescopes captent le rayonnement radio chaque fois que le faisceau du phare balaie notre planète...

Ces étoiles à neutrons qui nous envoient des « bips » à une cadence infernale avec une régularité de métronome ont été baptisées *pulsars*, étoiles pulsantes (c'est leur luminosité qui pulse, pas leur taille). Le tout jeune pulsar de la nébuleuse du Crabe, dont la supernova a explosé en l'an de grâce terrestre 1054 (et quelque six mille ans plus tôt au calendrier galactique, compte tenu de la distance et du temps qu'il a fallu aux ondes radio pour nous atteindre), pulse trente-trois fois par seconde.

Un pulsar n'est pas détectable en lumière visible. Vu sa taille ridicule, il fait figure de ver luisant à côté des autres étoiles. En revanche, on peut le détecter en observant le ciel dans le domaine des ondes radio (comme on vient de le voir), ou bien des rayons X et du rayonnement gamma. Dans tous les cas, le rayonnement reçu est de type périodique.

En 1968, lorsqu'on détecta pour la première fois une pulsation régulière venant du ciel dans les ondes radio, les astronomes ont pu se demander un moment s'il s'agissait de signaux provenant d'une intelligence extraterrestre. La régularité mathématique de la pulsation semblait impossible à expliquer par des phénomènes naturels. Toutefois, quand un deuxième signal pulsant s'est manifesté dans une tout autre direction du ciel, puis un troisième, puis un quatrième, l'hypothèse d'une avalanche de messages extraterrestres devenait intenable. Par humour, les premiers pulsars ont quand même été baptisés LGM1 et LGM2, pour *little green men*, les « petits hommes verts ».

À long terme, le pulsar perd de l'énergie, il ralentit doucement, son champ magnétique diminue. Un beau jour, le phare s'éteint. Les pulsars les plus jeunes peuvent tourner à 600 tours par seconde. Un pulsar âgé de dix mille ans tourne encore à environ 10 tours par seconde. À l'heure actuelle, on connaît plus de mille sept cents pulsars, qui sont autant de métronomes cosmiques dont chacun bat sa propre mesure. On peut en « écouter » certains sur Internet[7]. Les meilleurs batteurs ont même été incorporés en « live » dans des œuvres musicales[8].

7. http://www.jb.man.ac.uk/~pulsar/Education/Sounds/sounds.html
8. http://www.bisbigliando.com/noir-etoile.htm

Au fur et à mesure que la famille des pulsars s'agrandit, elle présente une plus grande variété. Rien que ces dernières années, on en a découvert trois nouveaux types : les pulsars intermittents, qui font plusieurs tours par seconde mais n'émettent en radio que de temps en temps, les magnétars, qui ont un champ magnétique mille fois plus important que le pulsar classique, et les pulsars gamma, qui émettent des bouffées de rayonnement gamma.

En quarante ans, c'est toute une faune qui s'est constituée, et toute une gamme de phénomènes physiques à expliquer. Certains astronomes pensent que le cœur des étoiles à neutrons les plus compactes pourrait abriter une structure encore plus exotique que la soupe de neutrons habituelle. Un noyau fait de quarks, les constituants des protons et des neutrons. À nouveau, la compression serait responsable du fait que ceux-ci sont broyés et réduits en purée, une purée faite de leurs briques élémentaires, à savoir les quarks. Ceux-ci sont normalement impossibles à isoler. Ils n'existent que sous forme de triplets constituant protons et neutrons. Mais, dans le cœur d'une étoile à neutrons très compacte, ils pourraient se trouver libérés et former une matière d'une densité encore dix fois supérieure à celle de la soupe de neutrons. Le volume d'un dé à coudre y pèserait 1 milliard de tonnes. Un cœur de quarks, tel serait le dernier stade de compression de la matière.

La logique voudrait qu'à chaque reste de supernova soit associé un pulsar et qu'à chaque pulsar corresponde un reste de supernova. Pourtant, c'est l'exception. Si la nébuleuse du Crabe et celle de Vela sont bien associées à des pulsars, on reste toujours sans nouvelles de ceux qui devraient accompagner les Dentelles du Cygne, Cassiopée A, la supernova de Tycho Brahe (ainsi nommée car observée en 1572 par le fameux astronome danois) ou celle de Kepler (*idem*, mais en 1604, et la nationalité est allemande). Inversement, sur les centaines de pulsars connus, une poignée seulement sont escortés de leurs enveloppes gazeuses. Comment expliquer cette piètre corrélation ? Voici une série d'hypothèses valables.

Il est possible que certaines supernovae donnent d'autres types de cadavres, ou pas de cadavre du tout. Par exemple, toute la matière pourrait être pulvérisée dans l'espace (si la contraction n'est pas assez rapide, ou l'objet pas assez compact pour échapper à la dislocation) ou bien au contraire toute la matière se contracterait au point de former un trou noir (voir le chapitre suivant).

Il est possible que certaines étoiles à neutrons ne présentent pas de pulsation et soient donc invisibles. Il est probable que certaines aient été éjectées très loin du reste de la supernova. Par exemple, si l'étoile s'est effondrée de manière un rien asymétrique, les éjections de matière n'ont pas été symétriques et ont eu pour effet de l'envoyer au diable, selon le principe action-réaction, le même qui explique le recul du fusil après l'éjection de la balle. Bon nombre de supernovae seraient dès lors dénoyautées.

Il est très probable que seule une fraction des pulsars soient observables depuis la Terre parce qu'ils sont orientés favorablement, leur faisceau balayant notre planète. Mais, si son axe de rotation pointe dans une direction fort différente, nous tombons hors du faisceau – nous aurons alors beau tendre l'oreille, nous n'entendrons rien (c'est comme si nous étions à 90° d'une personne qui parle avec un porte-voix).

Enfin, il est inévitable qu'environ la moitié des pulsars aient eu pour étoile mère une étoile qui faisait partie d'un système binaire (les couples d'étoiles sont en effet plus fréquents que les étoiles isolées). Si l'autre étoile meurt à son tour sous forme de supernova, le pulsar compagnon sera chassé par l'explosion à une vitesse colossale. En 2005, on a détecté un pulsar provenant de la constellation du Cygne et filant dans l'espace à plus de 1 100 km/s. De même, le pulsar de la nébuleuse de la Guitare (dite ainsi car elle en a la forme) fonce à 1 640 km/s. De telles vitesses vont emporter un jour lesdits pulsars hors de leur galaxie !

Par ailleurs, un pulsar a une durée de vie bien plus longue que les restes de supernovae (entre 10 millions et 1 milliard d'années, alors que les nébuleuses de supernovae sont complètement diluées bien avant). Il est donc normal d'observer plus de pulsars que de nébuleuses. Néanmoins, la phase d'émission radio pulsée n'a qu'un temps. En ralentissant, le pulsar perd son énergie et cesse d'émettre ces rayonnements pour devenir une simple étoile à neutrons non pulsante. On estime que notre galaxie devrait contenir quelques dizaines de milliers de pulsars et quelques millions d'étoiles à neutrons. Mais, bien sûr, celles-ci sont beaucoup plus difficiles à repérer. Pour mille cinq cents pulsars détectés dans notre galaxie, on ne connaît que quelques étoiles à neutrons.

La plus fantastique surprise offerte par les pulsars est de nous avoir livré les toutes premières planètes extrasolaires. Avant même la découverte, en 1995, de la première planète autour de l'étoile 51 *Pegasi*, un jeune astronome polonais travaillant à l'observatoire de Porto Rico avait déjà repéré des perturbations gravitationnelles cycliques trahissant la présence de deux planètes. C'était en 1992. Mais, comme il s'agissait d'un pulsar et non d'une étoile, aucun astronome ne fut disposé à considérer ces objets comme de vraies planètes. Il s'agit pourtant de corps très petits (pas plus de quatre fois la Terre), tournant sur des orbites de 67 et 98 jours. Plus tard, on a encore détecté un objet beaucoup plus petit (deux fois la Lune) orbitant en 25 jours.

Qu'il puisse exister des planètes autour d'un cadavre d'étoile géante pose des questions troublantes. Auraient-elles survécu aux phases cataclysmiques de la fin de l'étoile ? À ses soubresauts de supergéante rouge, suivis de l'explosion d'une supernova ? Survivre à une géante rouge serait déjà de l'ordre de l'exploit (un exploit attesté par la planète tournant autour de l'étoile V391 *Pegasi*), mais survivre à une supernova, cela paraît bien plus fort de café. Ces planètes se sont-elles formées plus tard, à partir des restes de l'explosion ? Cela paraît presque aussi incroyable. Toujours est-il qu'elles sont là, posant un nouveau défi aux théoriciens des étoiles.

Poids superlourds

Il existe encore un autre type d'étoile, extrêmement rare celui-là (au mieux une étoile sur dix mille), qui dépasse de plus de quarante fois la masse solaire. On en voit un bel exemplaire dans notre Voie lactée avec *Êta Carinae*, dont la masse dépasse cent fois celle du Soleil. Sous l'œil scrutateur du télescope, elle donne tous les signes d'une grave maladie : elle éjecte deux boursouflures de gaz, signe précurseur d'une explosion prochaine[9]. De telles supergéantes, à la fin de leur vie, s'effondrent si brutalement qu'elles ne s'arrêtent pas au stade de l'étoile à neutrons mais forment le type de cadavre stellaire le plus exotique qui soit et l'objet le plus fascinant que nous connaissions à ce jour : un *trou noir*.

Ces étoiles obèses sont non seulement très rares, mais aussi très éphémères. Elles brûlent leurs réserves de carburant à un rythme tellement effréné qu'elles meurent au bout de quelques millions d'années, dans une explosion colossale appelée *hypernova*, libérant cent fois plus d'énergie qu'une supernova, et dont le trou noir sera le cadavre invisible.

Pour comprendre ce qu'est un trou noir, nous allons devoir nous intéresser de près à la gravité, et redéfinir complètement nos conceptions de l'espace et du temps. Il va être question d'espace courbe et de relativité générale, et de là nous serons fatalement menés vers des questions encore irrésolues quant à l'origine même de l'Univers. Le trou noir fait donc la charnière entre une astrophysique de père de famille, qui étudie de proche en proche les objets physiques rencontrés au bout du télescope, et une astrophysique beaucoup plus spéculative et en pleine effervescence, qui tente de résoudre les mystères ultimes de l'Univers par une approche théorique et globale.

Précisons déjà, pour que les choses soient claires, que le trou noir n'est plus l'objet purement hypothétique qu'il a été pendant quelques décennies. On observe aujourd'hui les indices de la formation de trous noirs dans des restes d'hypernovae ainsi que la présence de trous noirs géants au centre des galaxies. Celui qui se trouve au centre de la Voie lactée pèse 3,5 millions de masses solaires. Et, en 2004, on a observé une grande première : une étoile qui s'est fait déchiqueter et engloutir par un trou noir.

De plus, le trou noir apporte une explication logique à une observation problématique. Depuis trente ans, on enregistre sporadiquement des sursauts gamma venant de l'espace (des

9. http://antwrp.gsfc.nasa.gov/apod/ap060326.html

flashs de rayonnement de très haute énergie) sans avoir la moindre idée de ce qui pourrait en être la cause. Aujourd'hui, on pense que ces flashs proviennent de l'explosion d'hypernovae libérant une énergie équivalente à 100 milliards d'étoiles en une seule seconde. C'est le phénomène cosmique le plus violent connu. Nous allons revenir sur les trous noirs en détail dans le chapitre suivant, après un bref détour théorique.

Mais, tout d'abord, dressons un tableau récapitulatif des différents types d'étoiles et de leur sort.

Tableau récapitulatif des boxeuses

Catégorie	**Masse** (Soleil = 1)	**Type d'étoile**	**Agonie**	**Type de cadavre**
Plume	< 0,1	Naine brune	Refroidissement	Naine brune froide
Légère	0,1 – 0,8	Naine rouge	Extinction/ refroidissement	Naine noire
Moyenne	0,8 – 8	Solaire	Géante rouge/ nébuleuse planétaire	Naine blanche
Lourde	8 – 40	Géante	Supergéante rouge/supernova	Étoile à neutrons
Superlourde	> 40	Supergéante	Hypernova	Trou noir

Voyez la diversité de ces astres et de ces destins. Et notez bien que tout cela se produit au départ d'une seule et même mixture, celle qui compose les nuages interstellaires. Seule la quantité change. Prenez-en une louche, vous aurez un Soleil. Une cuiller à soupe, vous aurez une naine rouge. Une cuiller à café, vous aurez une naine brune. Dix louches, toujours du même nuage, et vous ferez une étoile géante, qui devient étoile à neutrons, la forme la plus follement condensée de la matière. Et cinquante louches de nuage vous conduisent au trou noir, cette masse tellement concentrée qu'elle n'est plus matière mais trou dans l'espace-temps.

Ajoutez-y encore les planètes géantes gazeuses (qui proviennent d'une pipette du nuage), et voilà comment, avec un seul ingrédient, on fait six cakes différents. Rien qu'en modifiant le dosage. Car la masse détermine la gravité. La gravité détermine la pression. La pression détermine la température. Et la température détermine le genre de cuisson.

Les corps cosmiques, en somme, sont des usines à pression. Chaque niveau de pression fabrique un gâteau différent, depuis Jupiter jusqu'au trou noir en passant par tous les types d'étoiles.

Les planètes rocheuses et les petits corps, de leur côté, concentrent certains éléments minoritaires présents dans les nuages protostellaires. À part ça, ils fonctionnent aussi comme des usines à pression, et leur destin dépend également de leur masse. Une grosse planète comme la Terre s'échauffe très fort lors de sa formation, se refroidit lentement, est capable de retenir une atmosphère gazeuse. Un petit corps comme la Lune se refroidit vite, perd tout son gaz, même son eau. Un simple caillou tournant dans la ceinture d'astéroïdes n'a jamais été chaud, ne parvient même pas à être sphérique, ne mérite aucun joli nom dans nos catalogues. En astronomie, la masse est le nerf de la guerre. Aux mastodontes, tout l'honneur.

Mais, si tout est une question de masse, c'est à cause d'une loi qui règne en maître dans l'Univers : la gravitation. Aucun nuage ne se rassemblerait en boule s'il n'y avait la gravitation pour l'y obliger. Cette force étrange qui rassemble la matière et lui dicte son comportement, c'est précisément ce dont nous allons devoir parler plus en détail pour aborder le sujet crucial des trous noirs.

5

LA FORMATION DES TROUS NOIRS ET LA RELATIVITÉ GÉNÉRALE

L'idée de trou noir

L'idée même de trou noir a été imaginée dès le XVIIIe siècle, dans le cadre de la théorie de la gravitation de Newton. On appelait alors « force d'attraction universelle » la force qui s'impose à nous et nous plaque à la surface de la Terre. C'est une tendance directionnelle indiscutable qu'on ressent à tout moment, surtout lorsqu'on rate une marche. Quand on jette un caillou en l'air, il retombe au sol car il est soumis lui aussi, comme tout corps matériel, à cette force qu'on appelle désormais « le champ gravitationnel terrestre ». Toutefois, si l'on confère au caillou une vitesse suffisante, il peut échapper à l'emprise de cette force et se perdre dans l'espace : le caillou est devenu fusée. La vitesse nécessaire pour échapper à la gravitation terrestre est de 11 km/s. C'est la vitesse initiale qu'on imprime effectivement aux fusées partant vers la Lune ou vers les confins du système solaire. Plus la masse d'un astre est grande, ou plus il est dense, plus la vitesse nécessaire pour s'en échapper est importante. Autrement dit, plus le champ de gravitation est fort, plus il est difficile de s'en arracher. Pour quitter la surface du Soleil, la vitesse minimale est de 600 km/s. Pour quitter la surface d'une naine blanche, aussi massive mais beaucoup plus dense que le Soleil, il faudrait atteindre 10 000 km/s. Mais, sur un astéroïde, on l'a vu, il suffirait de sauter en l'air pour s'affranchir du petit champ gravitationnel de l'objet et être éjecté dans l'espace.

Dès les années 1780, l'astronome anglais Michell et le Français Laplace avaient extrapolé le raisonnement. Par quelques calculs simples, ils montraient qu'il pourrait exister dans l'Univers des astres tellement massifs que la vitesse de libération nécessaire pour s'en arracher serait supérieure à la vitesse de la lumière, qui était déjà connue à l'époque. Ils en concluaient que ces astres hypothétiques seraient invisibles, puisque la lumière ne pourrait pas s'en échapper. C'est la définition exacte du trou noir. Sauf que le terme n'existait pas encore. Cette prophétie géniale n'a pas suscité d'intérêt à l'époque, elle est restée sans lendemain. On l'a réinventée cent cinquante ans plus tard, dans le cadre d'une tout autre théorie de la gravitation, et elle a reçu son nom de baptême en 1968.

Mais, pour comprendre la théorie des trous noirs, nous devons parcourir rapidement le changement de vision qui mène de la théorie de la gravitation de Newton – celle que tout le monde a apprise à l'école – à la relativité générale d'Einstein.

La gravitation de Newton

Newton affirme qu'il existe un espace absolu. C'est un cadre qui est donné, une sorte de structure du monde, incréée, inamovible, présente de toute éternité. Comme un postulat en mathématique, l'espace de Newton ne s'explique pas, il est là, un point c'est tout, c'est un point de départ, c'est de là qu'on part, et ne venez pas poser de question sur son origine ou sa construction, ça ne se discute pas, pas plus que Dieu[1]. Cet espace est organisé de la façon la plus simple possible : il vérifie les lois de la géométrie euclidienne (la somme des angles d'un triangle égale 180°, etc.) Cet espace est rigide et insensible à tout ce qui peut se passer en son sein. Rien ne peut l'affecter, le modifier, le supprimer, le déformer. Il est intouchable, inaccessible, imperméable, c'est en ce sens qu'on le qualifie d'absolu.

1. Encore que... Sur ce dernier point, nous vous recommandons le livre polémique de Richard Dawkins, *Pour en finir avec Dieu*, Robert Laffont, 2008.

Si l'on voulait représenter cet espace absolu en le réduisant à deux dimensions au lieu de trois, on prendrait un rectangle d'une surface lisse, comme une toile tendue, parfaitement plate et rigide. Un rayon lumineux s'y déplacerait en ligne droite. Les fils qui tissent la trame du tissu et qui forment un quadrillage rectiligne peuvent être vus comme les chemins naturels empruntés par les rayons lumineux, toujours rectilignes.

Comment traiter la gravitation dans un tel espace ? Si nous plaçons le Soleil au milieu – et nous pouvons le figurer par une pastille posée au centre du rectangle de toile –, rien n'est modifié dans sa structure. La trame de l'espace reste parfaitement identique. Le chemin naturel d'une petite bille lancée en ligne droite sur le tissu sera le fil de trame, rectiligne. Même si elle passe à proximité de la pastille, la petite bille ne déviera pas de sa ligne droite.

Or il se trouve que les corps célestes ne se comportent pas ainsi. Les planètes et les comètes tournent autour des étoiles en décrivant des ellipses. Pour expliquer un tel phénomène, Newton est obligé d'inventer une solution *ad hoc*. Il suppose que les étoiles exercent une force d'attraction sur les planètes. Quelle est-elle ? D'où vient-elle ? Cela reste complètement mystérieux. Cette force magique est capable d'agir à distance et instantanément à partir de tout corps qui possède une masse. Chaque corps massif attire à lui les plus petits, exactement comme pourrait le faire un aimant – un aimant géant et qui agirait sur tous les types de matière. Et c'est ainsi que la pomme tombe au sol. Si l'objet attiré est un corps céleste, qui se trouve loin et possède une grande vitesse initiale, comme la Lune, l'attraction de la Terre va incurver sa trajectoire, l'obligeant à tourner autour d'elle sur une orbite elliptique.

L'explication est peu satisfaisante, mais la victoire de Newton tient dans une formule qui prédit la force exercée en fonction des deux masses en présence et de la distance qui les sépare. Les calculs qui en découlent sont tellement conformes aux trajectoires observées que le problème de la mécanique est considéré comme réglé pendant au moins cent cinquante ans. Newton, qui était pourtant un esprit un peu perturbé[2], devient

2. Sur cet étrange caractère, vous pourrez lire Jean-Pierre Luminet, *La Perruque de Newton*, Jean-Claude Lattès, à paraître en 2010.

un héros phare de l'humanité. C'est au sein de cette description newtonienne de l'espace que l'idée des astres invisibles (trous noirs) est soulevée pour la première fois : Laplace imagine un corps dont la masse serait tellement grande que la force qu'il exerce empêche tout objet de s'échapper, quelle que soit sa vitesse.

La gravitation d'Einstein

Au XXe siècle, pour de nombreuses raisons, il a fallu revoir toutes les idées sur la nature de la gravitation. Einstein, avec sa théorie de la relativité générale élaborée en 1915, résolut les problèmes, quoique au prix d'une vision du monde apparemment délirante. Newton, ce type bizarre, avait construit un Univers raisonnable, mais Einstein, homme d'un équilibre et d'une sagesse exemplaires, introduisit dans la physique les idées les plus folles. Il supprima purement et simplement l'idée d'une force de gravitation, qu'il remplaça par un cocktail détonnant : une *géométrie non euclidienne* et la *courbure de l'espace-temps*.

Pour comprendre intuitivement ce que recouvrent ces mots compliqués, il suffit de transformer le rectangle de toile rigide dont il était question plus haut en un rectangle de tissu élastique, un bout de bas nylon par exemple. Le cadre dans lequel se passent les événements était rigide pour Newton, il devient élastique dans la théorie d'Einstein. Puisqu'il est élastique, il se déforme sous l'effet de ce qui s'y passe. Il se déforme déjà rien que sous l'effet de la présence des corps. Si vous déposez une pastille, mettons qu'elle soit en plomb, sur un morceau de bas nylon tendu, celui-ci s'incurve et forme une cuvette. Ainsi, dans la théorie de la relativité générale, tout corps massif déforme l'espace. Comprenez bien ce que cela veut dire : chaque corps, par sa seule présence, modifie la structure même de l'espace qui l'entoure. Or la structure de l'espace définit la façon dont vont s'y mouvoir les rayons lumineux et les objets. Au lieu d'un quadrillage rectiligne, la trame du tissu s'est incurvée sous le poids de la masse de plomb. Les rayons lumineux, tout comme les objets, continuent à la suivre, mais elle s'est courbée. Le fil de trame reste le chemin le plus court d'un point à un autre, ce n'est toutefois plus une ligne droite. Le chemin est courbe, parce que l'espace lui-même est courbe. Ainsi, lorsque vous lancez une petite bille en ligne droite depuis le bord de la cuvette en nylon, et qu'elle continue son chemin librement, elle ne va plus aller tout droit mais va décrire une trajectoire courbe autour du centre de la cuvette. Elle ne subit pourtant aucune force de la part de la masse de plomb, mais elle se comporte « comme si » elle était attirée par celle-ci. C'est la forme de l'espace qui l'oblige à adopter cette trajectoire.

Ce changement radical de conception permet de se débarrasser de la notion de force « magique » qui agit à distance. La gravité n'est plus une force, c'est un effet de la courbure de l'espace (plus précisément de l'espace-temps), qui donne l'illusion d'une force. Les objets ne sont soumis à aucune force, leur trajectoire est déterminée par la forme de l'espace, qui est sensible aux masses. C'est une façon extraordinairement élégante d'expliquer la mécanique céleste, et encore mieux que ne le faisait Newton. Car on montre par le calcul que la bille ne va pas suivre une ellipse parfaite, mais une ellipse dont le grand axe se décale légèrement au cours du temps, exactement comme ce qu'on observe dans le mouvement des planètes et que la théorie de Newton ne pouvait pas expliquer.

Pour élaborer ce scénario, Einstein est parti de considérations théoriques sur la nature de l'espace, du temps et de la gravité, et pendant des années sa théorie est restée une hypothèse. Mais, plus tard, grâce à des vérifications expérimentales sur la trajectoire des corps célestes, la relativité générale a définitivement supplanté l'attraction universelle de Newton.

L'espace-temps

Pour Newton, l'espace était un cadre fixe, une toile rigide totalement indépendante de tout ce qui s'y passe. Dans la nouvelle vision, l'espace est un cadre souple, une toile élastique qui réagit à chaque objet et à chaque mouvement. Toute masse déforme l'espace et déplace cette déformation le long de son mouvement sous forme de ce qu'on appelle des *ondes gravitationnelles* (voir plus loin). Chaque objet promène avec lui sa cuvette, plus ou moins profonde selon sa masse. L'espace ne ressemble plus à une surface lisse mais à une surface ondulante en perpétuel mouvement. Un peu comme la surface de la mer, si ce n'est que les vagues seraient plutôt remplacées par des creux en forme de cuvettes. Une étoile géante forme une cuvette géante ; une étoile naine, une petite cuvette ; et une planète, un léger creux.

Symétriquement, des modifications profondes surviennent dans la description du temps. Lui non plus n'est plus le cadre fixe et absolu qu'il était pour Newton. Il devient également susceptible de se « courber », c'est-à-dire de s'écouler différemment selon les masses et les mouvements en jeu.

L'un des points fondamentaux de la nouvelle théorie est d'ailleurs que l'on y parle toujours d'espace-temps, et plus d'espace et de temps séparés. La nouvelle vision est relativiste au sens où il n'existe plus d'espace absolu ni de temps absolu, les mêmes pour tout le monde. Les mesures d'espace et les mesures de temps deviennent relatives, c'est-à-dire que deux observateurs qui mesurent la longueur d'une règle alors qu'ils se déplacent à des vitesses différentes vont trouver des longueurs différentes. La mesure d'une longueur dépend du mouvement de l'observateur. Il en va de même pour l'écoulement du temps. Les horloges ne battent pas à la même vitesse selon que les observateurs se déplacent ou non par rapport à elles. Tous ces effets sont aujourd'hui exactement calculés et mesurés. Dans les accélérateurs de particules, par exemple, on peut mesurer le temps de vie de particules radioactives qui se désintègrent normalement en quelques milliardièmes de secondes, lorsqu'elles sont au repos. Une fois accélérées à une vitesse proche de celle de la lumière, elles vivent à nos yeux (et à nos instruments) vingt fois plus longtemps. À ces vitesses, l'effet de dilatation apparente du temps est spectaculaire.

Il n'y a plus d'espace et de temps indépendants, donc, mais une structure géométrique plus compliquée, fluctuante, qui mêle l'espace et le temps. Tel est le cadre – renversant – de la relativité générale, qui donne des maux de tête à tous les étudiants de physique, mais ouvre des perspectives d'une richesse inépuisable.

Les vérifications et les prédictions

Dans la théorie de la relativité générale, non seulement la trajectoire des corps est déviée par la présence des masses, mais les rayons lumineux le sont également, et d'une quantité bien précise. Cela devrait être facile à vérifier. Prenons la lumière qui nous parvient des étoiles. Les étoiles occupent des positions fixes dans le ciel, abstraction faite du mouvement de rotation de la Terre (et des très légers mouvements propres des étoiles, imperceptibles à nos yeux). Tous les jours, c'est la même carte du ciel qui défile sous nos yeux. Imaginons maintenant que la masse du Soleil se trouve entre les étoiles et la Terre. Elle devrait dévier les rayons lumineux qui proviennent de certaines étoiles, celles qui sont presque derrière elle et dont les rayons la frôlent. Par un agaçant concours de circonstances, lorsque le Soleil est dans le ciel, il fait jour, on ne voit pas les étoiles. Pour observer la déviation de leurs rayons lumineux, il faudrait éteindre le Soleil. Rien de plus simple : il suffit d'attendre une éclipse totale. Pendant les quelques minutes d'obscurité aimablement prodiguées par la Lune, on devrait vérifier que les étoiles qui se trouvent à l'arrière-plan mais juste à côté du bord du Soleil n'occupent pas les mêmes positions que d'habitude.

Les physiciens et les mathématiciens trouvaient très séduisante cette prédiction faite par Einstein en 1915. Il y avait quelque chose de fascinant à penser que la carte du ciel pouvait changer lorsqu'un objet massif passait à l'avant-plan. Le frisson esthétique, il faut l'avouer, joue un grand rôle dans l'élaboration des modèles physiques, mais ce n'est sûrement pas un critère suffisant, les astronomes se montraient quant à eux extrêmement sceptiques. Paradoxalement, ils sont souvent plus terre à terre que les physiciens, car ils sont constamment ramenés à la réalité par les contraintes pratiques liées au travail de terrain. Le ciel ne peut pas tout à fait être considéré comme un terrain, mais les observatoires en sont certainement un, et des plus contraignants.

En 1919 eut lieu une éclipse totale de Soleil qui sonna l'heure de la mise à l'épreuve. On procéda à des mesures précises de positions des étoiles, et l'on constata, en effet, que la carte du ciel ne coïncidait pas avec les positions habituelles. Les étoiles proches du disque solaire apparaissaient plus écartées qu'elles ne l'étaient normalement, preuve que la trajectoire de leurs rayons avait été déviée par la masse du Soleil. Ce fut le début d'une très grande carrière pour la relativité générale, que bien d'autres tests expérimentaux sont venus confirmer par la suite.

Aujourd'hui, la relativité générale est la théorie incontournable de la gravitation, même s'il faut bien dire qu'elle ne saute pas vraiment aux yeux dans la vie de tous les jours. Dans notre environnement immédiat, les champs de gravité et les vitesses sont faibles, c'est pourquoi le temps et l'espace nous apparaissent comme distincts, immuables et euclidiens (non courbés). En première approximation, nous pouvons donc tranquillement faire l'hypothèse que nous vivons dans un monde newtonien, nous ne serons pas contredits. Il n'empêche que le monde est einsteinien, certaines technologies récentes mais déjà répandues, comme le GPS, doivent en tenir compte. Pour calculer des positions très précises sur le globe, on envoie des rayons lumineux sur des satellites en orbite qui jouent le rôle d'étoiles artificielles, tout comme jadis les étoiles réelles servaient à la navigation maritime. La relativité générale prédit d'infimes décalages temporels lorsque les rayons lumineux varient d'altitude parce que le champ de gravité varie – décalages qui ne sont pas prédits par la théorie de Newton. Si les corrections correspondantes n'étaient pas effectuées, les calculs produiraient des erreurs de 30 centimètres toutes les secondes, si bien qu'au bout de cinq minutes la high-tech spatiale deviendrait inutile. Grâce aux corrections relativistes, la position reste déterminée à 2,5 mètres près. Ainsi, pour la première fois, la relativité générale s'est immiscée dans la vie de tous les jours. Elle se trouve embarquée à bord des camions, des voitures et dans la poche des randonneurs. Nous commençons, aujourd'hui seulement, à vivre concrètement dans un monde de marque Einstein

(Newton, lui, aurait fabriqué un GPS qui ne lui aurait pas permis de retrouver le chemin de sa maison à Cambridge).

Si la structure de l'espace-temps nous est restée si longtemps cachée, c'est que l'effet de courbure de l'espace-temps par les corps massifs est très faible. Dans l'image du bas nylon déformé par une masse de plomb, vous visualisez une véritable cuvette. Mais, si on devait représenter le Soleil de manière réaliste sur un tissu élastique, le tissu ne s'incurverait que d'un dix millième de pour-cent. L'espace est courbé à l'endroit des masses, mais il ressemble moins à la surface de la mer creusée de cuvettes qu'à la surface d'un étang calme piqué de pattes d'insectes. Et, pour la Terre, insignifiante mouchette, la surface ne s'incurve que d'un dix millionième de pour-cent. Cela paraît une déformation complètement négligeable. Cependant, tous les objets de notre vie quotidienne sont si petits par rapport à la Terre que cette faible courbure suffit à les maintenir piégés dans la cuvette. Un creux minime à l'échelle de l'Univers est un piège total et définitif pour les humains (sauf débauche de moyens, type Cap Canaveral ou Kourou).

L'espace-temps est donc courbé par la matière, mais les effets de cette courbure ne commencent à devenir importants qu'au voisinage des grandes concentrations de matière, en particulier à proximité des trous noirs et autres étoiles à neutrons. C'est là seulement que la courbure de l'espace va prendre des allures de véritable cuvette.

Rappelons toutefois que l'image d'un bas nylon ou d'une surface d'eau est une simplification à deux dimensions. Elle essaie de rendre visible ce qui se passe dans une section de l'espace, un plan coupé à travers l'espace, à savoir que chaque masse tire à soi la trame de l'espace. Mais l'espace réel, lui, se déforme dans toutes les directions à la fois autour de chaque corps. Pour prendre une image en 3D cette fois, c'est comme une éponge dans laquelle un corps tirerait vers lui tous les fils de trame, déformant chaque trajectoire vers le centre. Tous les côtés de l'éponge à la fois se trouvent courbés vers l'intérieur.

Les ondes gravitationnelles

Les ondes gravitationnelles sont à l'heure actuelle encore une hypothèse, mais inscrite naturellement dans la relativité générale. En effet, si la gravitation n'est pas une force agissant à distance et de façon instantanée, comme le pensait Newton, mais une déformation de l'espace-temps, comme l'a montré Einstein, il est légitime de se poser la question : comment se propage la déformation de l'espace-temps, lorsqu'un corps massif accélère ou se réajuste brutalement (lorsqu'il explose, par exemple) ? Einstein répond, équations à l'appui : par des ondulations de la courbure de l'espace-temps, qui se propagent à la vitesse de la lumière.

Notre toile de nylon, pour reprendre toujours la même image, se met à onduler concentriquement à chaque réajustement de matière, telle la surface de l'eau autour d'un plouf de caillou. Lorsqu'une supernova explose, lorsqu'un trou noir implose, lorsque deux corps massifs se rencontrent, l'effet est toujours le même : l'espace vibre. Un peu comme si vous jouiez à la pétanque sur une toile souple. Lorsqu'une boule atterrit sur la toile ou y percute une autre boule, la toile se met à vibrer. Ces vibrations sont des réponses ponctuelles aux événements violents, à ne pas confondre avec les cuvettes qui entourent chaque masse et se déplacent avec elle. Autour d'une masse, la toile se creuse. Autour d'un choc, elle frémit, ondule ou tressaute, selon l'ampleur.

Plus que cela : l'onde de gravitation produite est elle-même source de gravitation. Puisque toute forme d'énergie gravite, la gravitation gravite ! Du coup, elle rétroagit sur elle-même, ce qui en termes mathématiques conduit à des équations non linéaires (entendez des calculs d'une complexité à s'arracher les cheveux). Si bien qu'on se retrouve en peine de résoudre les problèmes les plus simples, fût-ce le calcul du champ gravitationnel engendré par un seul système de deux corps. Chacun agit en fonction de l'autre, qui agit en fonction du premier, etc.

De là à calculer le champ en un point quelconque de l'Univers...

Du point de vue pratique, ce n'est pas mieux. Si cette hypothèse formulée par Einstein est toujours au stade d'hypothèse, c'est parce que la détection des ondes gravitationnelles demande une précision invraisemblable. En dehors de certains phénomènes cataclysmiques qui se déroulent à l'autre bout de l'Univers, l'énergie gravitationnelle est tellement faible que nous n'avons aucune chance de la détecter dans notre environnement. Toute expérience que nous pourrions mettre sur pied dégage des puissances quasiment nulles. Même si nous nous tournons vers le système solaire entier, rien n'est capable de produire des ondes détectables. La Terre, dans son mouvement orbital autour du Soleil à la vitesse de 30 km/s, produit des ondes gravitationnelles dont la puissance ne dépasse pas un dix millième de watt. C'est à peine si l'espace tressaille au passage de la Terre.

Seuls des corps extrêmement compacts peuvent générer des ondes gravitationnelles non négligeables. Par exemple, un couple serré d'étoiles à neutrons en rotation rapide rayonne suffisamment d'énergie gravitationnelle pour que des effets indirects soient observables : leur période de révolution doit ralentir en fonction exacte de cette perte. Depuis 1975, plusieurs pulsars binaires ont été observés qui vérifient cette prévision à la perfection. C'est la seule démonstration expérimentale de l'existence des ondes gravitationnelles à ce jour, mais elle reste indirecte.

Comment se manifesterait une onde gravitationnelle si elle était suffisamment ample pour être détectée ? Par une oscillation de l'espace-temps. Qu'est-ce à dire ? C'est très simple et très concret. La distance entre deux points varierait au passage de l'onde, comme celle entre deux bouchons sur un plan d'eau. Autrement dit, l'espace est susceptible de vibrer au passage d'une onde, comme n'importe quel milieu matériel : air, eau, gelée... Et tout objet situé dans l'espace vibrera avec lui, c'est-à-dire verra sa longueur osciller brièvement dans le sens de l'onde. Si la déformation était sévère, toute la réalité oscillerait brusquement, comme un ressort qu'on vient de percuter ou comme une image qui file pendant une fraction de seconde. Et c'est sûrement ce que nous verrions si nous avions la taille d'une particule élémentaire. Mais, à notre échelle, la déformation est tellement minime qu'elle est pratiquement impossible à détecter. D'autant plus que l'onde s'affaiblit très vite avec la distance. Le problème revient à chercher la variation de distance entre deux bouchons qui flottent au large de Nantes lorsqu'on laisse tomber un caillou dans le port de New York.

Ainsi, une étoile à neutrons en rotation rapide – il y en a au moins cent mille dans notre galaxie – engendre des ondes gravitationnelles qui provoqueraient une variation de... un milliardième de milliardième de millimètre sur une distance-étalon de 1 kilomètre ! Autant dire rien. Aucun espoir de la détecter.

L'événement le plus violent imaginable est la fusion de deux trous noirs. Il provoque des remous bien plus importants (comme si on lâchait un camion à remorque plutôt qu'un caillou dans l'eau). Hélas, ce genre d'événement se produit seulement dans des galaxies lointaines (c'est-à-dire jeunes), à des distances de plusieurs centaines de millions d'années-lumière au minimum, et l'onde gravitationnelle a tout le temps de s'affaiblir avant de nous parvenir. Malgré cela, les vagues qui arrivent jusqu'à nous devraient encore avoir une amplitude mille fois plus grande que celle causée par les étoiles à neutrons de notre galaxie, soit un millionième de milliardième de millimètre sur un kilomètre. La perturbation ne durerait qu'une fraction de seconde. Et la fréquence de ce type d'événement, dans une sphère de 300 millions d'années-lumière autour de nous, devrait être de quelques-uns chaque année. Si déraisonnable que cela puisse paraître, c'est le défi que les astrophysiciens ont décidé de relever.

Le défi des neutrinos a été remporté, le mystère des sursauts gamma a rendu l'âme (voir plus loin), c'est au tour des ondes gravitationnelles de nous donner du fil à retordre. Et en quantité ! Mais le jeu en vaut la chandelle.

Détecter des ondes gravitationnelles permettrait de confirmer une fois pour toutes cette hypothèse, mais, en plus, cela ouvrirait une toute nouvelle fenêtre sur l'Univers. Car les ondes gravitationnelles, comme les neutrinos, n'interagissent pas avec la matière – elles conservent donc toutes les caractéristiques des sources qui les ont engendrées : astres compacts et trous noirs. De plus, le Big Bang lui-même a dû être une source énorme d'ondes gravitationnelles qui, n'ayant pas interagi avec la matière depuis le premier instant, doivent encore exister sous forme très affaiblie mais intacte. Si l'on parvenait à les détecter, on y verrait le compte rendu des tout premiers instants de l'Univers, une photo inaltérée de sa naissance.

Comment fabriquer un télescope gravitationnel ? C'est « tout simple » : il suffit de mesurer des distances (par exemple la longueur d'un bras métallique) avec une précision extrême (au moyen d'un rayon laser) pour détecter la déformation provoquée par l'onde gravitationnelle – soit un millionième de milliardième de millimètre pour une règle de 1 kilomètre, ou peut-être dix ou cent fois moins si l'événement à l'origine des ondes se trouve plus éloigné. Pour être clair, le diamètre de la Terre lui-même ne changerait que d'une longueur de cent atomes ! Et la variation qu'on veut mesurer dans le détecteur vaut le cent millionième du diamètre d'un seul atome d'hydrogène.

Et l'on va vraiment mesurer ça ? Oui ! Mieux, on peut déjà le mesurer.

On fait voyager un rayon laser par aller-retour entre deux miroirs le long d'un axe de quelques kilomètres. Avec quelques dizaines d'allers-retours, on a une distance fixe qui sert d'étalon. On pose un second dispositif identique dans un axe perpendiculaire au premier. On compare le trajet des deux rayons laser par interférométrie (à une longueur d'onde près). Si la structure de l'espace reste fixe, comme un plan d'eau immobile, les deux trajets sont et restent identiques. Mais, si l'espace est traversé par une onde gravitationnelle et ondule, comme l'eau sous l'effet d'un caillou, le trajet de l'un des deux rayons laser va se trouver très légèrement allongé par rapport à l'autre. En comparant les deux trajets, on détecterait un décalage entre les deux rayons. Un décalage infime… mais mesurable.

Trois détecteurs d'ondes gravitationnelles ont été mis au point. GEO 600, le système germano-britannique se trouve à Hanovre, avec deux axes de 600 mètres de long. LIGO[3], le système américain, possède deux détecteurs, l'un en Louisiane,

3. http://www.ligo.caltech.edu/

l'autre dans l'État de Washington. Tous deux possèdent des axes de 4 kilomètres. Enfin, le système franco-italien, VIRGO[4], mis en service à Pise, possède deux axes de 3 kilomètres.

LIGO a terminé ses phases de test, et VIRGO est entré en activité en mai 2007. Fait remarquable, les chercheurs des trois centres ont décidé de mettre leurs efforts en commun pour débusquer les fameuses ondes. Les données combinées augmenteront les chances de détecter les premières ondes gravitationnelles et fourniront plus d'informations sur la position de la source. L'analyse commune des données se fera comme si celles-ci provenaient d'un détecteur géant unique couvrant les deux côtés de l'Atlantique et la côte est du Pacifique. Une nouvelle fenêtre sur le ciel est sur le point de s'ouvrir.

Étape suivante : en 2013 sera lancée une grande mission américano-européenne, LISA[5], qui devra mettre trois satellites en orbite conjointe autour du Soleil pour former un triangle de 5 millions de kilomètres de côté. Cette distance, mesurée avec une précision infernale, servira de bras dont la longueur oscillera à chaque passage d'une onde gravitationnelle.

Les trous noirs

DE QUOI S'AGIT-IL ?

Les trous noirs découlent d'office de la notion d'espace-temps élastique. Partons d'un corps quelconque. Plus il est massif, plus la courbure qu'il va imprimer au tissu élastique est importante. Si le volume occupé par l'objet est grand lui aussi, on reste dans une courbure raisonnable. Mais, si le volume est petit pour une masse très grande, comme dans les objets qui résultent de la mort d'une étoile, la déformation devient comparable à la cuvette creusée par la pastille de plomb dans le bas nylon. Plus l'objet est compact, plus la cuvette qu'il creuse présente une forte pente. Cette transcription visuelle est simpliste,

4. http://www.ego-gw.it/virgodescription/francese/pag_2.html
5. http://lisa.jpl.nasa.gov/

mais elle donne quand même une idée concrète de la façon dont les équations d'Einstein relient la densité de matière à la courbure de l'espace-temps.

Précisons que ces fameuses équations permettent de recalculer correctement tout le système solaire (ce que réussissait déjà Newton), mais aussi les environnements de trous noirs ainsi que les événements cosmologiques comme le Big Bang (une prouesse toute moderne). C'est un vrai prodige, ces équations, tout l'Univers se trouve dedans, comme l'arbre dans la graine.

Le trou noir, donc, surgit naturellement des équations d'Einstein en tant qu'objet tellement dense qu'il creuserait dans le tissu élastique un puits sans fond. Sans fond, c'est-à-dire que toute matière qui franchit le bord du puits est irrémédiablement capturée. Il n'existe pas de vitesse de libération qui permettrait de s'en échapper, et donc la lumière non plus ne peut pas en sortir.

Prenons d'abord le cas d'une étoile à neutrons. Elle est très dense et déforme notoirement l'espace-temps. Celui-ci s'incurve en cuvette. Si on lance un projectile dans une direction proche de l'étoile, sa trajectoire va être déviée à cause de cette courbure, mais, s'il a une vitesse suffisante, il pourra ressortir de la cuvette et s'échapper. La lumière aussi sera déviée puis continuera son chemin.

S'il s'agit d'un trou noir, la cuvette, à une certaine distance proche du centre, se transforme en puits. C'est comme si le tissu se trouait. On appelle cette distance limite « frontière » du trou noir. Ce n'est pas une frontière physique qu'on pourrait toucher, mais une frontière géométrique de l'espace-temps qui marque la séparation entre une zone simplement incurvée et une zone de non-retour, où la pente de la cuvette devient verticale. Si on lance un projectile dans cette zone-là, quelle que soit sa vitesse, il sera d'office capturé et ne sortira plus jamais. Qu'il s'agisse d'une fusée, d'une particule élémentaire ou d'un rayon lumineux, il tombera au fond du puits.

Notez qu'on appelle « trou noir » non pas l'objet qui se trouve au fond du puits – dont nous ne savons rien –, mais toute la zone à l'intérieur de la frontière de non-retour. Cette frontière qui délimite le trou noir est aussi appelée *horizon des événements*, pour la bonne raison qu'on ne peut plus rien observer au-delà.

À proximité d'un trou noir, l'espace est fortement déformé. Un astronaute qui s'y aventurerait verrait son corps étiré comme un spaghetti, parce que ses pieds subiraient une force de gravité beaucoup plus forte que sa tête (on appelle « forces de marée » cette différence gravitationnelle). Si le trou noir pèse 10 masses solaires, son horizon fait 30 kilomètres de rayon, et, déjà à 400 kilomètres avant de l'atteindre, le corps humain serait écartelé.

De même, le temps est fortement dilaté. L'observateur sur Terre qui regarde l'astronaute au télescope ne le verra jamais plonger dans le trou noir, mais aura l'impression qu'il ralentit de plus en plus – alors que c'est précisément le contraire, il accélère frénétiquement. Pour l'astronaute (qui aurait par miracle résisté aux forces de marée), le temps s'écoule normalement, et il se voit tomber vers l'horizon en une fraction de seconde. Mais il y plonge tellement vite que sa vitesse tend vers celle de la lumière, de sorte qu'en vertu des lois de la relativité chaque image de son voyage met un temps de plus en plus long pour parvenir jusqu'à nous. À la limite, lorsqu'il atteint la frontière du trou noir, sa vitesse atteint celle de la lumière, et son image mettra un temps infini à nous parvenir. L'astronaute nous paraîtra gelé à jamais dans son mouvement au moment où il sortira de notre rayon de visibilité.

Au voisinage d'un trou noir, la déviation des rayons lumineux est très forte. C'est pourquoi il peut s'y créer des illusions d'optique extrêmes. Les rayons qui proviennent d'un objet situé derrière le trou noir, par exemple, seront courbés en passant près de lui au point d'être rabattus vers nous, rendant visible cet objet alors qu'il se trouve physiquement caché derrière l'écran opaque du trou noir[6].

Reprenons l'éclipse totale de Soleil : les étoiles qui sont très proches du bord nous paraissent plus écartées qu'elles ne le sont en réalité, parce que la masse du Soleil a incurvé leurs

6. Pour de spectaculaires simulations numériques, voir le DVD « Voyage au cœur d'un trou noir », par Alain Riazuelo, Sylvie Rouat et Patrice Desenne, *Sciences & Avenir*, Paris, 2008.

rayons lumineux. Maintenant, si le Soleil était un trou noir de même diamètre, nous pourrions voir, disposés autour d'une zone sombre, non seulement les objets proches du bord qui en sont écartés, mais également tous les objets qui se trouvent *derrière* lui, car leurs rayons lumineux seraient rabattus vers nous. Les plieurs de fourchettes n'existent probablement pas, mais le trou noir est un grand plieur de lumière. Grâce aux torsions qu'il impose aux rayons lumineux, il rend visible tout ce qu'il est censé cacher, sur une couronne disposée autour de lui.

Notons un effet encore plus étonnant : si un rayon lumineux frôle le trou noir à une distance précise (une fois et demie le rayon entre le centre du trou noir et l'horizon), il va suivre un chemin courbé au point de se boucler sur lui-même ! Piégé dans cette courbure parfaite, le rayon lumineux va continuer à circuler en boucle, sans pouvoir ni s'échapper ni tomber dans le trou noir. Chaque trou noir doit ainsi être entouré d'une sphère de photons prisonniers, tapi dans un casque de lumière invisible.

Pour un voyageur qui chevaucherait un de ces rayons lumineux (permettons-nous cette expérience de pensée), celui-ci aurait pourtant l'air de se propager en ligne droite. En effet, il ne fait que suivre la trame de l'espace, le chemin le plus naturel, celui qu'il dessine spontanément. La ligne droite, ou « géodésique », en tout point de l'espace, se définit d'ailleurs précisément par le trajet des rayons lumineux. À proximité de l'horizon d'un trou noir, la ligne droite est un cercle !

Poussons la logique encore un peu plus loin, et nous allons mettre le monde à l'envers. Imaginez que vous soyez dans un vaisseau spatial motorisé qui orbite à distance respectueuse du trou noir, tel un satellite autour de la Terre. Comme dans tout véhicule prenant un virage, vous ressentez une poussée qui tend à vous éloigner du centre, poussée que l'on a coutume d'appeler « force centrifuge ». Si vous augmentez votre vitesse en appuyant sur l'accélérateur, vous êtes davantage repoussé vers l'extérieur et vous devez braquer davantage vers le centre pour compenser cette poussée. Le paysage que vous observez par le hublot quand vous regardez vers le trou noir est une zone noire sphérique, une boule de vide autour de laquelle vous orbitez normalement, comme si c'était une planète.

Ensuite, vous positionnez votre vaisseau sur une orbite plus proche, qui correspond à une fois et demie l'horizon. Vous n'êtes pas encore dans la zone de non-retour, donc il vous est possible de rester en orbite (à condition d'aller vite). Mais, cette fois, pas besoin de gouvernail pour entretenir votre virage, il vous suffit d'aller tout droit. Pourquoi ? Parce que la ligne droite, en cet endroit précis, est un cercle qui vous ramène à votre point de départ. Vous pouvez donc naviguer tout droit et vous serez en orbite. Vous ne ressentez aucune poussée vers l'extérieur, pas plus que d'attraction vers l'intérieur. En fait, les deux existent, mais l'attraction du trou noir compense exactement la force centrifuge, si bien que vous ne sentez rien. Si vous regardez par le hublot, vous ne voyez plus une sphère noire, mais un mur noir rectiligne ! Et de l'autre côté défilent toutes les étoiles de l'Univers. Vous avez l'impression de naviguer le long d'une frontière entre le vide et l'Univers, vous filez tout droit le long d'un mur, indéfiniment. Cela peut durer longtemps, en effet, puisque vous tournez en rond sans le savoir.

Troisième étape, vous rapprochez encore votre vaisseau pour vous placer entre l'horizon et l'orbite précédente. Vous êtes toujours hors de la zone de non-retour, mais à peine. Et, cette fois, vous vous sentez de nouveau déporté sur le côté par une force, seulement celle-ci n'est plus dirigée vers l'extérieur mais vers l'intérieur. Vous êtes plaqué *vers* l'objet autour duquel vous tournez ! L'attraction du trou noir dépasse la force centrifuge. Et, si vous regardez par le hublot, vous constatez que cet objet est devenu concave. Ce n'est plus une sphère, ni un mur, mais un croissant noir que vous longez. À l'inverse, le reste de l'Univers a maintenant l'air d'une grande sphère piquetée d'étoiles, et vous circulez sur sa périphérie. Plus vous rapprochez votre orbite, plus ces effets s'intensifient : le croissant noir s'incurve de plus en plus, et la sphère d'étoiles rétrécit, jusqu'au moment où, lorsque vous frôlez l'horizon, le trou noir se ferme presque entièrement autour de vous. Au moment où vous passez l'horizon, le trou noir se referme et vous avale pour toujours.

Cette séquence illustre de façon exacerbée les notions de relativité. Non seulement l'espace et le temps sont relatifs – variables en fonction de l'observateur –, mais les notions d'intérieur et d'extérieur sont également relatives à un référentiel et dépendent du trajet des rayons lumineux. L'intérieur et l'extérieur ne sont pas plus absolus que le temps et l'espace. Près de la frontière d'un trou noir, la courbure est telle que l'espace se retourne comme un gant. L'intérieur et l'extérieur s'inversent. Ce n'est plus le trou noir qui semble être un petit point dans l'Univers, mais l'Univers qui apparaît comme un petit point dans le trou noir !

L'astre invisible déjà imaginé dans la théorie newtonienne est donc devenu une idée résolument moderne et passionnante ; c'est sa majesté le trou noir relativiste. Il doit se comprendre non comme une masse qui attire avec une force irrésistible, mais comme une déformation extrême de l'espace-temps. Il a été conceptualisé dès les années 1930, mais la théorie s'est surtout développée dans les années 1970. Malgré une assise théorique solide, il est resté pendant longtemps un objet très spéculatif, et pour cause. Comment observer un objet par définition invisible ? Pendant des décennies, aucune observation astronomique n'a pu étayer ni les trous noirs eux-mêmes ni les phénomènes qui auraient pu en être des manifestations indirectes.

PEUT-ON LES DÉTECTER ?

Par définition, un trou noir est invisible puisqu'il ne laisse échapper ni matière ni lumière (on entend par là l'ensemble des longueurs d'onde du rayonnement électromagnétique, et pas seulement la lumière visible). Comment pourrait-on les observer ? Ce n'est même pas la peine d'essayer. Les trous noirs, en eux-mêmes, sont une tache aveugle pour tous nos dispositifs de détection.

Mais on sait qu'ils doivent se former par effondrement d'étoiles supermassives. Cela implique que les trous noirs ne se trouvent pas isolés dans le vide, ils doivent être entourés de particules et de nuages de gaz, vestiges des étoiles qui leur ont donné naissance – et celles-ci pourraient trouver le moyen de nous faire signe.

Par ailleurs, les trous noirs pourraient également avoir dans leur voisinage une étoile partenaire. Car les étoiles ne sont pas toujours célibataires. Elles évoluent souvent par couples, parfois par systèmes de trois, quatre, cinq… jusqu'à sept étoiles groupées dans un voisinage. Cependant, plus il y a d'étoiles, plus le système devient instable, et la formule la plus commune semble être le couple.

L'avantage du couple, c'est qu'il permet de récolter des informations sur le second membre, même si l'on n'observe que le premier. Prenez vos collègues de travail par exemple. Vous ne connaissez peut-être pas leurs conjoints, vous ne les avez jamais vus, et pourtant vous savez beaucoup de choses sur eux. Vous connaissez leur nom, leurs activités, leurs choix de vacances, leurs habitudes et leurs goûts, rien qu'en écoutant et en observant l'autre moitié du couple. De même, l'étoile invisible influence le comportement de sa compagne visible, il suffit de regarder celle-ci pour connaître un peu de celle-là. La clé se trouve dans les oscillations gravitationnelles que l'invisible imprime à la visible.

On retrouve le même principe qui a permis de détecter les exoplanètes : en mesurant les oscillations des étoiles. Mais, si un jupiter chaud est comme un chien en laisse autour de son étoile, qui lui imprime un léger balancement, deux étoiles proches, vu leurs masses comparables, sont plutôt comme un couple de valseurs : chacune tourne autour de l'autre. De la valse de l'une on peut déduire la présence de l'autre, et calculer sa masse.

Prenons une liste des compagnons d'étoiles ainsi détectés. Certains, lorsqu'on y regarde de près, sont sources de rayonnements X. Ceux-ci sont dus à des particules électrisées qui sont éjectées dans un champ magnétique intense. Seules des étoiles compactes, restes effondrés d'une étoile épuisée, sont capables de provoquer ces rayonnements de haute énergie (naines blanches, étoiles à neutrons).

Par ailleurs, les calculs montrent que toute étoile compacte ayant une masse supérieure à 3 masses solaires doit être un trou noir. Une naine blanche ou une étoile à neutrons qui dépasserait cette masse serait instable et s'effondrerait en trou noir. Il suffit donc de pointer dans notre liste tous les compagnons invisibles qui sont émetteurs X et possèdent plus de 3 masses solaires. À l'heure actuelle, une vingtaine d'objets ont été détectés dans notre galaxie qui satisfont à toutes les conditions pour être des trous noirs. La théorie, elle, prévoit que notre galaxie devrait en contenir entre 10 et 100 millions.

Mais d'où vient qu'un trou noir pourrait être source de rayonnement X ?

Si un trou noir se forme au sein d'un couple d'étoiles très rapprochées, le puits de gravité va capturer la matière de l'étoile compagne. C'est-à-dire que le gaz de l'enveloppe extérieure va être aspiré dans le puits et, avant de tomber, se mettre à spiraler de plus en plus vite, formant un disque plat qui va devenir de plus en plus chaud. Le gaz violemment chauffé et comprimé va émettre, avant de disparaître, des rayonnements de haute énergie, rayons X et rayons gamma, ayant des longueurs d'onde et des caractéristiques spectrales bien spécifiques. De telles observations ont été réalisées, et les objets observés sont des candidats au statut de trou noir, car ils correspondent à tout ce qu'on a prévu au sujet de ces captures. Ce n'est donc pas le trou noir lui-même, mais son environnement immédiat qui est source de rayonnement. Le trou noir reste invisible, il allume cependant la matière qui tombe vers lui.

La première découverte date de 1965. Une source puissante de rayons X et de rayonnement radio fut localisée à l'endroit où se trouvait une étoile visible connue, une géante d'une trentaine de masses solaires. Cette étoile ne pouvait pas être la source d'un rayonnement aussi particulier. Celui-ci devait s'expliquer par la présence d'un compagnon compact en train de lui arracher sa matière comme un aspirateur. Les oscillations gravitationnelles de l'étoile ont confirmé la présence d'un corps d'une dizaine de masses solaires orbitant à une distance de 30 millions de kilomètres en 5,6 jours – soit une proximité proche de la promiscuité. Si l'étoile visible était un ballon de football, son compagnon invisible aurait la taille d'un grain de sable (tout en pesant le tiers du poids du ballon) et tournerait à quelques centimètres seulement de sa surface. Une vraie sangsue ! Tout porte à croire qu'il s'agit bien de la première détection d'un trou noir d'origine stellaire. Il fut baptisé *Cygnus* X-1 (car première source X détectée dans la constellation du Cygne).

Aujourd'hui, l'observation a fourni un grand nombre de ces sources de rayonnement aux propriétés bizarres, mais qui s'expliquent très naturellement si l'on suppose qu'il s'agit de la disparition de gaz surchauffé au fond d'un trou noir. De plus, ces phénomènes se produisent systématiquement dans des couples d'étoiles dont on voit une composante et dont l'autre est invisible.

Il existe en principe une autre façon de « voir » un trou noir, en rayonnement visible et non X, mais elle suppose qu'on puisse obtenir des images très rapprochées. Si le trou noir est entouré d'un disque de matière (gaz et poussières provenant soit de l'étoile mère, soit d'une étoile voisine en cours d'absorption), et que cette matière rayonne, les calculs montrent qu'avec une résolution d'image suffisante ce disque devrait apparaître d'une façon biscornue[7]. Comme on l'a vu, la déformation extrême de l'espace à proximité du trou noir doit courber fortement les rayons lumineux venant des objets situés derrière lui. Le trou noir « plieur de lumière » doit nous renvoyer l'image qu'il est censé cacher – c'est comme si Saturne vu par la tranche nous donnait néanmoins à voir la partie cachée de ses anneaux. Celle-ci serait même deux fois visible : par-dessus et par-dessous, ces deux images étant respectivement étalées au-dessus et en dessous de l'astre. Au total, l'image ressemblerait à un large ovale percé d'un... vide, noir, à l'endroit du trou. Ce serait ce qu'on peut imaginer de plus proche d'une photo de trou noir. Le principal intéressé serait toujours absent, mais son entourage immédiat serait massé tout autour de lui comme un parterre de courtisans à genoux. Malheureusement, les contraintes techniques sont telles (taille très petite, luminosité très faible) que ce type d'observation n'est pas encore possible.

---

7. Ces calculs ont été effectués pour la première fois en 1979 par l'un des auteurs (JPL), puis perfectionnés par d'autres chercheurs. Pour un aperçu général, télécharger le document http://luth2.obspm.fr/~luminet/chap12.pdf

TROUS NOIRS ET SURSAUTS GAMMA

Le 2 juillet 1967, les militaires américains ont senti le vent de la panique leur défroisser l'uniforme. L'un des satellites chargés de surveiller l'absence d'expériences nucléaires à la surface de la Terre venait d'enregistrer une violente bouffée de rayonnement gamma, un rayonnement de haute énergie précisément associé aux explosions nucléaires. S'agissait-il d'une bombe soviétique clandestine ? Sueurs froides dans les QG. Calculs, confrontations, nuits blanches. Au final : non, l'explosion ne provenait pas de la Terre mais bien de l'espace ; l'armée venait de faire avancer la science – un scénario courant, l'ingéniosité des hommes n'ayant pour meilleur moteur que leur bellicisme (mais pas uniquement, et il est permis d'espérer qu'un jour elle s'en passera).

Alertés par les militaires, que le phénomène ne concernait plus, les astronomes se sont emparés du problème avec un bel appétit. Six ans plus tard, ils avaient détecté 16 sursauts gamma du même acabit, et nul n'avait la moindre idée de leur origine. Les détections étaient impossibles à associer à une localisation précise – comme si vous entendiez des voix à coup sûr et pouviez même les enregistrer, mais sans savoir d'où elles viennent. Jusqu'au début des années 1990, on pensait que ces émissions venaient de notre galaxie, plus de cent hypothèses différentes couraient pour les expliquer.

En 1991 fut lancé un nouveau satellite avec à son bord un appareil cent fois plus sensible que les détecteurs précédents. Devant l'ampleur du mystère, on sortait le grand jeu. En neuf ans, cette oreille d'élite enregistra pas moins de trois mille sursauts gamma, provenant indifféremment de toutes les directions du ciel. On pouvait déjà conclure qu'il ne s'agissait pas de phénomènes galactiques, sinon ils auraient été majoritairement alignés sur l'axe de la Voie lactée. Ces flashs devaient provenir des galaxies lointaines, c'est-à-dire d'un millier de fois plus loin que ce qu'on pensait. Du coup, ils devaient être encore un million de fois plus puissants que ce qu'on imaginait ! Cela prenait des proportions monstrueuses.

Sur le nombre, on vit se dessiner deux types d'événements différents : des sursauts courts (autour d'un tiers de seconde) et des sursauts longs (autour de trente secondes). Il y avait donc non pas un, mais deux scénarios à élucider. L'hypothèse de la formation des trous noirs s'imposa bientôt comme la plus vraisemblable, d'autant qu'on pouvait justement la scinder en deux scénarios distincts : formation d'un trou noir par effondrement d'une étoile hypermassive ou par fusion de deux étoiles à neutrons. Le sursaut long serait associé à l'effondrement, et le sursaut court, à la fusion.

Vers la fin des années 1990, on parvint enfin à localiser précisément les sources de ces sursauts (du moins les plus longs) et à prolonger l'observation du même événement dans d'autres longueurs d'onde (rayons X, lumière visible), ce qui permit d'évaluer leurs distances exactes. Dans tous les cas, les sources des sursauts se trouvaient à plusieurs milliards d'années-lumière ! Ce qui veut dire : même pas dans les galaxies moyennement éloignées, mais systématiquement dans les galaxies les plus lointaines.

La preuve formelle que les sursauts longs correspondent à des hypernovae fut apportée le 29 mars 2003. Ce jour-là, suite à un sursaut gamma très puissant, une nouvelle étoile apparut exactement au même endroit dans la constellation du Lion, visible à l'œil nu. C'était un événement situé à 2,6 milliards d'années-lumière (mille fois plus loin que tout autre objet visible à l'œil nu). L'analyse de sa lumière permit de conclure qu'il s'agissait bien de l'effondrement d'une étoile hypermassive accompagné d'un flash de lumière ultrapuissant. Le premier scénario était élucidé.

Si les sursauts longs, et donc les hypernovae, sont presque toujours situés dans des galaxies très lointaines, c'est parce que ces galaxies sont jeunes (leur lumière a mis des milliards d'années à nous parvenir, et nous les voyons dans l'état où elles étaient alors). C'est l'indice que les étoiles hypermassives étaient bien plus fréquentes lorsque l'Univers était jeune et plus riche en hydrogène. Les générations d'étoiles plus récentes ont tendance à être plus petites et plus riches en atomes lourds.

On l'a déjà dit, l'Univers n'a rien d'immuable, même s'il fonctionne selon un schéma de recyclage permanent de sa matière. Il y a une évolution irréversible due au fait que cette matière se transforme progressivement. Plus l'Univers vieillit, plus l'hydrogène disparaît et se transforme en éléments plus lourds. Les étoiles se succèdent mais ne se ressemblent pas tout à fait. Elles évoluent, comme une lignée végétale ou animale dont l'environnement changerait progressivement. Mais c'est elles-mêmes qui, par leurs morts successives, transforment cet environnement et modifient les générations suivantes. Les étoiles hypermassives sont un peu les dinosaures du ciel, les premières grosses pourvoyeuses d'atomes lourds dont le règne est aujourd'hui révolu.

Quant aux sursauts courts, ils furent plus difficiles à élucider, pour la raison précise qu'ils étaient si courts ! Pas facile de mettre le télescope dessus. L'hypothèse était que des étoiles à neutrons pouvaient se percuter à des vitesses de 100 000 km/s et entrer en coalescence pour former un trou noir. En 2002, on parvint pour la première fois à localiser l'origine d'un sursaut court, sans avoir le temps de calculer sa distance. À partir de 2005, enfin, on put mettre le grappin sur les sources de sursauts courts. Ils se produisent dans des galaxies plus vieilles et plus proches que les sursauts longs et sont donc moins puissants, toutes choses d'accord avec le modèle de la fusion d'étoiles à neutrons.

Le mystère des sursauts gamma aura vécu trente-cinq ans.

Cependant, observer des hypernovae ou des collisions d'étoiles à neutrons est une chose. En conclure qu'on a observé des trous noirs en formation en est une autre. L'une n'implique l'autre que si notre théorie sur la formation des trous noirs est exacte. Et, une fois de plus, ce n'est pas le trou noir qui va en apporter la preuve directe. Muet il est, muet il restera. Ce qui, d'une certaine manière, conforte quand même la théorie, car, s'il parlait, il ne s'agirait pas d'un trou noir. La seule chose qui s'exprime ici, ce sont les explosions cataclysmiques qui accompagnent sa naissance. Après : motus et bouche cousue.

LES TROUS NOIRS GÉANTS

Les étoiles les plus massives observées jusqu'à présent ne dépassent pas cent fois la masse du Soleil et ne peuvent donc pas former de trous noirs plus massifs, plutôt moins si l'on tient compte de la matière éjectée lors de l'hypernova. Or, au centre de la plupart des grandes galaxies, on détecte des objets qui ont toutes les caractéristiques des trous noirs et possèdent quelque chose comme un million de fois la masse du Soleil. Il doit s'agir de trous noirs initialement modestes qui ont grossi progressivement, sur une très longue période. En effet, puisqu'un trou noir engloutit tout ce qui passe à sa portée, et en principe ne régurgite rien, il ne peut que grossir au cours du temps.

Et c'est par là que nous allons le coincer. Car, en avalant de la matière, le trou noir est forcé de sortir de l'ombre. Les particules qu'il engouffre vont nécessairement exprimer leur mécontentement avant de disparaître : combustion, vaporisation, gerbes de rayonnements divers... C'est ainsi qu'agonise la matière martyrisée par une accélération impitoyable. L'ogre a beau être muet, ses victimes fulminent, et son repas fait du bruit. À chaque bouchée, une bouffée de protestations déverse leur énergie.

Le trou noir qui occupe le centre de la Voie lactée, baptisé *Sagittarius* A*, vaut au bas mot trois millions de fois la masse du Soleil pour un diamètre douze fois plus grand seulement. Ses effets gravitationnels sont très clairement observés sur les étoiles proches, dont la vitesse est d'autant plus rapide que l'orbite est resserrée (telles différentes billes en rotation sur les pentes d'un entonnoir profond) – jusqu'à 10 000 km/s pour les plus proches. Le mouvement de ces étoiles permet de déduire la masse et la taille du trou noir en question.

Encore une fois, la gravitation, c'est magique : il suffit d'observer le comportement d'un corps pour tout savoir sur son voisin, comme si l'un était le moule qui donne l'empreinte de l'autre. Ainsi, les étoiles nous livrent, par leurs oscillations gravitationnelles, les fiches signalétiques des planètes ou des étoiles compagnes qui tournent autour d'elles, celles-ci restant totalement invisibles. De la même façon, les étoiles proches du centre de la galaxie, par leur mouvement affolé, trahissent les caractéristiques du corps massif autour duquel elles tournent, celui-ci restant totalement invisible.

Cependant, nous nous attendions à voir les gerbes du repas de l'ogre, or ces étoiles proches du centre galactique semblent rester en équilibre – depuis que les astronomes ont l'œil dessus en tout cas. Le trou noir ne montre que de faibles signes d'activité, comme s'il était à la diète et ne croquait que de tout petits corps ou du gaz. Dans la zone occupée par le trou noir central, on observe de petites fluctuations de rayonnement (sursauts de rayons X, variations en infrarouge) qu'on interprète comme des émissions provenant du gaz chaud ou de blocs de matière (comètes, astéroïdes) sur le point d'y tomber, mais aucun flash violent que produirait une étoile. Voilà qui est modeste comme régime, à peine un léger pique-nique de temps en temps. On espérait pouvoir observer des signes d'agapes plus consistantes. Ce calme relatif est peut-être dû au fait que la région proche du centre a déjà été nettoyée et que les autres étoiles sont trop éloignées pour tomber dans le trou noir. Peut-être faut-il tourner nos regards ailleurs que dans notre propre galaxie pour trouver des trous noirs plus gloutons ?

Outre les géants, on a découvert aujourd'hui des catégories de trous noirs qu'il faut bien appeler « supergéants », ou « supermassifs ». Ils se trouvent au cœur de galaxies dont le centre est tellement actif qu'il éclipse la galaxie elle-même. Ces galaxies sont appelées *quasars,* pour « quasi-stars », car, supplantées par leur cœur brillant, elles apparaissent comme un seul point lumineux et non comme le halo diffus qu'affichent les autres galaxies.

Pour une galaxie dont le cœur est riche en nourriture potentielle (étoiles et gaz), les calculs théoriques faits en supposant un taux d'alimentation raisonnable du trou noir montrent que, sur une période de 10 milliards d'années, un trou noir d'origine stellaire pourrait atteindre un milliard de fois la masse du Soleil et devenir aussi volumineux que notre système planétaire.

Un trou noir de cette taille doit être capable d'attirer des étoiles entières orbitant à proximité, et qui vont tomber au fond du puits gravitationnel. Dans certains cas, cela devrait donner lieu à un phénomène détectable, même à la distance où nous sommes : si le trou noir fait entre 5 et 100 millions de masses solaires, l'étoile en cours d'engloutissement sera soumise à des forces de marée telles qu'elle va être détruite avant d'atteindre l'horizon. La masse de l'étoile se disloque littéralement, non sans émettre un rayonnement caractéristique, sorte de hurlement à la mort, cette bouffée échappe au trou noir car elle est émise avant que l'étoile ait franchi l'horizon.

L'un de nous (JPL) a calculé que de telles mises à mort suivraient un scénario en trois temps, au moins aussi sportif qu'une corrida valencienne : dans un premier temps, la gravitation différentielle qui s'exerce sur les bords opposés de l'étoile brise la cohérence de celle-ci et la contraint à s'aplatir comme une crêpe. On pourrait alors l'appeler « crêpe stellaire flambée », flambée parce qu'au moment de sa dislocation elle est surchauffée et fabrique des éléments chimiques particuliers. Ceux-ci pourraient servir de signature pour les détecter. Au bout d'un certain temps, l'aplatissement devient tel que la densité et la température intérieures atteignent des sommets. Ceux-ci provoquent l'allumage de nouvelles réactions nucléaires, intenses et brutales. Nous sommes face à une explosion pure et simple : l'étoile est devenue une bombe. Elle envoie des débris dans toutes les directions. Certains sont éjectés vers l'extérieur, d'autres continuent à spiraler en direction du trou noir. Lorsqu'ils arrivent à proximité de l'horizon, ils s'échauffent tellement qu'ils émettent des bouffées de rayons X et ultraviolets. C'est le dernier râle de la longue agonie stellaire[8].

Pour les trous noirs supérieurs à 100 millions de masses solaires, les étoiles n'ont même pas le temps d'être disloquées par les forces de marée si, d'aventure, elles tombent dans le puits. Elles se désintègrent seulement au-delà de l'horizon, d'une façon irrémédiablement impossible à détecter. Mais elles sont si formidablement accélérées, avant de passer l'horizon, qu'elles pourraient entrer en collision pourvu qu'elles soient plusieurs à tourbillonner en même temps. De telles collisions qui se produiraient en deçà de l'horizon occasionneraient non

8. Pour une animation, voir http://chandra.harvard.edu/photo/2004/rxj1242/index.html

pas une, mais deux crêpes à la fois. Au centre d'un quasar, ces phénomènes pourraient se produire environ dix fois par an, libérant des flashs lumineux du même type que les crêpes stellaires flambées.

Ces modèles ont d'abord été calculés sur ordinateur, dans les années 1980, puis quelque peu délaissés faute d'observations susceptibles de les corroborer. Mais, aujourd'hui, grâce aux progrès des instruments d'observation, on commence à détecter tout près du centre de certaines galaxies lointaines des flashs de rayonnement qui ressemblent comme deux gouttes d'eau à la signature attendue des crêpes stellaires. En 2004, une puissante flambée observée près d'un trou noir de 100 millions de masses solaires affichait le profil calculé d'une destruction stellaire de masse équivalente au Soleil.

Ainsi, la modélisation théorique est un lièvre qui se permet souvent de gambader dans l'univers des possibles, mais elle se fait toujours rattraper, tôt ou tard, par la tortue des observations astronomiques. Dix ans, vingt ans ou cent ans après les prédictions, des données nouvelles viennent confirmer ou infirmer le modèle qui flotte en liberté. Neuf fois sur dix, il s'agira plutôt d'une infirmation, et le modèle sera mis au rancart, juste bon pour le musée des curiosités. Dans le dixième cas, il s'agit d'une confirmation, et le modèle se hisse au rang glorieux de théorie vérifiée, du moins jusqu'à ce qu'on bute sur une anomalie, auquel cas il faudra songer à une meilleure théorie qui expliquera *toutes* les observations. Quant aux crêpes stellaires, il semble bien que le modèle était bon – bon dans la mesure où il prévoyait les observations qui ont été faites.

LES TROUS NOIRS DANS L'UNIVERS

Sachant tout ce que nous venons de voir, il est effectivement inévitable que les trous noirs soient appelés à grossir perpétuellement. Pour autant, ce ne sont pas les ogres voraces et insatiables qu'une certaine littérature de vulgarisation s'est plu à décrire. Concrètement, si l'on remplaçait le Soleil par un trou noir de masse équivalente, nous, Terriens, ne nous rendrions compte de rien, sur le plan gravitationnel, s'entend : notre planète continuerait à graviter autour du trou noir, à la même distance et suivant la même orbite. En effet, l'horizon d'un trou noir de cette masse ne se trouve qu'à un rayon de 3 kilomètres de son centre. Le trou noir remplaçant le Soleil n'aurait donc que 6 kilomètres de large, et tout objet orbitant dix mille fois plus loin resterait en totale sécurité. Il faudrait s'approcher assez près pour cesser d'avoir une orbite stable et être entraîné sur la mauvaise pente.

Ce n'est donc que dans le voisinage immédiat du trou noir que les effets de courbure sont suffisamment importants pour invalider la physique classique au bénéfice de la physique relativiste. Loin du trou noir, on peut continuer à s'en remettre à ce brave Newton. Autrement dit, la totalité de l'Univers est un tissu presque parfaitement lisse – à peine courbé ponctuellement par les très grosses étoiles, et percé de quelques petits « trous » à l'endroit des trous noirs stellaires, un peu moins petits à celui des trous noirs galactiques. Loin d'être un terrain émaillé de gouffres, l'Univers est plutôt une immense étendue lisse et uniforme, par endroits piquetée de petits creux ou de petits trous.

Malgré ce faible impact, si l'on envisage des perspectives temporelles très éloignées, le rôle des trous noirs deviendra de plus en plus important au cours de l'évolution de l'Univers. Puisque les trous noirs se trouvant au centre des galaxies ne peuvent que grossir au cours du temps, ils finiront, dans des milliards et des milliards d'années, par engloutir la plupart de la matière des galaxies, après quoi certains pourront même fusionner pour former des mégatrous noirs de plus en plus grands. Cependant, il est exclu d'imaginer que l'Univers tout entier se transforme en un seul trou noir géant, parce que l'Univers, comme on va le voir bientôt, est en expansion. L'espace se dilate, il a donc tendance à éloigner les trous noirs les uns des autres. Il se joue une sorte de course de vitesse entre la matière qui, localement, a tendance à se rassembler en grumeaux et finalement à former des trous noirs, et l'espace qui, de son côté, disperse la matière. Et l'on sait aujourd'hui que la course sera gagnée par l'expansion de l'Univers. Seuls des trous noirs voisins pourront se rapprocher et fusionner. Les autres seront irrémédiablement emportés à la dérive sur les ailes en expansion de l'Univers vieillissant.

Les trous noirs d'origine stellaire, formés par l'effondrement d'étoiles hypermassives ou par la fusion d'étoiles à neutrons, sont en nombre estimé à environ 50 millions dans notre galaxie, comme on l'a dit. On en a détecté à ce jour une vingtaine, sur la base soit des perturbations gravitationnelles d'une étoile compagne, soit de ce qui semble être la signature d'un snack de rayons X que s'offre l'ogre.

Le nombre des trous noirs géants, lui, doit se résumer, à première vue, à un par galaxie au maximum. Quant aux trous noirs supermassifs, sur les 120 000 galaxies qui ont déjà été étudiées, 20 000 semblent en posséder un. Le record de masse, détenu depuis janvier 2008, est de 18 milliards de soleils ; il s'agit d'un supertrou noir occupant le cœur du quasar OJ287, à 3,5 milliards d'années-lumière de nous. Il se paye le luxe d'avoir un partenaire plus petit (toutes proportions gardées !) : un trou noir de 100 millions de masses solaires, qui orbite autour de lui en douze années ; c'est d'ailleurs l'analyse de l'orbite du petit qui permet d'estimer la masse du gros.

Bien que les trous noirs géants et supergéants soient détectés dans beaucoup de galaxies, le mécanisme de leur formation reste incertain. Sont-ils des trous noirs primordiaux, formés très tôt dans l'histoire de l'Univers par des effondrements de matière cataclysmiques et autour desquels les galaxies se sont structurées ? Ou au contraire sont-ils apparus au cœur des galaxies déjà formées, par accrétion progressive de matière ? Ce qui semble sûr, c'est qu'ils se nourrissent de la matière dense propre au cœur des galaxies jeunes, et qu'ils s'éteignent par la suite pour se muer en trous noirs passifs.

Par ailleurs, à côté des trous noirs stellaires et des trous noirs géants, il existe sans doute aussi des trous noirs de taille intermédiaire.

LES TROUS NOIRS INTERMÉDIAIRES

Pour les rencontrer, il faut se tourner vers les étoiles qui forment le halo de la galaxie, et non son disque. À l'inverse de celui-ci, le halo est pratiquement inactif. Il ne contient pas de gaz libre, et il ne s'y forme plus d'étoiles nouvelles. Il ne contient que des étoiles anciennes, probablement formées au même moment que la galaxie, il y a 13 milliards d'années. Les étoiles les plus massives sont mortes depuis longtemps, laissant traîner leurs cadavres, des étoiles à neutrons et des trous noirs stellaires. Les étoiles de masse moyenne sont pour beaucoup en fin de vie, au stade de géantes rouges, ou bien déjà effondrées en naines blanches. La majorité des étoiles encore vivantes sont de faible masse, à très longue durée de vie. Mais le plus étonnant n'est pas tant cette répartition originale dans les phases de vie que la répartition des étoiles dans l'espace. Beaucoup d'étoiles, ou restes d'étoiles, du halo galactique sont groupées en troupeaux denses appelés *amas globulaires*. Ce sont des sortes de boules composées de plusieurs centaines de milliers d'étoiles[9]. Pas plus larges que 150 années-lumière, ils connaissent en leur région centrale une densité stellaire vingt mille fois supérieure à celle qui règne dans le voisinage du système solaire. Si une planète habitable tournait autour d'une de ces étoiles, on y verrait un ciel tellement constellé d'étoiles, elles-mêmes si brillantes que la nuit y serait inconnue. Et par conséquent le reste de la galaxie serait invisible, sans parler de l'Univers – aussi obscur que le visage du dernier spectateur quand on se trouve sur une scène illuminée par les projecteurs – car toute observation lointaine serait rendue impossible par la luminosité des étoiles proches. Si d'aventure nous avions émergé sur l'une de ces planètes, nous aurions des idées *complètement différentes* de la physionomie de l'Univers. Le halo galactique contient environ cent cinquante de ces amas globulaires.

On pense que ces régions sont en cours d'effondrement gravitationnel et pourraient abriter de grands trous noirs en

---

9. Galerie d'images sur http://hubblesite.org/gallery/album/star_collection/star_cluster_/

leur centre, résultant de la fusion de nombreuses étoiles au centre de l'amas. Pas dans tous les cas, toutefois, car la création de nombreuses paires d'étoiles stables peut interrompre la contraction du cœur, à cause de certaines propriétés bizarres de la gravitation. Les observations récentes montrent que le cas le plus fréquent serait celui d'un cœur composé d'étoiles compactes vivant en couple. Mais deux détections récentes montrent que, dans certains cas, c'est bien la solution du trou noir central qui a cours. On connaît au moins deux amas globulaires (M15 dans notre galaxie et G1 dans la galaxie d'Andromède) organisés autour d'une seule masse centrale valant respectivement 4 000 et 20 000 masses solaires. Pas de meilleure explication pour ces masses énormes que celle de trous noirs intermédiaires ayant avalé une grande quantité d'étoiles.

Les trous noirs, qu'ils soient stellaires, géants, supergéants ou intermédiaires, sont par essence irréversibles. Une fois qu'ils sont formés, ils ne peuvent plus disparaître, au contraire ils grossissent sans cesse et accroissent leur influence. En aucun cas ils ne peuvent se désintégrer, la théorie de la relativité générale est formelle là-dessus. En revanche, la description précise de ce qui se passe à l'intérieur pose énormément de problèmes, et c'est le flou total à ce stade. Cet objet irréversible, indestructible et éternel est une pochette-surprise dont on n'est pas près de déballer les petits secrets.

DANS LE TROU NOIR

Pour l'aventurier qui traverserait la frontière du trou noir sans se faire écarteler, l'Univers risque fort de changer de physionomie. Car, une fois franchi l'horizon des événements, il n'y a plus pléthore de trajectoires permises. La chute vers le centre est la seule possibilité. Autrement dit, l'espace n'est plus une entité à trois dimensions dans lesquelles on peut se déplacer librement. Il devient une droite à une seule dimension qui ne peut être parcourue que dans un sens, exactement comme… le temps ! Si vous avez franchi l'horizon d'un trou noir, vous êtes forcé dans l'espace comme vous l'êtes dans le temps, jusqu'au moment où vous atteignez la singularité centrale. Vous n'aurez pas vraiment le temps d'en faire des traités philosophiques, car le trajet est court : pour un trou noir de 10 masses solaires, il ne prendrait qu'un dix millième de seconde. Dans un trou noir géant tapi au centre d'une galaxie, la balade serait plus longue, aux alentours d'une heure. Et ensuite ? Ensuite, nous ne pouvons rien dire...

L'étude de l'environnement immédiat des trous noirs, comme nous l'avons vu, est à notre portée et permet d'expliquer tout un ensemble de phénomènes astronomiques qui paraissaient mystérieux. Mais ce qui se passe à l'intérieur d'un trou noir restera pour longtemps, et peut-être pour toujours, entièrement inconnu. Aucun type d'observation ne semble accessible, puisqu'un trou noir ne prête le flanc à aucune détection, aucune mesure. Incolore, inodore, insipide, inaudible, invisible, le trou noir est l'être le plus introverti de l'Univers. Pour en avoir le cœur net, il faudrait aller voir sur place, avec une sonde par exemple, ce qui, outre la durée du trajet, ne nous avancerait guère, puisque aucun retour de matière ou d'information n'est par principe possible. Les questions sont pourtant légion. Où va la matière qui tombe dans un trou noir ? Y a-t-il un fond ? De quelle nature est cette déformation radicale du tissu élastique ? S'agit-il d'une courbure infinie ?

En mathématiques, une valeur infinie apparaissant dans un continuum s'appelle une « singularité ». La théorie de la relativité générale prédit que, dans les configurations les plus simples, par exemple si l'on postule un trou noir sphérique qui ne tourne pas sur lui-même, la déformation va engendrer un nœud qui « étrangle » l'espace-temps. La matière s'accumule indéfiniment et irréversiblement dans ce nœud. Mais l'idée de voir des quantités infinies de matière s'entasser dans un volume nul est une horreur sans nom pour les physiciens – et pour l'homme de la rue tout autant. C'est pourquoi l'on planche sur des scénarios plus plausibles. On pourrait supposer que la théorie de la gravitation au voisinage du nœud doive être modifiée, parce que la gravité deviendrait répulsive par exemple et permettrait à la matière de rebondir au lieu de s'entasser indéfiniment – on pourrait alors avoir une sorte de pulsation de matière à l'intérieur du trou noir. Ce qui était il y a quelques années seulement pure spéculation est en train de prendre consistance avec les tout nouveaux calculs effectués dans le cadre de la théorie de la gravitation quantique – l'une des voies d'approche pour unifier la relativité générale et la mécanique quantique (voir la troisième partie). Dans cette théorie, l'espace serait formé de grains minuscules mais pas infiniment petits, en conséquence de quoi sa courbure ne pourrait pas devenir infiniment grande ; dans un trou noir, l'écrasement de la matière et de l'espace se heurterait à une valeur finie, quoique très élevée, de la courbure, et s'inverserait pour donner lieu à un rebond.

Cependant, toutes les étoiles tournent sur elles-mêmes, les étoiles à neutrons tournent même très vite, comment donc les trous noirs, du moins ceux formés à partir d'étoiles effondrées, ne tourneraient-ils pas sur eux-mêmes ? De fait, la relativité générale calcule que l'intérieur d'un trou noir en rotation n'est pas bouché par une singularité en forme de nœud, mais en forme d'anneau couché dans le plan équatorial. Du coup, il existe des trajectoires au sein du trou noir qui peuvent éviter le crash soit en survolant l'anneau singulier, soit en passant carrément au milieu (en évitant soigneusement de toucher le bord).

Dans ces conditions, une autre voie de recherche, attirante car elle ouvre des perspectives très riches quoique spéculatives, est l'idée que le fond du trou noir en rotation n'est pas bouché, mais communique avec une autre région de l'Univers par une sorte de tunnel. On a baptisé « trous de ver » ces tunnels hypothétiques, pour évoquer les galeries creusées par les vers dans une pomme – ce fruit succulent et excellent pour la santé qui est devenu le symbole de la gravitation depuis que Newton en aurait reçu un sur la tête. Le trou noir agirait comme un ver d'espace qui fore à belles dents. Le tunnel peut déboucher quelque part dans notre Univers, voire, selon d'autres théories, dans d'autres Univers. Nous verrons dans la troisième partie comment certains scénarios scientifiques – et non de science-fiction – envisagent une multiplicité d'Univers. Certains pourraient être connectés par ces mystérieux trous de ver. On peut aussi imaginer des structures inverses des trous noirs, des « fontaines blanches » d'où jaillit la matière engloutie par les trous noirs, et dans ce cas le Big Bang pourrait être une immense fontaine blanche. Celle-ci serait connectée – qui sait ? – à un trou noir colossal d'un autre Univers qui aurait déversé une partie de sa matière dans le nôtre. Et nous alimentons peut-être à notre tour d'autres Big Bang avec nos trous noirs. De trous noirs en fontaines blanches, reliés par des trous de ver, on en viendrait ainsi à fabriquer des Univers en cascade. Et, si le dernier était connecté au premier, la boucle serait bouclée. D'où vient la matière ? Elle tourne en rond. Pure hypothèse, bien sûr.

LES TROUS DE VER

Un trou de ver pourrait connecter le trou noir et la fontaine blanche. Le trou absorbe la matière, la fontaine la rejette. Le trou est noir parce que la lumière s'y engouffre, la fontaine est blanche parce que la lumière en sort. Ce ne sont pas des idées en l'air mais des solutions exactes de la relativité générale susceptibles de décrire la structure interne d'un trou noir. Mais, précisons-le, ce n'est pas parce qu'on trouve une solution mathématique aux équations de la physique qu'elle est effectivement réalisée dans la nature. Le nombre de solutions mathématiques possibles est généralement infini. Il n'empêche, quand cette solution a été découverte, dans les années 1970, elle a suscité un enthousiasme général, d'abord chez les chercheurs eux-mêmes, ensuite chez les auteurs de science-fiction qui avaient lu les premiers articles à ce sujet – comme Arthur C. Clarke, le scénariste du célébrissime *2001, l'odyssée de l'espace*. Les trous de ver ont enflammé les imaginations parce qu'ils fournissent d'extraordinaires raccourcis d'espace-temps. En effet, ils modifient la topographie de l'Univers en créant des connexions directes entre des points éloignés. Si deux points sont séparés par 20 années-lumière, il vous faut en principe beaucoup de temps pour aller de l'un à l'autre. Mais si vous empruntez le trou de ver, il vous faudra peut-être une heure, et vous aurez apparemment parcouru les 20 années-lumière, tout simplement parce que vous avez trouvé une voie qui replie l'Univers sur lui-même et constitue un raccourci. Si l'Univers était une feuille de papier, le trou de ver serait un chemin qui ne passe pas par la surface mais relie directement deux points l'un à l'autre comme si la feuille de papier était pliée en deux, et ces deux points, superposés.

Notez bien que vous n'aurez par pour autant voyagé à une vitesse supérieure à celle de la lumière. La traversée d'un trou de ver obéit aux lois de la relativité et se fait à une vitesse inférieure. Simplement (mais c'est déjà beaucoup !), la distance à parcourir en suivant le trou de ver est beaucoup plus courte que dans l'espace normal. C'est la géométrie de l'Univers qui est déformée par le trou de ver, non la vitesse du voyageur.

On comprend l'enthousiasme des écrivains de science-fiction, évidemment, à l'idée de s'affranchir enfin des immenses distances interstellaires qui semblaient interdire à tout jamais de rejoindre une autre étoile dans la durée d'une vie humaine. La possibilité de tels voyages prenait enfin un début d'assise scientifique. Et l'on pouvait rêver non seulement de voyages dans l'espace, mais également dans le temps, puisque ce qui est déformé dans un trou noir n'est pas seulement l'espace, mais l'espace-temps. Il est donc possible d'envisager des raccourcis dans le temps également. À la limite, sur le plan des équations, rien n'empêche d'imaginer des boucles temporelles, c'est-à-dire des possibilités de retourner vers son propre passé. Il y a toutefois de nombreux problèmes logiques qui surgissent. Tout le monde connaît les paradoxes du voyage dans le temps. Quelqu'un qui retournerait dans le passé et supprimerait l'inventeur de la machine à voyager dans le temps, ou bien l'un de ses propres ancêtres, supprimerait du même coup le futur dont il vient. C'est une vraie limite logique à ce type de théorie, mais les physiciens, plutôt que renoncer complètement à explorer cette voie, préfèrent évoquer des hypothèses de censure, c'est-à-dire des phénomènes physiques encore inconnus qui interdiraient ce genre d'interférence malheureuse.

Peut-être existe-t-il des garde-fous qui bannissent la contradiction et empêchent l'autodestruction des voyageurs imprudents. Peut-être un voyageur pourrait-il, dans le passé, modifier uniquement ce qui n'aura aucun impact sur le présent (la coiffure de Jules César, oui, mais ses victoires, non). Le présent serait auto-immunisé, isolé hermétiquement de ses propres actions dans le temps, comme quelqu'un qui peut chatouiller quelqu'un d'autre mais ne peut pas se chatouiller lui-même.

Ou encore, pour garantir physiquement cette immunité, pas de meilleure solution que celle-ci : la seule zone accessible aux voyages dans l'espace-temps serait sans connexion causale avec le présent, c'est-à-dire les endroits qui n'ont pas pu communiquer avec la Terre durant le laps de temps remonté lors du voyage. Car toute influence causale est nécessairement véhiculée à une vitesse inférieure ou égale à celle de la lumière. Pour un voyage d'un an dans le passé, vous aurez accès à toutes les zones qui sont plus éloignées de la Terre qu'une année-lumière. Ainsi, vous serez dans l'impossibilité de modifier le présent. Même si vous envoyez un message ou un missile nucléaire en direction de la Terre, il arrivera au bout de plus d'un an, c'est-à-dire dans votre futur et non dans votre présent. Et, pour le futur, tout est permis. Y supprimer ses propres descendants ou même la Terre entière est sans doute un problème moral, mais pas un problème logique.

De même, pour un voyage de mille ans en arrière, vous aurez accès à toutes les zones éloignées de plus de 1 000 années-lumière. Et ainsi de suite, vous serez obligé d'aller d'autant plus loin de la Terre que vous remontez loin dans le temps. Et cela suffirait à garantir l'impossibilité de modifier le présent de la Terre.

Malheureusement, d'autres limites, plus techniques que logiques, semblent encore insurmontables. On a montré par exemple que, même si des trous de ver pouvaient se former dans des conditions « idéales », ils ne vivraient que très peu de temps. Car les conditions ne peuvent pas rester idéales, il y aura tôt ou tard de petites perturbations, il suffirait par exemple qu'un électron, un photon, un grain de sable, pire encore, une fusée, pénètre dans le trou de ver pour en modifier complètement la structure et le détruire aussitôt. En effet, en vertu de la relativité, en acquérant de la vitesse les intrus augmenteraient leur masse, laquelle engendrerait à son tour un champ de gravité perturbateur. On peut donc penser que ces raccourcis d'espace-temps n'existent pas en pratique, même s'ils représentent des solutions mathématiques exactes des équations d'Einstein. Et Stephen Hawking propose cette simple démonstration logique, qui n'est pas seulement une boutade : « La meilleure preuve que les voyages dans le temps sont impossibles est que nous ne sommes pas envahis par des hordes de touristes venus du futur. » Mais ce pourrait être aussi bien la preuve que l'humanité a disparu avant de parvenir au niveau technologique suffisant. Ou bien : ils sont là, mais on ne les voit pas. La panoplie de l'homme invisible est peut-être devenue abordable en même temps que le voyage dans le temps, et ils déambulent parmi nous en se tenant les côtes de rire. S'ils ont encore des côtes à cette époque-là.

Ou encore, comme on l'a dit plus haut, on découvrira que les voyages dans le temps sont assortis d'une contrainte d'éloignement dans l'espace. Dans ce cas, nos touristes du futur devraient se trouver sur Aldébaran ou Bételgeuse, la Terre leur étant interdite. Mais cela n'expliquerait pas pourquoi nous ne voyons pas de Rigéliens ou d'Altaïriens du futur se balader chez nous avec leur appareil photo.

MICROTROUS NOIRS ET TROUS DE VER

Qu'est-ce qu'un trou noir ? Un gros tas de matière ultraconcentrée. Mais que se passerait-il si l'on avait un petit tas de matière ultraconcentrée ? On aurait un trou noir nain.

Certains théoriciens pensent que ces bêtes-là existent. Ces trous noirs microscopiques se seraient formés non pas lors de l'effondrement d'étoiles, mais dans les premières secondes de l'Univers, juste après le Big Bang. Dans les conditions fracassantes de l'époque, il aurait pu se former des myriades de microtrous noirs plus petits qu'un noyau atomique. À cette échelle-là interviendraient certains phénomènes de physique quantique, absents dans les trous noirs classiques, qui pourraient garantir la stabilité relative d'assemblages tels que des microtrous noirs reliés à des microfontaines blanches par des microtrous de ver. Ces structures pourraient se former et survivre quelques fractions de seconde, ce qui est fort long pour des phénomènes quantiques, et, pendant cette fraction de seconde de stabilité, des particules élémentaires pourraient s'engouffrer dans le trou de ver, remonter dans le temps et déboucher dans d'autres régions de l'Univers. Un physicien très sérieux, Richard Feynman, a même suggéré que l'espace-temps fût entièrement formé de microtrous noirs et de microtrous de ver interconnectés et l'Univers, constitué d'une seule particule élémentaire, un seul électron, occupé à voyager comme un fou dans le temps et dans l'espace. Cet électron unique emprunterait tous les chemins possibles entre tous les microtrous de ver et il nous apparaîtrait sous la forme de plusieurs milliards de milliards de particules différentes alors que ce serait toujours le même. Un peu comme si un client unique avait loué toutes les chambres d'un hôtel et parvenait à les occuper simultanément, car, chaque fois qu'il en a occupé une pendant une nuit, il déclenche sa machine à voyager dans le temps, se projette en arrière et se présente à nouveau à la réception pour occuper la suivante. Ou, encore, comme si l'esprit humain n'existait qu'en un seul exemplaire mais apparaissait dans 7 milliards de véhicules différents, moyennant autant de boucles temporelles. Un seul esprit et 7 milliards de miroirs ambulants, au moins cette conception tendrait-elle à rendre l'humanité moins belliqueuse, car ce que vous feriez à autrui, ce serait en vérité à vous-même que vous le feriez.

Dans un microtrou noir, le grossissement par absorption de matière est négligeable car le rayon d'action est bien trop petit. Il n'y a rien à se mettre sous la dent à cette échelle-là, le monde atomique étant essentiellement constitué de vide. Il y a proportionnellement beaucoup plus d'espace vide dans un atome que dans un système stellaire ou une galaxie, c'est dire ! En revanche, des phénomènes quantiques obligent les microtrous noirs à perdre de la matière – on dit qu'ils « s'évaporent ». Lorsqu'il fit cette découverte théorique, Stephen Hawking la trouva si saugrenue qu'il refit plusieurs fois tous les calculs. Mais le résultat s'incrusta. Un microtrou noir s'évapore en émettant des particules. Il s'évapore d'autant plus rapidement que sa masse est plus faible. Un trou noir de 1 tonne doit s'évaporer en un dix milliardième de seconde, un trou noir de 1 million de tonnes subsiste trois ans, et un trou qui pourrait vivre plus de 14 milliards d'années (condition *sine qua non* pour que nous puissions l'observer aujourd'hui) doit avoir au minimum 1 milliard de tonnes. Et il s'agit toujours de trous noirs de calibre minuscule comparé à celui de leurs grands frères astronomiques (dont les plus petits valent au moins 3 masses solaires). Un microtrou noir de 1 milliard de tonnes, c'est la masse d'une montagne ou d'un astéroïde de quelques kilomètres, mais concentrée dans le volume d'un seul proton.

Ces microtrous noirs sont-ils répandus autour de nous ? La question est ouverte, et la chasse aussi. La fin de l'évaporation d'un tel microtrou noir devant se solder par un rayonnement très énergétique qui serait détectable à 30 années-lumière à la ronde, tous les espoirs sont permis. Reste à reconnaître leur signature dans le brouhaha des rayonnements cosmiques – un travail d'autant plus exténuant qu'on ne sait pas très bien à quoi ce rayonnement doit ressembler.

Mais il y a une autre voie d'approche, beaucoup plus directe : quitte à chercher quelque chose, pourquoi ne pas le fabriquer nous-mêmes ? Le Big Bang, les galaxies, les étoiles et même la plus chétive planète sont autant de phénomènes qui nous dépassent complètement ; inutile de rêver à la moindre expérience grandeur nature sur ces sujets écrasants. Mais un tout petit microtrou noir de rien du tout, ne pourrait-on pas arriver à se l'offrir ? L'énergie nécessaire pour en produire un de la variété la plus petite serait-elle accessible dans l'accélérateur de particule LHC du CERN[10] en cours de rodage ? Deux protons extrêmement accélérés, au point d'atteindre dix mille fois leur énergie habituelle, ne pourraient-ils pas, lorsqu'ils entrent en collision, fusionner en un microtrou noir artificiel ? Cela a en effet été envisagé, mais il faudrait que certaines hypothèses théoriques extrêmement invraisemblables soient vérifiées. En effet, dans le cadre normal de la relativité générale, les énergies atteintes au CERN seront de très loin insuffisantes pour fabriquer même le trou noir le plus petit. Mais, si on remplace cette théorie par une version très spéciale de la théorie des cordes (théorie qui a pour ambition de remplacer la relativité générale pour décrire la gravitation à très petite échelle, voir plus loin), on a une chance réelle de voir se former des trous noirs microscopiques et très éphémères : ils s'évaporeront

10. http://public.web.cern.ch/Public/fr/LHC/LHC-fr.html

en une fraction de seconde, laissant une signature explosive, et ce, au rythme de un par seconde environ. Ce serait une avancée spectaculaire, confirmant d'une expérience deux hypothèses : les microtrous noirs et la théorie des cordes.

À l'annonce de ce projet, un vent de panique s'est levé dans les médias friands d'annonces sensationnelles, s'inquiétant qu'un microtrou noir créé artificiellement sur Terre risque d'engloutir la planète tout entière. Puisque l'évaporation d'un microtrou noir n'a jamais été observée, disent-ils, comment être sûr que celle-ci aura bien lieu ? Le trou noir ne pourrait-il pas faire de la Terre un bon casse-croûte ?

Outre les arguments théoriques qui interdisent cette éventualité, notamment le rayon d'action microscopique et le fait qu'un trou noir ne peut pas avaler de la matière à un taux arbitrairement grand, il convient de remarquer que les conditions prévues pour fabriquer ces microtrous noirs se retrouvent à l'identique dans la haute atmosphère, lorsque des rayons cosmiques très énergétiques percutent les noyaux atomiques. Et, si des microtrous noirs sont créés par ces collisions, il est manifeste qu'ils n'ont pas encore mastiqué la Terre !

Il faut se rendre à l'évidence : soit ces trous noirs minimes existent, et dans ce cas ils existent depuis longtemps sans avoir nui en quoi que ce soit au destin de la Terre, soit ils n'existent pas, et nous ne sommes pas près de parvenir à les fabriquer. Dans les deux cas, le risque est nul.

TROISIÈME PARTIE

Nouvelles internationales : les galaxies et l'Univers

1

LES GALAXIES

Maintenant que nous connaissons bien les faits et gestes des étoiles, nous voudrions comprendre dans quel panorama général s'inscrivent leurs prestations. Peut-on savoir pour quel genre de film elles déploient les grandes scènes de leur répertoire : naissance nébuleuse, vie dispendieuse, mort spectaculaire, recyclage des cadavres ?

Répondre à cette question requiert une longue et acrobatique enquête, à la limite de l'insensé. Demande-t-on au plancton de dresser une carte de l'océan ? Non, il flotte, insouciant. L'humain, lui, ne se satisfait pas de flotter benoîtement dans l'Univers, il veut percer des mystères de taille XXL et s'échine à déchiffrer ce que lui révèle la minuscule lueur des chandelles.

Grâce aux instruments comme le télescope spatial, en choisissant une toute petite surface du ciel profond, on peut prendre des clichés astronomiques qui moissonnent non pas des champs d'étoiles mais des champs de galaxies. Il s'agit d'un nouveau changement d'échelle par rapport au chapitre précédent. Sur un tel cliché[1], chacun des petits objets détectés n'est pas une étoile, mais une galaxie entière, comparable à la nôtre, comprenant des dizaines de milliards d'étoiles. Et la surface du cliché ne représente qu'une infime portion du ciel, pas plus grande qu'une tête d'épingle tenue à bout de bras. Quelques centaines de galaxies sont visibles, mais il y en a des dizaines de milliers, extrêmement lointaines, qu'on devine tout juste à l'arrière-plan sous forme de grains légèrement colorés. On peut

1. http://antwrp.gsfc.nasa.gov/apod/ap040309.html

dire que chaque pixel de l'image recouvre une galaxie. L'Univers est tellement dense en galaxies que, vues de loin, elles forment une tapisserie continue. On estime qu'il y a 100 à 200 milliards de galaxies dans la région de l'Univers qui nous est accessible et qu'on appelle « l'Univers observable ».

Réalisez bien ce qui se passe. Nous nous trouvons dans une société d'étoiles en forme de roue, la Voie lactée. Toutes les étoiles que nous voyons à l'œil nu font partie de cette roue. Mais, lorsqu'on pointe un télescope entre elles – sur une partie « noire », donc –, on découvre que l'arrière-plan contient des objets très lointains qui sont d'autres galaxies. Et il y en a tellement qu'elles couvrent toute la surface disponible. Le fond du ciel, qui paraît noir, est en fait un tapis serré de minuscules lueurs. Chaque point cache un bouquet d'étoiles perché à plus ou moins grande distance de nous.

C'est le deuxième grand zoom arrière de notre randonnée dans le cosmos. Lors du premier, nous étions sortis du système solaire pour constater que celui-ci faisait partie d'une roue immense, la Voie lactée, contenant 100 milliards d'autres étoiles. Cette fois, nous sortons de la grande roue pour constater qu'elle fait partie d'une mégastructure colossale, l'Univers, contenant plus de 100 milliards d'autres galaxies. Nous allons maintenant nous intéresser à cette mégastructure, nous demander comment elle est organisée et quel est le destin des galaxies qui la composent. Ont-elles aussi une naissance, une vie, une mort ? Quelles sont les relations entre elles ? Forment-elles des sociétés à leur tour ? Quel motif compose le tableau global de l'Univers ? Une grappe ? Une guirlande ? Un grand-huit ? Un pied de nez ?

Les galaxies sont de formes et de couleurs diverses. Les plus proches de nous se situent à quelques dizaines de millions d'années-lumière, et les plus lointaines, à plus de 10 milliards. Les seules visibles à l'œil nu sont la galaxie d'Andromède dans l'hémisphère Nord et les deux Nuages de Magellan dans l'hémisphère Sud, qui apparaissent sous forme de petites taches floues. Vous les verriez, vous seriez tenté de hausser les épaules. Ces maigres halos diffus et peu lumineux ne ressemblent à rien ; c'est vraiment l'une des choses les moins spectaculaires qu'on puisse voir dans un beau ciel d'été – et seulement sans

Lune ni pollution lumineuse. Ce sont pourtant les seules preuves directes de la profondeur réelle de l'Univers, les seuls messages extragalactiques offerts à nos faibles pupilles. Pour les Robinsons que nous sommes, Andromède et Magellan sont les seuls signaux provenant d'une autre île que la nôtre.

Au XVIIIe siècle, les astronomes avaient déjà repéré à travers la lunette quelques objets flous, qu'ils ont nommés « nébuleuses » en raison de leur aspect diffus, et de leur mystère qui ne l'était pas moins. Ils ne savaient pas s'il s'agissait d'objets proches dans notre Voie lactée ou bien de galaxies extérieures. Ce n'est qu'en 1925 qu'elles furent identifiées de façon sûre comme d'autres galaxies, par Edwin Hubble.

Dès ce moment, c'est en observant ces autres galaxies qu'on a pu se faire une impression de la nôtre. Difficile en effet de saisir ce dans quoi l'on est profondément immergé ; mais, en voyant un autre exemple, on est mieux informé. De même que, sans miroir, vous testerez sur quelqu'un d'autre le chapeau que vous voulez acheter, ainsi les galaxies voisines nous ont-elles renseignés sur la nôtre.

Types de galaxies

Chaque galaxie est unique en taille, en forme et en aménagement intérieur, mais, l'esprit humain ayant besoin de ranger les objets singuliers dans des catégories, on distingue en gros trois types de morphologies galactiques : spirales, elliptiques et irrégulières. Un peu comme on dirait les blondes, les brunes et les rousses.

Les *galaxies spirales*, comme la Voie lactée, comportent un disque, un bulbe et un halo[2]. Le disque est structuré en plusieurs bras spiralés. Parfois, ces bras s'attachent sur une barre centrale, on parle alors de « spirales barrées ».

2. Splendide galerie d'images sur http://hubblesite.org/gallery/album/galaxy_collection/spiral_/

Les *galaxies irrégulières*, comme les Nuages de Magellan, sont aplaties mais moins structurées, un peu comme des spirales sans bulbe et sans halo[3].

Les *galaxies elliptiques*, au contraire, présentent un gros bulbe, un gros halo et pas de disque[4]. Ce sont des galaxies épaisses, dont la forme va de la sphère à la savonnette. Les elliptiques peuvent être colossales, jusqu'à cinq ou six fois la Voie lactée, ou au contraire très petites, auquel cas elles sont souvent satellisées autour de galaxies plus grandes, spirales ou elliptiques géantes.

Les galaxies elliptiques contiennent beaucoup moins de gaz que les autres. On pense que la production d'étoiles a été très précoce dans ces galaxies, consommant tout le gaz et l'empêchant de s'aplatir en disque (car c'est la gravitation interne au nuage de gaz qui cause cet effondrement). Les galaxies elliptiques auraient donc des caractères impatients, fabriquant dès la première heure des étoiles à un taux si élevé que le gaz s'épuise littéralement avant qu'un disque ne puisse se former. Les spirales, au contraire, auraient connu un démarrage moins précipité, conduisant à l'aplatissement du disque avant la phase de production massive d'étoiles. Quand le taux de natalité stellaire est plus faible, le gaz en rotation s'aplatit sous son propre poids avant de se condenser localement. Se condenser avant de s'aplatir ou s'aplatir avant de se condenser, *that is the question* pour les galaxies.

Quant aux irrégulières, elles figureraient un cas intermédiaire, ne sachant choisir entre les deux stratégies et faisant les deux à la fois.

Mais nous allons voir que la forme des galaxies n'est pas seulement due à leur métabolisme interne. Les rencontres qu'elles feront après leur naissance joueront un rôle déterminant dans leur destin.

Certaines galaxies présentent des caractéristiques particulières, telle une population de top models qui se remarquent de

3. Galerie d'images sur http://hubblesite.org/gallery/album/galaxy_collection/irregular_/

4. Galerie d'images sur http://hubblesite.org/gallery/album/galaxy_collection/elliptical_/

loin. Ce sont les *galaxies à noyau actif*[5], des galaxies dont le noyau est extrêmement dense et lumineux (cent mille fois plus brillant que celui de la Voie lactée). Leur puissance de rayonnement serait due à la présence d'un trou noir supergéant qui absorbe de grandes quantités de gaz, qui s'échauffe violemment et brille avant de disparaître dans le puits gravitationnel.

Parmi elles, les *quasars* sont les plus puissants phares de l'Univers. Quant aux *radiogalaxies*, elles émettent des jets de gaz jusqu'à des milliers d'années-lumière de distance. Elles sont aussi centrées sur un trou noir géant en rotation rapide qui absorbe de la matière à l'équateur et en recrache une partie dans l'axe des pôles en un puissant faisceau détectable en ondes radio et infrarouge.

Reconnaissons que, pour un astre invisible, le trou noir est décidément la cause de bien des flonflons spectaculaires.

La matière des galaxies

En première approche, les galaxies apparaissent comme des lustres suspendus dans le ciel, et il est bien normal que les astronomes se soient d'abord intéressés aux sources de leur éclat : les étoiles. Mais on s'est aperçu assez vite que celles-ci ne peuvent pas constituer le tout, ni même l'essentiel des galaxies. En effet, leur mouvement au sein des galaxies est anormal. Il ne correspond pas à ce qu'il devrait être si la masse des galaxies se limitait à la somme des masses des étoiles. Celles-ci sont beaucoup trop rapides. À cette vitesse-là, et pour cette masse-là, elles devraient fuser en tous sens comme les gouttes d'eau autour d'un chien qui s'ébroue. Pour expliquer les vitesses de rotation des étoiles sans que la structure se disloque, il faut nécessairement postuler une masse totale très supérieure à la masse visible. Seul un corps en plomb pourrait expliquer que les gouttes d'eau ne quittent pas le chien cosmique. C'est la fameuse énigme de la matière noire.

---

5. Galerie d'images sur http://hubblesite.org/gallery/album/galaxy_collection/quasar_active_nucleus_/

De nombreuses pistes ont été explorées pour débusquer cette matière manquante, qui se résument en deux grands scénarios, devenus complémentaires.

D'une part, il y aurait de la matière noire « ordinaire », composée d'atomes et de molécules classiques, mais qui restent invisibles parce qu'ils ne brillent pas. C'est le cas des nuages de gaz et de poussières, des naines brunes et des planètes, des naines blanches et des naines noires, et enfin des trous noirs.

D'autre part, il y aurait de la matière noire « exotique », qui ne serait pas composée d'atomes ordinaires.

La matière noire ordinaire, on sait qu'il y en a. Notre planète est une grosse boule de matière noire ordinaire ; nous sommes nous-mêmes, ne vous en déplaise, de minuscules grumeaux de matière noire ordinaire. Le problème est de déterminer combien il y en a.

Dans le système solaire, nous savons que le Soleil concentre 99 % de toute la matière ordinaire disponible (soit 99 % de matière brillante pour 1 % de matière noire). C'est pourquoi nous avons pris l'habitude de compter la matière noire ordinaire pour quantité négligeable. Mais ce n'est pas du tout le cas à d'autres échelles de grandeur. À l'échelle des galaxies, il existe, on l'a vu, des nuages de gaz et de poussières qui occupent de vastes espaces vides entre les étoiles. C'est donc vers ces zones vides qu'on a orienté les recherches, ainsi que vers les banlieues des galaxies, ces zones trop peu fournies pour former des étoiles, mais sans doute bien trop pleines pour ne pas peser dans la balance.

Après des années de chasse à la matière noire ordinaire, on a récolté beaucoup d'indices, car cette matière, si elle ne brille pas en lumière visible, émet du rayonnement dans d'autres longueurs d'onde : infrarouge, radio... Un cliché de la galaxie spirale Messier 83, qui mesure quelques dizaines de milliers d'années-lumière dans le visible, révèle une taille cinq fois plus grande lorsqu'on l'observe en ondes radio[6]. Les bras de la galaxie terminés par une raréfaction d'étoiles sont en fait encore lourdement chargés d'une matière non brillante qui pro-

6. Cliché sur http://www.galex.caltech.edu/media/glx2008-01r_img01.html

longe l'enroulement de plusieurs tours. De grandes quantités de gaz et de poussières sont ainsi disséminées sur le pourtour et à l'intérieur de l'espace galactique. La partie visible de la galaxie, simple spirale de lumière, ressemble à une guirlande de lampions incrustée dans un grand carrousel de matière noire. Nous voyons seulement les ampoules, mais c'est toute la masse du carrousel qui tourne et tient ensemble sous l'effet de la gravitation, telle une grande structure en bois soutenant la guirlande.

Finalement, des estimations répétées sur de nombreuses galaxies différentes permettent de fixer la quantité de matière noire ordinaire à environ dix fois la quantité de matière brillante (et cela comprend tous les trous noirs, supergéants et autres, qui sont massifs, mais peu nombreux, et au total ne pèsent pas très lourd). Malheureusement, ce n'est pas suffisant. Cette quantité de matière ne permet toujours pas d'expliquer la dynamique des étoiles au sein des galaxies. Il en faudrait encore dix fois plus !

Il faut donc qu'il y ait de la matière noire exotique. Bien qu'on observe ses effets gravitationnels, on n'a que des hypothèses théoriques sur sa composition. Cette matière noire serait constituée de particules élémentaires d'un type encore inconnu, qui n'émettent ni n'absorbent aucun rayonnement électromagnétique (sans quoi elles nous seraient déjà connues). En étroite union avec la matière ordinaire, cette matière exotique permettrait d'expliquer l'équilibre des galaxies (mais non de l'Univers tout entier, comme nous le verrons plus loin). Encore faut-il mettre la main dessus et célébrer le mariage.

Pendant longtemps, on a cru que le neutrino était le candidat parfait, le modèle du gendre idéal à qui l'on s'apprêtait à ouvrir toutes grandes les portes de la maison. Ces particules émises en rafales lors du Big Bang et dans le cœur des étoiles, et qui n'interagissent avec rien, correspondaient à toutes les exigences, sans qu'on connaisse encore leur masse. On en compte en effet en moyenne quatre cents par centimètre cube d'espace, soit 30 % de plus que de grains de lumière. Il n'en fallait pas plus pour espérer qu'une fois connue la masse des neutrinos allait précisément combler le manque. Hélas ! il n'en est rien. Lorsque la masse des neutrinos a enfin été mesurée, elle était bien trop minime pour satisfaire les projets de mariage. Le candidat ne fait pas le poids. En tout et pour tout, les neutrinos pèsent à peine plus que la moitié de la matière visible, soit une miette de la part manquante.

Il faut chercher ailleurs. Toujours ailleurs. La quête devient exténuante, et la promise, de plus en plus esseulée. On parle beaucoup actuellement du neutralino, une particule prédite par la théorie dite « supersymétrique », mais qui n'a pas encore été détectée. La chasse en est ouverte, dans les accélérateurs de particules.

La matière noire, quelle qu'elle soit, a très probablement présidé à la naissance des galaxies. En effet, insensible au rayonnement, elle a pu commencer à se condenser très tôt après le Big Bang, sous l'effet de la gravitation, alors que la matière ordinaire en était empêchée par ses interactions avec le rayonnement intense de cette époque. Ce n'est que lorsqu'ils ont été suffisamment refroidis que les atomes ont pu commencer à se condenser. Et sans doute l'ont-ils fait alors, tout naturellement, en rejoignant des îlots de matière noire qui s'étaient déjà formés.

Pour le bilan de la matière dans les galaxies, on en arrive donc au tableau suivant : 1 % de matière visible (matière classique brillante, c'est-à-dire les étoiles), 9 % de matière noire ordinaire (matière classique invisible, c'est-à-dire tout le reste) et 90 % de matière noire exotique (particules de type inconnu). 1 % de visible, 9 % d'invisible, 90 % de fantômes.

Ces catégories sont liées, bien sûr, à nos moyens de perception : visible, ce que nous voyons, à l'œil ou au télescope optique ; invisible, ce que nous détectons dans d'autres longueurs d'ondes ; fantômes, ce que nous ne voyons ni ne détectons.

Serions-nous fabriqués autrement, l'Univers serait peut-être sens dessus dessous. Il suffirait que nous ayons des yeux pour les ondes radio ou les rayons X, à l'exclusion du reste, pour que l'Univers nous apparaisse fort différent. Et il y a peut-être, au sein de la matière noire exotique, des civilisations qui se demandent de quoi peuvent bien être faits les 10 % de matière manquante. Au moins sont-ils satisfaits de connaître la plus grande part du monde, tandis que nous, avec nos 90 % d'inconnu, sommes plutôt les dindons de la farce...

À moins que tout ce feuilleton autour de la matière noire ne soit fondé sur un quiproquo ? Certains physiciens commencent à penser que, si les étoiles et les galaxies ont le mouvement qu'elles ont, ce n'est pas parce que leur masse réelle nous échappe, mais parce que les lois de leur mouvement ne sont pas celles que nous croyons.

Les lois de la gravitation qui découlent de la relativité générale (et qui se résument dans la plupart des cas aux lois de Newton) concordent parfaitement avec tous les mouvements observables dans le système solaire. Planètes, lunes, astéroïdes, comètes, satellites, sondes, fusées, missiles, avions, boulets, et jusqu'aux pommes qui tombent, tout cela répond aux calculs à la virgule près. Mais, pour la galaxie dans son ensemble... finalement rien ne permet d'en être sûr. Qui sait si la formule de Newton n'est pas une approximation, valable à notre échelle, d'une loi plus générale qui donne des résultats différents sur les très longues distances ? Ou s'il n'existe pas des champs de force qui deviennent sensibles à grande échelle, lorsque la gravitation est très faible, et qui modifient le mouvement des corps ? Plusieurs tentatives théoriques explorent activement ces hypothèses (MOND, théorie de la dynamique newtonienne modifiée, MOG, théorie de la gravitation modifiée...), mais nous ne sommes pas encore près de transformer ou de jeter aux orties une théorie aussi performante que la relativité générale. À l'heure actuelle, tout incroyable qu'elle soit, l'hypothèse de la matière noire exotique reste la moins coûteuse et la plus plausible pour expliquer les écarts de comportement de la matière dans l'Univers.

Le passé vu dans les galaxies

Rappelons-le encore : quand on étudie un cliché de l'espace lointain, il faut prendre en compte la profondeur temporelle en même temps que la profondeur spatiale. Les rayons lumineux des objets lointains mettent longtemps à nous parvenir. Pour les étoiles de notre galaxie, cela ne produit qu'un décalage de quelques années ou quelques siècles. Une étoile ne change pas sur ce laps de temps (sauf si elle explose en supernova), et l'image que nous en recevons nous donne une information quasiment à jour. Mais, quand nous observons des galaxies qui se trouvent à 5 milliards d'années-lumière, nous les observons telles qu'elles étaient il y a 5 milliards d'années, c'est-à-dire considérablement différentes. À cette époque, notre Terre était encore dans les limbes !

Sur un cliché du ciel lointain[7], toutes les profondeurs sont écrasées et mises côte à côte. Pourtant, chaque galaxie du cliché se trouve à une distance différente des autres, et donc à une époque différente. Sont ainsi juxtaposés des objets photographiés tels qu'ils étaient il y a 1 million d'années, 100 millions d'années, 1 milliard d'années... Des tranches d'espace et des tranches de temps se trouvent assemblées par le hasard de notre point de vue particulier dans l'espace. C'est tout le concept d'image qui s'en trouve modifié.

Sur Terre, toute image (perçue par l'œil ou fixée sur photo) est toujours un instantané-simultané, en raison de la vitesse élevée de la lumière : 300 000 km/s. Les objets juxtaposés sont donc saisis à la même fraction de seconde. Mais, dans le ciel, il en va différemment ; il est si grand que la vitesse de la lumière fait figure d'escargot pour le parcourir. Toute image du ciel profond est donc un patchwork dont chaque source est saisie à un moment différent. C'est un paysage qui possède des milliers de profondeurs différentes, à la fois dans l'espace et dans le temps. Un montage arbitraire, dû au hasard de notre position. Si la galaxie d'Andromède nous paraît vieille tandis que la galaxie Goods 850-5 nous semble très jeune, c'est parce que nous sommes à proximité d'Andromède. Pour un observateur proche de Goods 850-5, c'est elle qui paraît vieille tandis qu'Andromède semble très jeune. La vérité, c'est que toutes les galaxies sont vieilles (elles sont toutes nées à peu près à la même époque, il y a 12 milliards d'années), mais celles qui sont lointaines n'ont pas encore pu nous le faire savoir. Elles nous paraissent jeunes parce que leur lumière est vieille.

---

7. http://hubblesite.org/gallery/album/the_universe_collection/distant_galaxies_/pr2004028b/large_web

Certains objets, les plus éloignés, nous ramènent aux époques les plus précoces de l'Univers. La lumière qui nous en parvient a été émise il y a 10 ou 12 milliards d'années, quand l'Univers était encore gamin. Elle nous donne donc des informations directes sur le passé très ancien, et c'est grâce à cela que nous pouvons faire de la cosmologie, c'est-à-dire étudier l'histoire de l'Univers dans son ensemble.

Le passé des galaxies lointaines est donc accessible à l'observation directe, contrairement à celui de la Terre, où nous devons procéder par déduction à partir de traces fossiles. Pour les galaxies, nous voyons leur passé comme si nous y étions. Il se déroule pour nous au présent. Les astronomes se trouvent dans la situation de rêve d'un historien qui pourrait coller son œil sur un appareil et voir, de ses yeux voir, Louis XIV, puis Jules César, puis Ramsès II, puis l'homme de Cro-Magnon, puis les dinosaures, au fur et à mesure qu'il dirige sa lunette vers des sources plus éloignées. Bien sûr, la source est de plus en plus faible, presque imperceptible, il faut donc fabriquer des détecteurs d'une sensibilité de princesse. Mais la technique progresse sans arrêt, et nous creusons des tunnels de plus en plus profonds vers le passé de l'Univers.

Ainsi se manifeste depuis quelques décennies un fait totalement révolutionnaire : contrairement à ce qu'on a cru pendant des millénaires, l'Univers n'est pas immuable. Il a traversé des phases d'évolution très marquées : naissance, enfance, jeunesse, maturité... pour dire les choses en termes anthropocentriques. L'Univers change, évolue, vieillit. Il va d'un état A vers un état B. Bien sûr, cela n'a pas de sens précis de dire que l'Univers est vieux aujourd'hui, ou qu'il était jeune il y a 12 milliards d'années. Jeunesse et vieillesse sont des concepts attachés au vivant. L'Univers est simplement différent, et dans cette différence sont inscrits les effets du passage du temps. La *cosmologie* est la science qui a pour ambition d'étudier, de décrire et d'expliquer l'évolution spectaculaire qu'a connue l'Univers en un peu moins de 14 milliards d'années.

La répartition des galaxies

Comment les galaxies s'organisent-elles dans l'espace ? Sont-elles réparties au hasard, comme des raisins dans un cake ? Sont-elles réparties selon une grille et de façon homogène, comme les cristaux dans un sel ou les arbres dans un verger ? Ou bien sont-elles réunies en grappes, à la manière des étoiles regroupées en elles ? Et, dans ce cas, les grappes sont-elles à leur tour réparties de façon aléatoire, ordonnée, ou par paquets ?

C'est une question qui demande des moyens d'investigation énormes. Et, de nouveau, c'est d'abord en lorgnant ailleurs, en répertoriant et en cartographiant les galaxies lointaines, qu'on a pu recueillir des indices sur ce qu'il en est pour nous.

Le résultat de ces enquêtes titanesques a le mérite d'être très clair : les galaxies ne sont pas réparties au hasard. Elles forment des grappes appelées *amas de galaxies*. Et ces amas eux-mêmes forment des groupes d'amas appelés *superamas*. Tout ce qui est petit est joli, et tout ce qui est grand est super.

Les amas n'ont pas de forme ni de structure marquées[8]. Ce sont des groupes sans rangement interne, comme des attroupements de badauds dans la rue. Les amas peuvent compter jusqu'à dix mille galaxies, et les superamas, plus de cent mille, qui s'étendent sur des zones de quelques centaines de millions d'années-lumière.

Voyez comme les structures se simplifient : il faut 100 milliards d'étoiles pour faire une galaxie, mais seulement mille galaxies pour faire un amas, et dix ou cent amas pour faire un superamas.

On ne connaît pas de groupement d'échelle supérieure. Les superamas ne se rassemblent pas en hyperamas. En revanche, ils sont disposés selon des sections aplaties et forment des murs interconnectés, un peu comme les parois des bulles dans une mousse de savon, qui entourent de grands espaces vides. Au

8. Galerie d'images sur http://hubblesite.org/gallery/album/galaxy_collection/cluster_/

bout du compte, à force de zooms arrière, il arrive un moment où la matière arrête de se grouper en paquets et se met à faire de la dentelle. Nous y reviendrons, mais visitons d'abord les paquets de galaxies.

Attention, les amas de galaxies ne doivent pas être confondus avec les amas globulaires, qui sont des groupes d'étoiles présents dans le halo de la galaxie – et dont nous avons déjà dit qu'ils étaient le siège des trous noirs intermédiaires. Les amas dont on parle ici sont bien des groupes de galaxies, et non des groupes d'étoiles, tâchons de ne pas mélanger les niveaux.

Notre galaxie, la Voie lactée, appartient à l'amas de la Vierge (nommé aussi « Virgo »), qui compte environ deux mille membres. L'amas de la Vierge est lui-même situé au centre du « Superamas Local », dix mille galaxies, s'il vous plaît, réparties en une centaine d'amas. Pour vous donner une idée des ordres de grandeur concernés, disons que, du point de vue de la masse, les amas et superamas galactiques sont aux humains ce que les humains sont aux particules élémentaires. Virgo vous domine autant que vous dominez chacun de vos protons.

Les amas sont donc de vastes nuages de galaxies qui occupent des volumes considérables. Les galaxies ont tendance à y tourner autour d'un centre de gravité commun, car elles sont liées entre elles par leur influence gravitationnelle. Tout comme les étoiles au sein d'une galaxie sont retenues par la masse des autres étoiles, les galaxies au sein d'un amas sont retenues par la masse des autres galaxies. Newton aurait dit qu'elles sont attirées les unes par les autres, mais après Einstein on dira plutôt qu'elles obéissent aux déformations de l'espace imprimées par les masses voisines.

C'est évidemment le cas pour notre galaxie, qui fait partie d'un sous-groupe de l'amas Virgo, formé d'une quarantaine de galaxies et nommé « Groupe local ». Il forme une sphère de 2 à 3 millions d'années-lumière de rayon. Dans ce sous-groupe, deux membres sont plus influents que les autres, ce sont la Voie lactée et la galaxie d'Andromède, une grosse galaxie voisine et analogue à la nôtre[9]. Leur interaction gravitationnelle

---

9. http://www.astrosurf.com/nico-outters/astro/galaxie%20d%20andromede%20tec-fli.htm

est telle qu'elles se rapprochent l'une de l'autre à une vitesse de 300 km/s, chacune tombant dans la courbure creusée par l'autre. Vers quel destin foncent-elles à cette allure démentielle ? La réponse viendra dans un instant. Les autres galaxies du Groupe local sont des galaxies naines, d'environ 100 millions d'étoiles (contre 100 milliards pour les grandes).

Les galaxies naines étant peu lumineuses, elles sont logiquement difficiles à détecter et sont restées sous-représentées dans nos catalogues. La théorie de la formation des galaxies prévoit toutefois qu'elles devraient être cent fois plus abondantes que les grandes galaxies. Cependant, si notre Groupe local affiche sa quarantaine de galaxies naines (toutes sauf trois), on échoue encore aujourd'hui à détecter dans les amas voisins les galaxies naines en proportions souhaitables, même avec les instruments les plus puissants. C'est l'une des questions intrigantes de la cosmologie actuelle.

Une explication possible résiderait dans la tendance à édifier secondairement de grandes galaxies. L'étude du ciel profond a montré que, dans un passé très lointain, les galaxies naines étaient monnaie courante. Dans l'Univers âgé d'un seul milliard d'années, le télescope spatial Hubble détecte surtout des galaxies de masse cent à mille fois plus faible que la Voie lactée. Et, surtout, on observe de nombreuses interactions et collisions entre elles. Il semble à peu près assuré aujourd'hui que les galaxies grandes et structurées se sont formées par fusions successives de galaxies naines qui auraient servi de briques de base.

C'est aussi une autre piste pour expliquer la physionomie particulière des galaxies elliptiques. Plutôt que d'impatientes qui auraient consommé tout leur gaz avant de s'aplatir, il s'agit peut-être de galaxies qui ne sont pas nées comme telles mais par fusion d'un grand nombre de galaxies naines. Ce qui expliquerait aussi qu'on en trouve de toutes les tailles. Tandis que les galaxies spirales, qui sont géantes, seraient nées géantes, avec une masse entraînant un aplatissement initial, suivi de condensations d'étoiles.

Aujourd'hui, dans les amas, les galaxies elliptiques sont majoritaires. Elles sont préférentiellement situées au centre des amas, tandis que les galaxies spirales sont plutôt observées en périphérie.

Si maintenant on s'intéresse au mouvement des galaxies au sein des amas, on va au-devant de gros ennuis. On s'apercevra vite que, pour expliquer ce mouvement, leur masse réelle doit dépasser de vingt fois leur masse visible. C'est de nouveau l'énervant problème de la matière noire qui resurgit. Non seulement les étoiles bougent trop vite dans les galaxies, mais celles-ci bougent aussi trop vite dans les amas, qui devraient en toute logique se disloquer. Puisqu'ils sont bien là, il faut expliquer leur cohésion et supposer une masse bien plus grande que celle qu'on voit.

Une partie de la masse manquante a été identifiée lorsqu'on a pu observer les amas de galaxies en rayons X, à partir des années 1970. On a découvert alors que les amas ne sont pas constitués seulement de galaxies, mais aussi de grandes quantités de gaz chaud (entre 10 et 100 millions de degrés) et ténu situé entre les galaxies, qui émet des flux de rayons X. Une fois mesuré en long, en large et en travers, ce gaz pèse quatre fois plus que toutes les galaxies visibles réunies. Malgré cela, les amas ne font toujours pas le poids, il reste encore trois quarts de matière noire à débusquer. Les amas, à ce jour, sont constitués de 5 % de galaxies, de 20 % de gaz et de 75 % d'inconnu.

Il est amusant d'appeler « amas de galaxies » des structures dans lesquelles les galaxies comptent pour 5 % ! C'est comme si l'on appelait « amas de noisettes » un noisetier, au mépris des branches et des feuilles. En cela, le rayonnement X est déjà beaucoup moins trompeur que la lumière visible. Là où nous voyons une collection de loupiotes, le détecteur de rayons X voit une immense boule chaude. Boule de gaz serait une dénomination plus juste, encore que seulement pour 20 %. Bloc de mystère ou pelote de nœuds serait sans doute plus réaliste.

Résumons la comptabilité de la matière dans l'Univers. Au niveau des galaxies, les étoiles sont comme des guirlandes accrochées sur des carrousels de gaz et de poussières. Les ampoules font 1 % de la masse, le carrousel 9 %, et la matière inconnue, 90 %. Au niveau des amas, les galaxies sont comme des noisettes dans une frondaison de gaz. Les noisettes font

5 % de la masse, la frondaison, 20 %, et la matière inconnue, 75 %.

Un peu perdus ? Visualisons. Il est difficile de se représenter la taille et la densité des objets à des échelles si grandes, mais rien n'interdit de tout réduire mentalement à notre échelle, pour mieux s'y retrouver. On a déjà vu que, si les étoiles avaient la taille d'une bille, leur dispersion moyenne serait de l'ordre de 500 kilomètres, soit énormément de vide. Et quelle est la taille de la galaxie ? Tenez-vous bien ! La guirlande d'étoiles et son carrousel de gaz et de poussières devraient avoir un diamètre de *10 millions* de kilomètres pour représenter la Voie lactée à cette échelle. Imaginez 100 milliards d'ampoules de la taille d'une bille, espacées de 500 kilomètres, dans un carrousel qui fait mille fois la largeur de la Terre.

Prenons maintenant une autre comparaison pour les amas de galaxies. Pensons à la galaxie spirale typique, bien plate, et représentons ce grand carrousel par un disque de la taille d'un CD. Notre Groupe local est comme une frondaison de gaz qui porte une quarantaine de ces CD et remplit l'espace d'un salon (un volume d'environ 7 mètres de diamètre). Autrement dit, les distances entre les galaxies sont nettement moins grandes, comparativement, que les distances entre les étoiles. Quarante disques dans un salon, cela fait une densité bien plus grande qu'une bille tous les 500 kilomètres dans un rayon de 10 millions de kilomètres. Quant à notre superamas Virgo, c'est un buisson immense qui porte dix mille disques dans un rayon de 100 mètres (et dont le Groupe local n'est qu'une ramille).

Toujours à cette échelle, l'Univers observable entier, dont le rayon apparent est de 50 milliards d'années-lumière, formerait une sphère de 30 kilomètres de rayon, soit l'étendue de la grande banlieue parisienne, et contiendrait 100 à 200 milliards de disques, portés par 10 millions de branchages. L'Univers est densément peuplé en galaxies, tellement peuplé que la question se pose immédiatement : comment font-elles pour ne pas se cogner ? La réponse arrive dans un instant.

Quant à l'espace entre les galaxies, avec le gaz que nous venons de lui découvrir, on pourrait croire qu'il affiche une densité comparable à l'espace vide entre les étoiles. Il n'en est rien. Malgré le poids qu'il représente en matière noire, l'espace intergalactique est un vide cent mille fois plus vide que l'espace interstellaire. De l'ordre de dix atomes par mètre cube. Le vide entre les galaxies diffère du vide entre les étoiles comme l'air diffère de l'eau.

On pourrait en conclure qu'il n'y a aucun intérêt à se pencher sur la matière intergalactique. Et, pourtant, elle pourrait bien être un agent décisif de l'évolution cosmique. Il semblerait en effet que le diaphane matériau intergalactique soit organisé en réseau de filaments gazeux sur lesquels les galaxies s'accrochent comme les noisettes sur la branche, ou comme des gouttes d'eau sur une toile d'araignée. Les échanges de matière et d'énergie entre cette fine toile gazeuse et les galaxies pourraient déterminer l'essentiel de l'histoire de l'Univers en contrôlant l'accrétion de matière par les galaxies : les filaments gazeux se connecteraient directement aux disques galactiques, les nourrissant de gaz frais.

Par ailleurs, des traces d'éléments lourds, comme le carbone et l'oxygène, se trouvent disséminées dans l'hydrogène de ce milieu. C'est la preuve qu'il n'est pas le simple reliquat passif du matériau qui a servi à fabriquer les galaxies. En effet, ces éléments ne sont produits qu'au cœur des étoiles, ils ont donc dû être exportés très loin de leur berceau. Pour cette raison, on suspecte que les espaces intergalactiques sont contaminés par des événements violents et rares, seuls capables de mélanger les cartes. Les supernovae sont les candidates les plus vraisemblables. En particulier dans les galaxies naines, moins aptes à retenir leur matière que les grandes galaxies à la gravitation puissante. Une galaxie naine siège d'une supernova est tout simplement délestée de la matière relâchée dans l'espace. Il y aurait ainsi un vent galactique émanant des petites galaxies lors de chaque explosion de supernova, tous les 100 millions d'années environ, qui nourrirait et réchaufferait le milieu intergalactique.

D'où une sorte de régulation réciproque entre le milieu intergalactique nourricier et les galaxies, le vide résonnant des échos de la matière et façonnant celle-ci à son tour.

Ce scénario offre en même temps une deuxième piste pour expliquer le faible nombre de petites galaxies. En relâchant la matière des supernovae, les galaxies naines réchauffent l'espace, et, en réchauffant l'espace, elles rendent plus difficiles les effondrements gravitationnels ultérieurs, car la matière ainsi chauffée se dilate. Il faut de plus en plus de matière pour arriver à surmonter cet obstacle et à condenser une nouvelle galaxie. Plus les supernovae se multiplient, moins il est probable de voir la matière se condenser en petites galaxies, tandis que les gros effondrements sont toujours possibles.

Il faut bien garder à l'esprit que toutes ces recherches se font partiellement à l'aveugle, puisque avec nos instruments nous n'observons jamais que la matière ordinaire. Tout ce que nous savons, tout ce que nous venons de décrire sur les galaxies et les amas, ne concerne que cette partie de l'Univers que nous pouvons observer : la matière ordinaire. Pourtant, l'histoire de l'Univers est bien celle de deux agents entremêlés : d'une part, la matière ordinaire, pour l'essentiel un fluide composé d'atomes d'hydrogène et d'hélium (émaillé çà et là de grumeaux de matière visible, les étoiles), d'autre part, un fluide de matière noire exotique dont la nature nous est essentiellement inconnue. Cet agent mystérieux est prépondérant dans la dynamique de l'Univers, puisqu'il rassemble 85 % de la masse totale (90 % de la masse des galaxies et 75 % de la masse des amas). Ayant peu d'informations sur lui, nous ne pouvons, hélas ! guère en dire plus.

Les collisions entre galaxies

Nous avons dit que l'Univers était très dense en galaxies ; qu'elles s'influençaient les unes les autres, gravitationnellement parlant ; que la Voie lactée et Andromède tombaient l'une vers l'autre à une vitesse vertigineuse. Que se passe-t-il pour empêcher qu'elles se cognent ?

Rien, et les galaxies se tamponnent à qui mieux mieux. Andromède et la Voie lactée vont entrer en contact d'ici quelques milliards d'années. Nous n'aurons pas le plaisir d'assister à l'événement, mais il suffit de pointer nos instruments un peu partout dans le ciel pour assister à cette sorte de spectacle fracassant : des collisions de galaxies.

Plus on remonte dans le passé (en allant voir plus loin dans l'espace), plus les galaxies sont en interaction, en fusion et en collision les unes avec les autres. On voit[10] des galaxies spirales qui commencent à entrer en collision et qui mélangent leurs bras. On voit des fusions plus avancées qui perturbent considérablement les structures des deux galaxies. On voit des résidus de collisions, une galaxie étant passée à travers l'autre en perdant ou en emportant de la matière. On voit des disques galactiques dont le plan est tordu comme une roue de vélo voilée. Une grande galaxie spirale peut être complètement perturbée par le passage d'un petit monstre capable de lui arracher son cœur ; on devinera encore les bras de la galaxie spirale, mais ils sont marqués par une grande onde circulaire qui est née à partir du choc avec l'autre galaxie.

On sait aujourd'hui que la plupart des galaxies présentent des formes étrangement cabossées parce qu'elles ont eu des rixes et des altercations de frontières avec d'autres. Beaucoup sont devenues irrégulières en raison de collisions directes avec leurs voisines. On pense même que des elliptiques géantes peuvent se former par fusion de deux spirales ou plus. Un argument en ce sens : beaucoup d'elliptiques géantes se trouvent près du centre des grands amas de galaxies, là où les collisions sont les plus fréquentes.

L'Univers, de ce point de vue, est un ramassis d'épaves, comme une piste d'autos tamponneuses remplie de véhicules sans pare-chocs, dont aucun n'aurait échappé aux mauvaises rencontres, qui scalpé, qui éborgné, qui éviscéré.

Mais, attention, n'allez pas croire qu'il s'agit de chocs violents comme lorsque deux corps solides se rencontrent. Une galaxie, c'est surtout du vide garni de quelques lampions, une auto tamponneuse faite de vapeur piquetée de points lumineux. Rien n'est plus doux et plus feutré qu'une collision de galaxies. Cela dure des centaines de millions d'années – on serait pris dedans, on ne s'en rendrait même pas compte –, et il n'y a jamais de contacts directs ni de destructions d'étoiles, puisque leur densité est dérisoire. Ce sont deux bataillons très clairse-

10. Galerie d'images sur http://hubblesite.org/gallery/album/galaxy_collection /interacting_/

més qui se rencontrent et se croisent sans s'être touchés, comme deux groupes de danseurs qui se traversent sur scène. Selon l'incidence du mouvement, son angle et sa vitesse, les galaxies continueront chacune leur chemin, ou bien elles resteront amalgamées, engluées par leur gravitation respective. Cependant, si les étoiles ne s'entrechoquent pas, la rencontre des nuages gazeux interstellaires produit des perturbations qui amorcent de nombreuses créations d'étoiles nouvelles.

En effet, lorsqu'une galaxie en traverse une autre, l'équilibre entre gravitation et force centrifuge qui maintient les étoiles et le gaz sur des orbites stables est rompu. La rencontre entraîne une onde de choc qui se propage et comprime le gaz interstellaire en nuages denses. Ceux-ci s'effondrent alors sous l'effet de leur propre gravité. Ils deviennent des nébuleuses protostellaires, qui se condensent en étoiles jeunes. Celles-ci se répartissent parfois sur un cercle régulier, symétrique par rapport au choc initial. On en trouve un cas spectaculaire dans la galaxie dite « Roue de Charrette », qu'une petite galaxie a traversée de plein fouet voilà plusieurs centaines de millions d'années[11]. La trace de ce choc se traduit par un grand cercle presque parfait d'étoiles jeunes en bordure de la galaxie. L'onde de choc s'est même réfléchie vers l'intérieur, dans un mouvement de reflux, pour aller créer un second anneau interne d'étoiles jeunes entourant le centre de la galaxie. Cette galaxie bourdonne de maternités concentriques.

Ainsi, les cataclysmes mêmes sont au bénéfice de l'astre accidenté. Les collisions mettent un turbo à la fécondité galactique tout en modifiant continuellement leur forme. C'est pourquoi les galaxies spirales, qui étaient plus nombreuses dans la phase juvénile de l'Univers, auraient évolué vers la forme elliptique au fil du temps. Lorsque deux spirales massives entrent en collision, les grandes quantités de gaz qu'elles contiennent se transforment rapidement en étoiles pendant que la structure en disque est détruite, ce qui donne une galaxie elliptique géante, pauvre en gaz.

11. http://antwrp.gsfc.nasa.gov/apod/ap981219.html

Notre galaxie, la Voie lactée, n'a certainement pas été épargnée par les bousculades. Des mesures précises sur les vitesses des étoiles proches ont prouvé que certaines d'entre elles avaient une origine extérieure à la Voie lactée. Leur trajectoire anormale contient le souvenir de leur capture et de leur assimilation forcée. De plus, on a découvert en 1994 que notre galaxie était en train d'absorber la galaxie naine du Sagittaire en lui arrachant une longue traînée d'étoiles. Cette galaxie agonise depuis plusieurs milliards d'années. C'est un corps disloqué qui finit de se dissoudre à chaque révolution autour du monstre qu'est la Voie lactée. Ses étoiles se disperseront finalement dans toute la galaxie, ne gardant de leur origine qu'une dynamique un peu particulière. Depuis lors, six autres traînées de galaxies naines ou d'amas globulaires (ces petits groupes concentrés d'étoiles qui vagabondent dans le halo) en cours de dislocation ont été identifiées. L'étude de ces migrants en train de se mélanger à la population locale laisse penser que des centaines de petites galaxies ont déjà été absorbées par notre Voie lactée.

Jusqu'à présent, aucune collision n'a mis en péril la belle structure en spirale de la Voie lactée, car les assaillants étaient trop petits pour la détruire. Mais, quand nous tomberons nez à nez sur Andromède, autre grande galaxie spirale, ce sera une autre paire de manches. Les deux grandes spirales vont s'emmêler les pattes et se mélanger en une grande galaxie elliptique animée d'une immense flambée d'étoiles. Adieu majestueux bras spiraux et disque filiforme ! Nous deviendrons une grosse galaxie joufflue. Ce ne sera tout de même pas avant quatre milliards d'années.

Si les galaxies naines sont des structures formées en grand nombre dans l'Univers jeune et qui ont fusionné par collisions successives, il arrive aussi que de nouvelles galaxies naines se forment suite à des collisions de grandes galaxies qui laissent des traînées d'étoiles orphelines. Celles-ci recombinent parfois leurs éléments épars en un tout cohérent. Découvertes dans les années 1990, ce sont les seules galaxies, dans l'Univers proche, dont nous pouvons observer la naissance. On les reconnaît à ce qu'elles présentent une richesse chimique anormale par rapport à leurs cousines de formation primordiale, puisqu'elles recyclent le matériau de galaxies bien plus grandes et plus riches.

Les traînées d'étoiles sont intéressantes à plus d'un titre. Non seulement elles renseignent sur la façon dont la galaxie s'est formée, mais elles fournissent aussi des indices sur la répartition de la matière noire. Car cette fameuse masse manquante, à défaut de savoir *ce qu'elle est*, on aimerait déjà arriver à deviner *où elle est*. Pour en avoir une idée, il faudrait pouvoir suivre le trajet d'étoiles individuelles au cours d'une révolution complète autour de la galaxie. Leur vitesse augmenterait ou diminuerait en fonction du champ gravitationnel, et nous aurions une idée de la distribution de la masse dans la galaxie. Gros problème : il faut 200 ou 300 millions d'années à une étoile pour compléter une orbite. Aucun astronome n'a jamais fait preuve d'une telle endurance. Mais les traînées d'étoiles permettent de contourner le problème. Car on dispose là de files d'étoiles qui suivent momentanément la même orbite et en dessinent le tracé. Elles offrent une sorte de cliché instantané des différentes positions que prendrait une seule étoile si on la regardait pendant quelques dizaines de millions d'années.

Les mesures faites récemment sur la traînée du Sagittaire montrent que la matière noire doit être distribuée dans un volume sphérique autour de la galaxie – et non pas ellipsoïde ou patatoïde, ou autre. C'est un premier point acquis. Dans une prochaine étape, on voudrait savoir si cette matière est distribuée de manière homogène ou bien en grumeaux, car cela révélerait en partie ses secrets. Si l'on trouve une matière en grumeaux, cela prouverait qu'elle est régie seulement par la gravitation, tandis que, si elle est uniforme, ce serait qu'elle est soumise à d'autres forces qui l'empêchent de se rassembler. La réponse viendra, espère-t-on, de l'étude approfondie des traînées d'étoiles.

Ainsi donc, les galaxies passent leur temps à se percuter et à se crêper le chignon. Mais tranquillement, sans faire de crash, seulement des vagues. Imaginez deux armées immenses qui se traverseraient sans jamais se toucher, puis resteraient liées pour l'éternité en n'en formant plus qu'une. Et où jamais un soldat ne serait tué, mais au contraire où la fécondité serait stimulée par la rencontre des deux populations. À chaque nouvelle collision, des flambées d'étoiles s'allument des deux côtés. L'interpénétration vous transforme une galaxie et lui fouette les sangs comme rien d'autre. Faites l'amour, pas la guerre, tel est le message des carrousels d'étoiles qui se tamponnent dans les cieux.

Les galaxies actives

Dans la plupart des galaxies, l'énergie totale émise provient des milliards d'étoiles qu'elles contiennent. Il s'agit d'un rayonnement dit « thermique », car dû à la chaleur des étoiles.

Dans la Voie lactée, 99,7 % de l'énergie émise sont générés de cette façon. Les trois millièmes restants trouvent leur source dans le noyau galactique et ne sont pas attribuables au même type de chaleur, mais au moteur que constitue l'activité du trou noir central.

Il existe un petit nombre de galaxies dans lesquelles cette proportion est beaucoup plus élevée. Leur noyau est la source d'un très intense rayonnement qui éclipse celui de la galaxie elle-même ; on a déjà évoqué ces galaxies à noyau actif, dont les membres les plus reluisants sont nommés *quasars*.

La surprise fut grande lorsqu'on découvrit le premier quasar, en 1962. L'astre, situé à 1 milliard d'années-lumière, rayonnait comme mille galaxies, mais sa dimension était inférieure au millionième de l'une d'elles ! C'est ce qui l'a fait confondre avec un astre ponctuel. En réalité, les quasars sont des galaxies de taille normale, mais leur noyau est seul visible car il rayonne une puissance bien supérieure à l'ensemble de la galaxie, pour un diamètre minuscule.

Nous allons nous intéresser maintenant à ce rayonnement particulier. On a déjà évoqué le rôle du trou noir central supermassif qui absorbe du gaz et des étoiles entières, et convertit une partie de cette matière en rayonnement ; cette conversion se fait par des mécanismes bien spécifiques, sans lien ni commune mesure avec la fusion nucléaire pratiquée au cœur des étoiles. Un tel dégagement n'est tout simplement pas explicable par de telles réactions.

Dans une étoile, pour chaque kilogramme d'hydrogène consommé, 7 grammes seulement sont convertis en énergie et dissipés sous forme de rayonnement électromagnétique, soit un rendement de sept pour mille. Si les noyaux actifs des quasars fonctionnaient de cette manière, ils auraient déjà dû, pour être aussi brillants, consommer une masse de carburant supérieure à la masse totale de leur galaxie. Ce n'est guère praticable. Il faut postuler un mécanisme de production d'énergie autre, qui convertit une plus grande fraction de masse en énergie. Une toute nouvelle sorte de moteur, une source d'énergie jamais rencontrée jusqu'alors.

Seuls les trous noirs pourraient être responsables d'une telle prouesse, car ils sont capables de mettre en action les propriétés du champ gravitationnel.

Nous naviguons ici en terrain inconnu. Nous nous trouvons à peu près dans la même situation que les astronomes du début du XXe siècle qui voulaient expliquer le rayonnement des étoiles alors qu'ils ne connaissaient pas encore les réactions nucléaires. Aucune réaction chimique ou combustion classique ne pouvait expliquer un dégagement d'énergie tel que celui du Soleil. Il a fallu du temps pour comprendre que des noyaux atomiques pouvaient fusionner en libérant une quantité d'énergie colossale, dans des conditions de température et de pression qui ne s'étaient encore jamais rencontrées sur Terre. Depuis lors, on a su exploiter l'énergie nucléaire à petite échelle et fabriquer des soleils miniatures, du moins en version rapide : ce sont les bombes à hydrogène (on tente maintenant de les fabriquer en version contrôlée, dans les futures centrales nucléaires).

Cette fois, nous touchons un nouveau seuil. Lorsque la densité de matière atteint celle du trou noir, c'est une nouvelle réaction qui entre en jeu, dans un nouveau type de moteur que nous ne connaissons pas encore. Notre meilleure hypothèse, à ce stade, est que l'accrétion de matière par un trou noir géant libère de l'énergie en convertissant le potentiel gravitationnel en rayonnement électromagnétique, et ce, avec un rendement bien supérieur à celui de la fusion nucléaire. Vu les conditions de gravitation très particulières qui entourent un trou noir, les calculs théoriques montrent que, lorsque 1 kilo d'hydrogène tombe dans un trou noir, 100 grammes sont transformés en énergie – un rendement de 10 %, effectivement très supérieur à celui de sept pour mille des étoiles.

Le rayonnement mesuré au centre des galaxies actives présente de fait un profil incompatible avec le rayonnement thermique, il pourrait être la signature d'une libération d'énergie gravitationnelle. Le trou noir serait un moteur qui, en absorbant de la matière, convertit l'énergie gravitationnelle en rayonnement, tandis que l'étoile est un moteur qui, en fusionnant des noyaux, convertit l'énergie nucléaire en rayonnement. Quand deux noyaux fusionnent, une partie de leur masse disparaît et se transforme en rayonnement électromagnétique. Ici, quand une masse accélère dans un champ gravitationnel très intense, elle perd une fraction de son énergie qui se transforme en rayonnement, mais avec un rendement bien plus efficace.

Les galaxies à noyau actif (on pourrait dire « à moteur gravitationnel ») représentent entre 1 et 10 % de toutes les galaxies visibles. Un dixième d'entre elles présentent un pic de rayonnement très marqué dans les ondes radio. On pense que ce rayonnement radio est focalisé dans l'axe de rotation du trou noir (tout comme le signal pulsar de certaines étoiles à neutrons). Il indique la présence d'un jet de matière issu de l'accrétion par le trou noir. Non content de convertir une quantité de matière en énergie et d'en absorber une part, il s'offre encore le luxe d'en éjecter une portion vers les pôles. Les pauvres étoiles qui tombent dans le trou noir sont démantibulées et expédiées aux quatre coins de l'Univers. Le trou noir supergéant, disons-le, est le supermixer de l'Univers. Il vous détraque une étoile en trois coups : accrétion vers le centre, rayonnement tous azimuts et jets de gaz bipolaires. Ça fuse à tous les étages.

Il est fort possible que tous les quasars fonctionnent selon ce triple schéma, mais que seuls les jets orientés vers nous soient détectables. Les radiogalaxies seraient alors de simples quasars ordinaires dont l'axe pointe par hasard vers notre région.

Et les galaxies normales, pourquoi ne sont-elles pas actives alors qu'elles possèdent un trou noir géant en leur centre ? C'est que, pour fonctionner, le moteur doit être alimenté. Si la région centrale a été vidée de sa matière, et que les autres étoiles soient trop lointaines pour être capturées, le moteur s'arrête, faute de carburant. Ainsi, on pense qu'un certain nombre de galaxies normales pourraient avoir connu une activité quasar dans le passé, lorsqu'elles étaient plus denses en étoiles dans la région centrale. D'autres, dotées d'un trou noir moins massif, auraient connu une phase à noyau actif, dite « galaxie de Seyfert », où le noyau, sans atteindre le rayonnement d'un quasar, est néanmoins assez puissant pour dominer celui de sa galaxie. Puis ces trous noirs tomberaient en sommeil faute de carburant, se contentant de grignoter les petites choses qui plongent vers eux de temps en temps.

Bref, si des trous noirs géants résident dans pratiquement tous les noyaux de galaxies, leur niveau d'activité dépend de la densité d'étoiles et de gaz, autrement dit de carburant disponible dans un rayon de quelques années-lumière. Un trou noir supermassif mais isolé sera très peu actif, tandis qu'un trou noir beaucoup moins grand mais situé dans une galaxie jeune et dense fonctionne à plein régime. Il concasse des étoiles et s'en fait des crêpes à chaque repas, convertissant leur masse en énergie de rayonnement. Et, dans ce régime de fonctionnement, le trou noir, lui-même invisible, constitue la source de rayonnement la plus brillante de l'Univers, plus qu'une galaxie entière.

Les quasars que nous pouvons observer sont tous très éloignés. Leur rayonnement a mis plusieurs milliards d'années à nous parvenir. On en déduit que c'étaient des objets beaucoup plus courants lorsque l'Univers était jeune (sans doute mille fois plus fréquents lorsque l'Univers avait seulement 2 milliards d'années) et que la plupart des quasars autrefois actifs sont éteints aujourd'hui. Ils ont cessé d'émettre un rayonnement qui domine celui de la galaxie mais conservent en leur centre un trou noir supergéant à la retraite.

Autrement dit, bien qu'on n'observe aucun quasar actif dans un rayon de 1 milliard d'années-lumière autour de nous, il y aurait dans cet espace autant de quasars éteints que de galaxies géantes. La nôtre, la Voie lactée, n'a jamais pu être un quasar, car la masse de son trou noir central (3 millions de soleils) n'est pas assez grande.

Dans une campagne d'observation récente portant sur un millier de galaxies massives très éloignées, on a repéré plus de deux cents nouveaux noyaux actifs. La plupart étaient auparavant passés inaperçus à cause d'une forte absorption de leur rayonnement par la matière voisine. Une galaxie très jeune, en effet, est très poussiéreuse. Elle peut faire totalement écran au rayonnement X émis par le noyau. Cependant, même dans ce cas, on peut détecter la présence d'un noyau actif car les poussières surchauffées émettent un rayonnement infrarouge anormalement élevé.

Dans une première phase d'observation, seuls les quasars particulièrement énergétiques ou peu absorbés avaient été détectés directement en rayonnement X. Mais, avec le temps, on en débusque dans presque toutes les galaxies massives jeunes, indirectement en rayonnement infrarouge. On peut penser que presque toutes les galaxies massives ont alimenté des trous noirs supermassifs pendant 1 ou 2 milliards d'années, au début de leur existence, en même temps qu'elles formaient la première génération stellaire.

Cette évolution commune entre trou noir et galaxie est confirmée par le fait que la masse des trous noirs géants et supergéants est toujours proportionnelle à celle de la galaxie. C'est qu'il y a un mécanisme commun de formation. Les trous noirs et les galaxies, dont on pouvait se demander qui des deux était l'œuf, qui la poule, semblent plutôt grossir ensemble et simultanément, lors d'une phase précoce où le taux de formation stellaire est très supérieur à ce qu'il est aujourd'hui.

L'Univers, finalement, ressemble assez à un feu d'artifice qui commencerait par le bouquet final. Dans une première phase, les galaxies se condensent en produisant à la fois des trous noirs actifs, qui rayonnent à profusion, et des paquets d'étoiles, dont de nombreuses massives, qui explosent vite et fort, le tout dans une brume épaisse de gaz et de poussières. Animation garantie pendant 1 ou 2 milliards d'années. Puis le brouillard progressivement s'éclaircit, le trou noir ralentit son activité, les étoiles de deuxième et troisième génération sont en moyenne de taille plus modeste et brûlent plus longtemps. La galaxie s'assagit. Il y a des regains d'activité lors des rencontres avec des galaxies voisines, puis un nouvel assoupissement. Au bout d'une dizaine de milliards d'années, le trou noir s'est endormi et se nourrit de snacks, la galaxie connaît deux ou trois supernovae par siècle. C'est dans cette phase de croisière que nous nous trouvons en ce moment. D'ici quelques milliards d'années, on verra sans doute une galaxie plus léthargique, peuplée d'étoiles naines increvables et d'un gros trou noir central tombé dans le coma. Voie lactée, morne plaine. Jusqu'à ce que la collision avec Andromède lui donne une nouvelle jeunesse ! Condensation des gaz et poussières diffus, formation d'étoiles en chaîne, mélange général en galaxie géante elliptique. On s'amusera à nouveau, comme au début d'une nouvelle vie de couple. Puis ralentissement et nouvelle courbe descendante. Plaisir d'amour ne dure qu'un moment.

Un trou noir, s'il n'est plus nourri, s'endort. Mais rien ne l'empêche de se réveiller. Les collisions de galaxies sont courantes. Si une région dense d'une galaxie passe à proximité du trou noir géant de l'autre, celui-ci va entrer en activité et transformer la galaxie normale en galaxie quasar. On observe que de nombreux quasars sont en effet associés à des galaxies en collision.

Le centre des grands amas abrite des galaxies elliptiques géantes, cent fois plus grosses que la moyenne, très actives, entourées de petites galaxies satellites en train de se faire engloutir. Ces monstres grossissent par cannibalisme. On peut donc supposer qu'ils contiennent plusieurs trous noirs supergéants et actifs, issus des différentes galaxies cannibalisées. On a en effet observé des centres d'activité multiples dans ces galaxies, y compris des cas de paires de trous noirs supermassifs tournant l'un autour de l'autre. On peut imaginer de là que deux trous noirs gargantuesques entrent en collision et fusionnent. Lors de la coalescence finale, une gigantesque bouffée d'ondes gravitationnelles signalerait leur fusion en un astre unique. Ce serait là la plus grosse libération d'énergie gravitationnelle de l'Univers.

Les mirages gravitationnels

La gravitation a plus d'une prouesse dans ses jupes. C'est elle qui a façonné tout ce que nous voyons dans l'Univers. Dès le moment où les atomes existent, elle les agglutine en grappes qu'elle fait s'effondrer sur elles-mêmes. Elle les sculpte à la louche, à la cuiller ou à la pipette pour en extraire des galaxies, des étoiles, des planètes. Tout cela en appliquant obstinément un seul et même principe : de la matière utilisée comme piège à matière, tel un chasseur utilisant un canard pour attirer les canards. Ici et là, elle met vraiment le paquet et entasse tant de matière que celle-ci joue aussi les pièges à lumière. Elle fait frémir l'espace à chacune de ses grandes prestations, l'ébranle comme un vulgaire champ de blé livré à la brise. Elle peut même le coucher d'un souffle violent lorsque certaines de ses sculptures massives implosent, explosent, fusionnent. Mais l'espace se relève aussitôt, frais, propre, indemne, nouveau théâtre pour de nouvelles opérations.

La gravitation, c'est en quelque sorte l'artiste ultime, la reine du happening. Le *land art* à l'échelle cosmique. Encore un tour à elle que nous venons de découvrir : les illusions d'optique. La gravitation dessine des mirages dans le fond du ciel.

Essayez de regarder une source lumineuse au travers du culot d'une bouteille ou du pied d'une coupe de champagne : elle va vous paraître étrangement déformée. Ces jeux de lumière tiennent aux formes différentes du verre. Remplacez la lentille de verre par un corps très massif ; comme le prédit la relativité générale, le corps massif courbe l'espace dans son voisinage, et la lumière provenant de l'arrière-plan va être déviée en traversant cette « lentille gravitationnelle ». La première occasion d'observer un tel phénomène a été une éclipse totale de Soleil en 1919. Mais ce phénomène peut être beaucoup plus impressionnant : si l'on observe une source lumineuse lointaine alors que sur le chemin se trouve un objet suffisamment massif, les rayons lumineux de l'objet lointain qui rasent cette masse vont être déviés par elle et rabattus vers nous. Du coup, des bouquets de lumière nous parviendront selon des angles légèrement différents, ce qui nous donnera l'impression de voir la source plusieurs fois, comme quelqu'un qui a trop bu. La masse qui dévie la lumière joue le rôle d'une lentille convergente et crée une illusion d'optique qu'on appelle *mirage gravitationnel*.

Dans un mirage saharien, les rayons lumineux sont déviés par une couche d'air plus chaude et forment une fausse image.

Celle-ci indique une localisation qui n'est pas celle de l'objet, car nos yeux croient ce qu'ils voient, c'est-à-dire qu'ils placent les choses dans la direction des rayons lumineux. En temps normal, c'est bien le cas, parce que les rayons se propagent en ligne droite, mais dans un mirage ça ne l'est pas. L'air plus chaud lui a donné un coup de pied, et le trajet de la lumière forme un angle. Même chose avec l'eau, qui donne l'illusion d'un bâton brisé parce qu'elle dévie la lumière.

Dans l'Univers, ce n'est pas la réfraction de l'air ou de l'eau qui dévie la lumière, c'est la gravitation. Plus un astre est massif, plus il courbe les rayons lumineux qui passent dans son voisinage.

Nous avons déjà évoqué ce phénomène à propos des trous noirs, ces grands plieurs de lumière. Dans le cas des mirages gravitationnels, il ne s'agit plus de petites distances et de forte courbure, mais de grandes distances et de rayons à peine infléchis. Si l'objet intermédiaire est une galaxie, et que l'on cherche à observer une autre galaxie plus lointaine, située à l'arrière-plan, l'on pourra voir un mirage gravitationnel, c'est-à-dire une démultiplication des images de l'objet lointain.

La première galaxie joue le rôle de lentille, l'autre se trouve derrière la première, exactement alignée ; nous ne devrions donc pas la voir, mais au lieu de cela elle nous apparaît plusieurs fois en plusieurs points qui entourent la lentille. Aucune de ces images n'est la bonne. La position réelle de la galaxie est dans le même axe que la lentille. C'est la courbure de l'espace au voisinage de celle-ci qui dévie les rayons lumineux, les rabat vers nous et provoque le mirage.

Si la situation était idéale, c'est-à-dire parfaitement symétrique – une galaxie-lentille en forme de sphère, cachant une galaxie lointaine réduite à un point parfaitement aligné avec le centre –, on observerait un anneau de lumière parfait entourant la lentille : on a baptisé « anneau d'Einstein » cette figure idéale. Mais il y a toujours des irrégularités dans la distribution de la matière, si bien qu'on voit généralement des portions d'anneau. Parfois, on croirait voir les pétales d'un trèfle à quatre feuilles ; ce sont quatre morceaux de l'anneau d'Einstein[12].

---

12. http://imgsrc.hubblesite.org/hu/db/images/hs-1990-20-a-full_jpg.jpg

Plus les objets qu'on observe sont éloignés, plus on a de chances d'en trouver un autre sur la ligne de visée. Aujourd'hui, sur les clichés du ciel très lointain, on voit que le fond de l'espace est constellé de mirages et complètement déformé par les illusions d'optique[13].

Ces mirages sont des conséquences directes de la courbure de l'espace-temps qu'Einstein avait théorisée dès 1912, mais sans croire à la possibilité de les observer. En 1937, Fritz Zwicky affirma qu'on y parviendrait et fit tous les calculs à l'appui. Mais les moyens techniques manquaient encore. On a douté pendant longtemps que ces prédictions étranges correspondent à une réalité observable. Même après la détection de la première image double, en 1979, le scepticisme perdura. On venait de s'apercevoir accidentellement que deux quasars proches présentaient la même signature lumineuse (un spectre électromagnétique exactement identique). Étrange, mais après tout il aurait pu s'agir de deux objets très proches et très semblables. L'hypothèse audacieuse fut de dire qu'il ne s'agissait pas de deux quasars mais d'un seul, dont l'image était dédoublée par le champ gravitationnel d'une galaxie placée sur le chemin des rayons lumineux. Alors, galaxie jumelle ou image double ? Pas simple de trancher. En 1983, la plupart des astrophysiciens n'étaient toujours pas convaincus de la réalité des mirages gravitationnels. Mais la suite des événements a confirmé l'hypothèse du mirage. Aujourd'hui, plus de cinquante images multiples de quasars sont attestées, des centaines sont à l'étude, et il y a eu plus de trois mille publications sur les mirages gravitationnels en vingt ans. Les lentilles gravitationnelles sont devenues une branche nouvelle et indépendante de l'astronomie – tout comme les exoplanètes, les trous noirs, les neutrinos, les quasars, les sursauts gamma, la matière noire, les ondes gravitationnelles... le ciel n'arrête pas d'ajouter des chapitres à nos manuels. Les télescopes les plus puissants nous offrent chaque jour des images criblées d'effets de pliure des rayons lumineux. Il faut se rendre à l'évidence : le ciel est un champ de mirages.

---

13. Galerie d'images sur http://hubblesite.org/gallery/album/exotic_collection /gravitational_lens_/

Les images multiples existent par centaines. Dans certains cas, la galaxie-lentille est visible, dans d'autres non. On observe des images multiples disposées en anneau, et rien au centre. Il est alors impossible de décider de quel type de masse il s'agit : une galaxie peu lumineuse, un trou noir géant, une boule de matière noire ?

L'intérêt des mirages gravitationnels dépasse de loin leur statut de curiosité optique. Ils sont une mine de renseignements, car leur forme dépend de la quantité et de la distribution de la masse au sein de la lentille. On récolte donc, par les mirages, des informations sur la lentille. C'est la lumière d'une galaxie lointaine qu'on recueille, mais c'est la masse d'une autre galaxie qu'on pèse. Tout objet qui s'amuse à jouer les lentilles trahit sa masse, fût-il invisible. Une aubaine pour mesurer la matière noire qui se trouve incluse dans les lentilles gravitationnelles.

L'astronomie procède souvent par ricochet. On ne sait rien de la lentille, mais on observe ses effets sur une image qui vient de plus loin. De même, pour les planètes extrasolaires, on ne voit pas un atome de ces planètes, mais on observe la danse de Saint-Guy qu'elles impriment à leur étoile. Quand vous ignorez tout de A, demandez toujours de ses nouvelles à B, on ne sait jamais.

De plus, les lentilles ne se contentent pas de dévier les rayons lumineux, elles les amplifient. Elles rabattent vers nous des rayons lumineux qui devaient passer sur le côté, nous en recevons donc plus que s'il n'y avait rien entre la source et nous. Jusqu'à cinquante fois plus. Les lentilles gravitationnelles, en plus d'être des balances, sont aussi des loupes, ou des télescopes cosmiques naturels, qui peuvent nous révéler des sources trop faibles pour être détectées même avec les instruments les plus puissants. Grâce à elles, nous arrivons à extraire du ciel de la lumière invisible inaccessible en principe et à voir des galaxies qui sont parmi les plus lointaines que nous connaissions. Dans un tel cas, c'est l'information sur la source lumineuse qui nous intéresse, plus que le poids de la lentille. Information qui nous vient en ligne courbe depuis les premières galaxies de l'Univers.

Le principe des lentilles gravitationnelles a aussi été utilisé, mais à beaucoup plus petite échelle, pour mettre au point une nouvelle méthode de détection des planètes extrasolaires. En effet, lorsqu'une étoile proche de nous passe exactement dans l'alignement d'une autre étoile plus lointaine (tout se passe cette fois à l'intérieur de notre galaxie), un petit effet de lentille se produit, qui intensifie momentanément la luminosité de l'astre d'arrière-plan. Certains rayons qui passent normalement « à côté » de la Terre sont concentrés par l'étoile-lentille, toujours comme s'il s'agissait d'une loupe. Ici, la taille et la masse des corps sont trop réduites pour provoquer plusieurs images (il faudrait une plus forte déviation), mais l'étoile d'arrière-plan brille plus fort pendant quelques jours. Sans aller jusqu'à former un anneau, son diamètre apparent grossit. On peut mesurer l'intensité lumineuse qui augmente puis diminue régulièrement. Son tracé forme une courbe en cloche.

Paradoxe troublant : chaque fois qu'une étoile se met à briller plus intensément, c'est qu'elle est occultée par une autre ! Voilà où mène la plasticité de l'espace. Qu'une simple étoile s'y déplace, elle le courbe, et aussitôt la lumière qui passe dans le voisinage est légèrement pliée. Elle nous inonde plus fort pendant ce laps de temps où l'espace se fronce autour de la lentille, et nous voyons des étoiles qui semblent gonfler et dégonfler comme des poissons-boules.

Imaginez maintenant que l'étoile-lentille possède une planète. La présence de cette petite masse va ajouter un effet de microlentille dans la courbe tracée par la lentille. Le profil en cloche sera orné d'un petit pic de quelques heures, lorsque la planète passe devant l'étoile lointaine et ajoute sa masse à l'effet de lentille. Ce minuscule sursaut dans un pli de lumière trahit la présence d'une planète par ailleurs totalement invisible !

Depuis 2002, un programme de surveillance constant de 20 millions d'étoiles dans le bulbe de notre galaxie traque la moindre de leurs sautes d'humeur. Dès que l'une d'elles fait mine de monter en brillance, on considère qu'il pourrait s'agir d'un début d'effet de lentille et on ne la lâche plus. Si l'événement suit un beau profil en cloche, il s'agit bien d'une étoile qui est passée devant la première. Et, si le profil présente un petit sursaut, on vient de détecter une planète.

Bien sûr, les événements correspondant à des lentilles sont fréquents, car il y a régulièrement des alignements d'étoiles, mais les pics de microlentilles dus à des planètes le sont beaucoup moins ; il faut en effet que l'étoile-lentille possède une planète et que celle-ci passe aussi dans l'alignement juste pendant cette fenêtre de quelques jours. La probabilité est infime. Mais elle n'est pas nulle. Le chasseur de planètes doit savoir attendre longtemps, à l'affût, comme le chasseur de licornes. À ce jour, trois planètes ont été découvertes par cette méthode.

Les mirages topologiques

Et ce n'est pas fini, non, la nature pourrait encore nous réserver des surprises de taille. De très grande taille.

En tenant compte des propriétés de la lumière, de l'espace et de la matière, on peut imaginer un autre type de mirage, dit « topologique », qui se produirait à l'échelle de l'Univers tout entier. C'est le modèle de « l'Univers chiffonné », ainsi baptisé par l'un de nous (JPL), et sur lequel nous reviendrons plus loin. Pour l'heure, disons simplement qu'un mirage topologique nous donnerait l'impression que l'Univers est plus vaste qu'il n'est en démultipliant les sources lumineuses qui nous proviennent du cosmos : un peu comme une pièce tapissée de miroirs réfléchit indéfiniment son propre contenu. Ainsi, les quasars pourraient être des images anciennes de galaxies plus proches – des fantômes de galaxies en quelque sorte. Leur lumière, émise il y a très longtemps, aurait suivi un chemin beaucoup plus long et nous parviendrait seulement maintenant, en même temps que la lumière émise plus récemment par les mêmes galaxies ayant changé d'aspect et de position. Nous les verrions donc en plusieurs endroits et à plusieurs âges.

Pour cela, il faut attribuer à l'Univers quelques particularités topologiques. Les parcours multiples de la lumière seraient la conséquence de la forme même de l'espace. Pour exister, le mirage topologique a besoin d'un Univers fini, sans bord, et suffisamment petit. Dans le principe, l'espace se présenterait un peu comme un écran de jeu vidéo dans lequel chaque bord est connecté au bord opposé. Lorsque le curseur du jeu sort de l'écran par la droite, il y rentre aussitôt par la gauche ; l'espace représenté est donc continu, comme un cylindre. De même, le bord inférieur et le bord supérieur sont « collés » l'un à l'autre. Du point de vue du mouvement, il y a continuité entre les deux. Le tout forme finalement un espace en forme de « tore » (ou beignet, donut, bagel, selon vos goûts...).

L'Univers pourrait être « multiconnexe » de la même manière, mais dans les trois dimensions de l'espace. Si vous partez en ligne droite, quels que soient votre point de départ et votre direction, vous reviendrez au même endroit au bout d'un certain temps. C'est pourquoi un rayon lumineux, partant dans n'importe quelle direction, peut faire plusieurs fois le tour de l'Univers avant de s'épuiser. À un moment donné, mettons aujourd'hui, nous pouvons donc recevoir une lumière ancienne (qui a fait plusieurs tours) et une lumière récente (premier tour) provenant d'un même objet du ciel. Celui-ci présente alors plusieurs images dans le ciel[14].

Pour repérer effectivement de tels mirages, il faudrait être capable d'identifier comme une seule et même source lumineuse des objets qui n'ont plus du tout la même apparence. C'est un terrible casse-tête, bien plus compliqué que les mirages gravitationnels. Dans un mirage gravitationnel, les images d'une même source sont à la fois très proches entre elles et identiques. Dans un Univers chiffonné, on aurait en plus une réplication sur des laps de temps énormes, de l'ordre de quelques milliards d'années, ce qui donnerait des images fort différentes et éparpillées dans toutes les directions du ciel.

Jusqu'à présent, les recherches n'ont pas encore permis d'identifier des objets identiques sur des images lointaines. Mais, entre le volume de l'Univers déjà sondé et celui de l'Univers théoriquement observable, il y a suffisamment de marge pour penser qu'une partie du ciel est composée d'images fantômes.

---

14. Un spectaculaire simulateur de vol, qui vous permettra de vous déplacer à l'intérieur d'espaces multiconnexes aux formes diverses, se trouve sur http://www.geometrygames.org/CurvedSpaces/index.fr.html

La structure globale de l'Univers

Tout comme on peut tracer des cartes du ciel visible, reprenant toutes les étoiles visibles à l'œil nu, on peut reporter sur des cartes du ciel profond la répartition des galaxies observées avec des instruments puissants. Sur une carte représentant une petite portion du ciel, on aura par exemple 10 millions de points représentant chacun une galaxie ; sur une surface de ciel pas plus grande que le diamètre de la Lune, les télescopes actuels captent la lumière de plus de cinquante mille galaxies.

Nous avons vu que les galaxies étaient groupées en amas, les amas en superamas, et que, vus de loin, ces derniers formaient un remplissage continu : la « mousse cosmique ». À cette échelle, l'Univers apparaît enfin homogène, chaque portion étant la même qu'une autre[15].

C'est précisément cette propriété d'homogénéité qui permet de faire de la cosmologie. Celle-ci s'intéresse aux propriétés globales de l'Univers, elle regarde donc celui-ci à très grande échelle. En considérant la totalité de la matière de l'Univers comme un seul fluide cosmique homogène, une seule mousseline bien lisse, on est capable de trouver des solutions pour les équations de la relativité qui décrivent la structure de l'Univers dans son ensemble.

Reprenons maintenant l'image en 2D que nous avons beaucoup utilisée pour illustrer les propriétés de l'espace : un tissu élastique qui se déforme sous l'effet des masses. Quand nous avons parlé des étoiles ou des trous noirs, nous avons imaginé un seul objet ponctuel qui déformait localement le tissu élastique en y creusant une cuvette. Mais, lorsqu'on fait de la cosmologie, on parle d'un immense tissu sur lequel sont répandues des milliers de billes, chacune représentant non un objet ponctuel, mais un amas de galaxies.

---

15. http://antwrp.gsfc.nasa.gov/apod/image/0309/galaxysky_2mass_big.jpg

On sait que chaque masse creuse une cuvette dans la toile, à l'échelle locale. Mais qu'en est-il de la courbure totale du tissu ? Y a-t-il une « cuvette globale » pour l'ensemble de l'Univers ?

Comme la courbure du tissu est engendrée par la masse et comme la distribution de la matière est uniforme à très grande échelle, il en résulte qu'elle doit engendrer une courbure uniforme du tissu, à l'échelle globale. Il n'y a dès lors que trois possibilités : cette courbure peut être positive, négative ou, à l'extrême limite, nulle.

Une courbure nulle signifierait que l'espace est euclidien à grande échelle. Il a beau être localement courbé par les masses, il ne l'est pas globalement. Le chemin le plus court entre deux étoiles proches est une courbe qui relie leurs deux cuvettes, mais, au niveau global, le plus court chemin entre deux galaxies éloignées est en moyenne une ligne droite, abstraction faite des microcourbures locales rencontrées en chemin. La trajectoire n'a pas de courbure dans son ensemble.

Si la courbure est positive, nous sommes dans une géométrie dite *sphérique*. Le plus court chemin entre deux galaxies éloignées suit une courbe convexe. Dans cet Univers, la somme des angles d'un triangle est supérieure à 180°.

Si la courbure est négative, il s'agit d'une géométrie *hyperbolique*. L'Univers a une géométrie qui ressemble à une « selle de cheval ». Dans cet espace, la somme des angles d'un triangle est inférieure à 180°.

Comment faire pour évaluer la courbure globale de l'Univers ? C'est « très simple », il suffit de mesurer la quantité totale de matière qu'il contient.

La courbure dépend de la distribution de matière.

Beaucoup de matière ? Le tissu se courbe autour de chaque masse, et aussi de façon globale, comme un trampoline sur lequel dix personnes éparpillées se tiennent debout. Le trampoline s'incurve autour de chaque personne et il s'incurve aussi globalement. La courbure totale est positive.

Peu de matière ? Le tissu se courbe autour de chaque masse, mais reste horizontal de façon globale, comme un trampoline sur lequel sont posées seulement dix boules de billard. La courbure totale est nulle.

Encore moins de matière ? Là, c'est plus difficile à visualiser : la surface ne s'incurve pas globalement sous le poids des boules de billard, mais possède néanmoins une géométrie qui n'est pas « plate ». Sa forme ressemble à une selle de cheval (deux courbures inverses qui se croisent). Ici, la courbure globale est négative.

Dans le cas du trampoline incurvé, la somme des angles d'un triangle sera supérieure à 180° (le triangle est bombé, comme s'il gonflait les joues), l'espace est sphérique.

Si le trampoline est globalement plat, la somme des angles est égale à 180°, l'espace est euclidien.

Dans le cas de la selle de cheval, la somme des angles est inférieure à 180° (le triangle aspire les joues au lieu de les gonfler), l'espace est hyperbolique.

Comme chaque fois, ces exemples sont des images en deux dimensions de ce qui doit se passer dans l'espace courbe à trois dimensions, lequel n'est pas visualisable car la courbure existe dans toutes les directions à la fois. Il est terriblement difficile de se représenter ce que cela veut dire, et, à franchement parler, il vaut mieux y renoncer. L'important est de savoir que les propriétés globales de l'Univers dépendent de sa courbure et que celle-ci dépend de la quantité de matière (toutes formes confondues, y compris de l'énergie à l'état pur) qu'il contient.

Aujourd'hui, un certain nombre d'observations astronomiques permettent d'estimer la quantité totale de matière-énergie dans l'Univers, donc le degré de courbure de l'espace à grande échelle, et de déterminer si l'on se trouve dans le cas euclidien, sphérique ou hyperbolique. C'est ce que nous allons voir dans le chapitre suivant.

2

LE BIG BANG

L'expansion de l'Univers

Nous parlons des galaxies comme s'il s'agissait d'une évidence, mais rappelons que leur découverte ne remonte pas plus loin que 1925. L'espace, après cette date charnière, s'est agrandi des milliards de fois par rapport à ce qu'on tenait pour l'Univers entier, c'est-à-dire le petit carrousel de notre Voie lactée.

Comme si ce n'était pas assez, un autre coup de théâtre devait porter le vertige à son comble. Il tient à la vitesse apparente des galaxies. À partir du moment où l'on observe un grand nombre de galaxies dans l'Univers, on peut se demander comment celles-ci bougent les unes par rapport aux autres. Seulement, ces objets sont tellement éloignés de nous qu'il est impossible de les voir bouger en temps réel, ou même de comparer des clichés où leur position aurait changé. Même sur des intervalles de plusieurs décennies, il n'y a aucun mouvement apparent. Ce qui ne veut pas dire que les galaxies ne bougent pas, mais simplement qu'elles sont trop loin pour que nous puissions le remarquer. Un peu comme des paquebots à l'horizon, qui semblent immobiles, alors qu'une barque à l'avant-plan se déplace à vue d'œil.

Mais qu'à cela ne tienne, on a abandonné l'idée de mesurer un déplacement visible, et l'on a mesuré leur vitesse grâce à *l'effet Doppler*.

Petit rappel de physique scolaire : lorsqu'une source lumineuse (ou bien acoustique, comme une ambulance) se rapproche de vous, les ondes qu'elle émet sont écrasées dans votre direction, et les fréquences que vous recevez sont plus élevées que les fréquences qui ont été émises (la lumière est plus bleue, le son est plus aigu). Au contraire, lorsque la source s'éloigne, les ondes sont étirées, et la fréquence diminue (la lumière est plus rouge, le son est plus grave). Si l'on possède un instrument qui peut mesurer un décalage dans la lumière, on saura quelle est la vitesse d'éloignement ou de rapprochement de la source. Braqué vers un astre, cet instrument est un spectrographe. Braqué vers une voiture, il s'appelle radar de gendarmerie.

La lumière que nous recevons de n'importe quelle source peut être étalée et décomposée, en passant à travers un prisme, en un spectre qui montre les différentes fréquences présentes dans le rayonnement. Dans une lumière blanche, on trouve ainsi toutes les couleurs de l'arc-en-ciel. Si on regarde ce spectre à la loupe, on peut observer des barres noires qui traduisent la présence de certains éléments chimiques dans la source. Ces éléments absorbent le rayonnement à cette fréquence particulière. Ce sont en fait des trous dans le rayonnement, que l'on appelle « raies spectrales ». Au total, le spectre ressemble à une bande arc-en-ciel rayée d'un code-barres. Si la source lumineuse se rapproche ou s'éloigne de nous, le code-barres sera décalé en bloc, vers le bleu ou vers le rouge. La formule Doppler veut que l'amplitude du décalage soit proportionnelle à la vitesse d'éloignement. Voilà un moyen extraordinairement pratique et sûr de mesurer la vitesse des objets dans l'espace par rapport à nous. On l'utilise pour mesurer la vitesse des planètes et celle des étoiles.

Le jour où l'on a voulu estimer la vitesse de ces nouveaux objets qu'étaient les galaxies extérieures, ce fut la stupeur. Quasiment toutes s'éloignaient de nous. On aurait dit un essaim de moineaux au milieu duquel on avait tiré un coup de feu. Nous étions à l'endroit du coup de feu. C'est ce qu'on a appelé la « fuite des galaxies ».

Prenons le spectre d'une galaxie, où l'on repère les raies caractéristiques du calcium par exemple. Si elle est relativement proche, on observe un décalage de ces raies par rapport à la position de référence en laboratoire. En appliquant la formule Doppler, ce décalage correspond à une vitesse d'éloignement de la source, disons, de 1 000 km/s. Or, si l'on prend une galaxie qui se trouve dix fois plus loin, le décalage sera dix fois plus grand, ce qui correspond à une vitesse d'éloignement dix fois plus grande. Cette relation entre distance et vitesse reste à peu près proportionnelle jusqu'à une certaine distance, au-delà les effets de courbure de l'espace et autres paramètres cosmologiques rendent la formule Doppler plus compliquée. Quoi qu'il en soit, plus les galaxies sont éloignées, plus le décalage vers le rouge est grand, et plus les vitesses apparentes de fuite sont grandes.

Ces observations ont provoqué un choc dans la communauté des astronomes, car il était incompréhensible que des objets aussi volumineux et aussi massifs que des galaxies puissent atteindre des vitesses proches de celles de la lumière. En extrapolant, on pouvait supposer que, si l'on observait des objets encore plus lointains, ils iraient encore plus vite et atteindraient finalement la vitesse de la lumière, ce qui était tout à fait incompatible avec la théorie de la relativité. Cela donnait également à penser que nous nous trouvions dans une position particulière, justement au centre de l'Univers, ce qui semblait fort peu crédible. Les scientifiques sont toujours très prudents lorsqu'une conclusion présente des allures anthropocentriques. C'est souvent que le raisonnement est biaisé : nous aboutissons au centre du monde parce que nous l'avons, d'une manière ou d'une autre, présupposé.

Les astronomes se trouvaient néanmoins dans un nœud, y compris Edwin Hubble et ses collègues qui étaient à l'origine de ces observations et qui ne parvenaient pas à les interpréter.

Il y avait pourtant une explication naturelle, mais qui exigeait d'en revenir aux principes fondamentaux de la théorie de la relativité. Ce travail, ce ne sont pas les observateurs qui l'ont fait, ni même Einstein, mais deux personnages moins connus de l'histoire des sciences : Alexandre Friedmann et Georges Lemaître[1].

Revenons d'abord à l'image du tissu courbé par la présence des masses. Il faut comprendre que, lorsqu'on pose une bille

1. Pour plus de détails sur leur vie et sur leur œuvre, voir J.-P. Luminet, *L'Invention du Big Bang*, Seuil, « Points Sciences », 2004.

sur le tissu, cela se traduit par une dilatation du tissu. À proximité d'un trou noir, l'espace ne fait pas que s'incurver, il s'étire. C'est bien ça, l'élasticité : une cuvette se creuse alors que dans les environs l'espace reste intact. La cuvette se creuse en étirant l'espace comme un bas nylon (et non en le tirant comme une couverture). Pour un observateur extérieur qui regarde une fusée en train de tomber vers le trou noir, celle-ci a l'air de s'allonger de plus en plus. Elle ne fait qu'épouser la trame de l'espace. Une fleur imprimée sur un bas nylon s'allonge aussi lorsqu'on tire sur le bas.

Plaçons maintenant une distribution homogène d'objets sur le tissu, dont la masse totale est suffisamment importante. Le résultat, outre les cuvettes locales, sera une courbure uniforme du tissu, autrement dit une vaste cuvette va se creuser, qui aura en chaque point la même courbure. Mais l'analogie avec le bas nylon s'arrête là. En effet, pour le tissu cosmique, un phénomène supplémentaire entre en jeu : la « courbure du temps ». Rappelons-nous qu'en relativité générale l'espace est inextricablement lié au temps, de sorte que la masse et l'énergie ne se contentent pas de déformer l'espace, elles déforment aussi le temps. C'est précisément ce que disent les équations : dès lors que la distribution de matière est uniforme, la composante « temps » de l'Univers est aussi affectée : le tissu ne peut rester statique (invariable au cours du temps), il doit obligatoirement varier ; soit une expansion, soit une contraction. À cause de cette courbure d'espace-temps, les petites cuvettes locales vont soit s'éloigner les unes des autres, soit se rapprocher, car elles sont emportées dans l'étirement du tissu. C'est la solution du problème de la fuite des galaxies : les observations nous disent que l'espace tout entier se dilate. En réalité, les galaxies ne sont pas animées d'une vitesse propre, c'est l'espace dans lequel elles sont plongées qui gonfle en chacun de ses points.

Dans ces conditions, il n'y a pas de centre d'expansion. Chaque point de l'Univers peut se considérer comme étant au centre, car l'Univers gonfle comme un ballon dont tous les points s'écartent les uns des autres. Si nous nous déplacions jusqu'à quelques milliards d'années-lumière et que nous mesurions la vitesse des galaxies, nous observerions également que toutes s'éloignent de nous. L'erreur, dans l'interprétation anthropocentrique, venait de la façon de formuler les choses. Ce n'est pas que toutes les galaxies s'éloignent de nous, c'est que toutes les galaxies s'éloignent les unes des autres. Ce qui est vrai ici est vrai aussi ailleurs, car c'est l'espace qui se dilate et non les galaxies qui bougent. Cette dilatation est une conséquence incontournable des équations de la relativité et de l'élasticité de l'espace-temps, dès lors que la distribution de matière est uniforme, comme c'est le cas pour l'Univers à très grande échelle.

C'est pourquoi l'on parle de vitesse *apparente* des galaxies pour ce qui concerne la « fuite des galaxies », alors qu'on parle de leur vitesse (réelle) lorsqu'on fait référence à leurs mouvements gravitationnels. Les galaxies voisines peuvent se rapprocher et entrer en collision en raison de leur influence gravitationnelle. Andromède s'approche réellement de nous, tandis que Goods 850-5 s'éloigne apparemment. Andromède bouge dans l'espace, tandis que Goods 850-5 bouge avec l'espace – ce qui ne l'empêche pas d'avoir des mouvements gravitationnels à l'échelle locale, vis-à-vis de ses voisines, mais qui sont imperceptibles pour nous, vu la distance énorme.

Cette découverte d'un Univers en expansion a transformé notre vision du monde, jusque-là considéré comme statique et éternel. Elle a débouché sur la théorie du Big Bang élaborée par Georges Lemaître, aujourd'hui encore le seul modèle plausible de l'évolution de l'Univers considéré dans son ensemble. Reste à savoir quel est le scénario à long terme qui prolonge la situation observée aujourd'hui. L'Univers va-t-il continuer à se dilater indéfiniment ? Va-t-il arrêter son expansion et se recontracter ?

Dans un graphique manuscrit de Georges Lemaître, daté de 1927 et non publié de son vivant, on voit tous les cas de figure possibles pour l'évolution de l'espace[2]. Dans un premier scénario, l'espace démarre à volume nul, subit une expansion, atteint un volume maximal puis entre en contraction et revient à zéro. On appelle ce modèle un *Univers fermé*, qui commence par un Big Bang et se termine dans un Big Crunch. On peut

2. Pour une version moderne, voir par exemple http://map.gsfc.nasa .gov/media/990350/990350b.jpg

aussi imaginer que l'Univers rebondisse et entame une nouvelle expansion après le Big Crunch. On aurait alors un « Univers phénix », qui renaît continuellement de ses cendres, en une succession de cycles ininterrompus. Entre ces deux options, il est impossible de trancher, car aucune loi de la physique n'est capable d'extrapoler au-delà d'une discontinuité comme le Big Crunch. Cette situation de densité infinie agit comme un court-circuit qui « brûle » les équations. Nous ne savons pas si l'Univers peut survivre à un Big Crunch, mais en tout cas les mathématiques ne le peuvent pas, à ce jour du moins.

Dans le deuxième scénario calculé par Lemaître, l'Univers reste en expansion perpétuelle, mais cette expansion se ralentit au cours du temps.

Dans le troisième scénario, l'Univers est aussi en expansion perpétuelle, mais sa vitesse, après avoir diminué, recommence à croître – l'Univers entre en expansion accélérée. Ces deux derniers scénarios sont des modèles d'*Univers ouvert*, où il n'y a pas de bornes à l'expansion. Dans un article de 1931, publié cette fois, Lemaître avait opté pour le troisième scénario, mais personne ne le prit vraiment au sérieux.

Outre les scénarios du futur, le génie de Lemaître fut aussi de faire tourner le modèle à l'envers et de suggérer que l'expansion partait d'un point unique, qu'il qualifia d'« atome primitif » et fut appelé plus tard « Big Bang ». L'ensemble des physiciens, y compris Einstein, étaient fort hostiles à cette proposition, tant dominait l'idée d'un Univers statique et éternel. Les observations d'Edwin Hubble jetaient la confusion, mais ne faisaient pas encore l'objet d'un consensus. Einstein tenta même d'ajouter un terme à ses propres équations afin d'assurer cette stabilité. C'est pourtant Lemaître qui avait raison. On eut la preuve expérimentale du passé très dense et très chaud de l'Univers seulement en 1965, avec la découverte du rayonnement fossile.

Découvrir que l'Univers n'est pas statique mais évolutif, qu'il possède une origine, une histoire et un destin, voilà l'une des ruptures majeures de la science au XXe siècle. L'un de ces moments où les œillères tombent.

Trois scénarios pour le futur de l'Univers ont donc été proposés par Georges Lemaître, et, depuis, la cosmologie tâche de déterminer dans lequel se place l'Univers réel. Elle l'a fait en développant à la fois les arguments théoriques, les mesures expérimentales et les observations astronomiques. Savoir dans quel modèle on se trouve permettrait à la fois de prévoir le futur et de reconstituer le passé. On voudrait surtout savoir si l'on se place dans un scénario ouvert ou fermé. La différence est grande, puisque, dans le cas fermé, l'Univers est borné à la fois dans le passé et dans le futur, avec une durée de vie de l'ordre de 100 milliards d'années. Un Univers ouvert, lui, possède une origine fixe, mais aucun terme qui borne son avenir ; c'est un Univers immortel.

Le futur de l'Univers

Comment faire pour savoir dans quel scénario on se trouve ? La théorie montre que le destin, ouvert ou fermé, de l'Univers sera déterminé non seulement par la quantité de matière totale qu'il contient, mais aussi par la nature de cette matière. Apportons en effet cette précision capitale : quand on dit « matière », il s'agit de matière au sens large, c'est-à-dire énergie. En effet, Einstein a montré l'équivalence entre matière et énergie, résumée dans sa célèbre formule $E = mc^2$. Toute matière courbe l'espace, et toute forme d'énergie produit exactement le même effet qu'une quantité de matière équivalente (équivalente selon ladite formule). L'énergie courbe l'espace comme la masse, car la masse, c'est de l'énergie en briques. Ainsi, pour mesurer la courbure globale, il faut mesurer la quantité totale de matière et d'énergie présente par unité de volume dans l'Univers – ce qu'on appelle la « densité d'énergie ».

Admettons pour commencer que toute l'énergie de l'Univers se trouve sous forme de « matière » (astres, particules, rayonnements, etc.). La théorie prédit qu'il existe une densité critique qui fera la différence entre un modèle ouvert et un modèle fermé. La valeur de cette densité critique est incroyablement faible : 10^{-26} kg/m^2 – soit pas plus de six atomes d'hydrogène par mètre cube[3].

Si la densité réelle de l'Univers est supérieure à cette densité critique, la courbure globale est positive, et l'on se trouve dans un Univers sphérique. L'Univers connaîtra alors un destin fermé (contraction et Big Crunch). On se trouve dans le premier scénario de Georges Lemaître.

Si la densité d'énergie de l'Univers est exactement égale à cette valeur critique, la courbure globale est nulle, et l'on se trouve dans une géométrie euclidienne, qui correspond à un Univers ouvert. Et, si la densité est inférieure, la courbure est négative, et la géométrie est hyperbolique, ce qui correspond à un Univers ouvert également. Dans ces deux derniers cas, l'expansion durera éternellement, quoiqu'en se ralentissant. On est dans le deuxième scénario de Georges Lemaître.

Quant au troisième scénario, un Univers en expansion accélérée, il n'a pas été envisagé sérieusement à l'époque, car il y fallait des conditions trop exotiques. Mais nous en reparlerons.

Tout cela étant, comment faire pour mesurer la densité d'énergie réelle de l'Univers ? Il faudrait d'abord être sûr de savoir ce qu'est l'énergie dans l'Univers. Car elle existe sous plusieurs formes.

Nous connaissons bien l'énergie qui se trouve stockée sous forme de matière, et nous pouvons en faire l'inventaire, en trois étapes.

Tout d'abord, il s'agit de compter les étoiles, les galaxies, bref, de recenser toute la matière visible, celle qui veut bien nous faciliter la tâche en brillant franchement. Lorsqu'on procède à ce calcul, on rassemble une densité d'énergie qui n'atteint même pas un centième du seuil critique. Il y a extrêmement peu de matière visible dans l'Univers. D'accord, il y a aussi l'énergie contenue dans tous les types de rayonnements électromagnétiques qui traversent l'Univers, mais elle est complètement négligeable dans l'Univers actuel. *Idem* pour l'énergie des neutrinos.

---

3. Le vide le plus poussé en laboratoire contient encore 200 milliards de molécules par mètre cube !

Ensuite, il faut ajouter toute la matière qui ne brille pas par elle-même, mais qui reste constituée comme nous d'atomes : étoiles naines, planètes, gaz très froid, poussières – tout ce qu'on appelle la matière noire atomique (ou « ordinaire »). On peut y ajouter les trous noirs, qui ont été constitués à partir de matière atomique. L'ensemble de cette matière invisible pèse dix fois plus que la matière visible.

Enfin, on sait qu'il existe de grandes quantités de matière noire « exotique », que l'on ne détecte pas directement mais dont on voit les effets dans la dynamique des étoiles et des galaxies. Cette matière noire commence à être bien localisée grâce aux mirages gravitationnels. On a vu que ces mirages, par leur amplitude et par leur forme, fournissent des informations sur la quantité de matière présente dans la lentille et sur sa répartition. Leur étude prouve que la matière noire est très répandue dans l'Univers. Il y en a environ six fois plus que de matière ordinaire (visible et invisible).

Finalement, la somme de ces trois types de matière fournit une densité d'énergie qui s'élève à environ 30 % du seuil critique (0,4 % de visible, 4 % d'invisible et 25 % d'exotique). On est toujours très loin du compte.

Et alors ? direz-vous. En quoi cela pose-t-il problème ? Si la densité réelle est égale à 30 % de la densité critique, la courbure est négative. On se trouve dans un Univers hyperbolique en expansion décélérée. Affaire classée.

Pas si vite ! Il existe d'autres mesures qui donnent un résultat différent. Car le recensement systématique de la quantité d'énergie dans l'Univers n'est pas la seule approche possible pour évaluer sa courbure. On peut aussi essayer de la mesurer directement.

Nous avons vu que, dans un Univers à courbure positive, la géométrie serait telle que la somme des angles d'un triangle excéderait 180°. Dans un Univers à courbure nulle, elle vaudrait exactement 180°, et, dans un Univers à courbure négative, elle serait inférieure.

Alors, n'est-ce pas tout simple de savoir dans quel cas on se trouve ? Ne suffit-il pas de mesurer les angles d'un triangle ? Tout le monde peut tracer un triangle sur une feuille de papier et constater que la somme des angles est de 180°. Donc la courbure est nulle. Donc on se trouve dans un Univers euclidien en expansion décélérée. Affaire classée.

Pas si vite ! Toutes les mesures géométriques que nous pouvons faire ne concernent qu'une échelle locale. Même si nous mesurons un triangle formé par la Terre, le Soleil et Jupiter, ce triangle est minuscule, comparé à la taille de l'Univers. Il ne nous dit rien sur sa géométrie globale.

Prenons une simplification à deux dimensions. Imaginons que nous soyons sur une sphère géante. En fait, c'est bien le cas, mais imaginons que nous ne le sachions pas. Nous aurions beau tracer des triangles sur la table, ils seraient toujours euclidiens, et nous pourrions penser que nous vivons sur un plan. Mais, si nous avions l'idée de mesurer un triangle qui fait 1 000 kilomètres de côté, nous pourrions constater que la somme des angles dépasse 180°. À cette échelle, le triangle épouse la courbe de la Terre, il est convexe, comme un tatouage sur une joue gonflée. Et il suffit de le mesurer pour avoir la preuve de cette courbure.

De la même façon, mais dans un espace en trois dimensions, nous pouvons essayer de mesurer les angles d'un triangle géant tracé dans l'Univers, pour voir si celui-ci est convexe.

Quel est le plus grand triangle imaginable ? Celui dont deux côtés, partant depuis la Terre, feraient 50 milliards d'années-lumière, c'est-à-dire le rayon de l'Univers visible (nous expliquons plus loin ce chiffre apparemment surprenant). Et, précisément, nous recevons de la lumière qui nous parvient depuis le fond de l'Univers ; il s'agit du *rayonnement fossile* émis peu de temps après le Big Bang. Là aussi nous en reparlerons dans un moment. Plus vieux que les étoiles, plus vieux que les galaxies, il vient du premier moment de l'Univers visible, et donc le plus éloigné. C'est la première lumière du monde. Celle-ci nous parvient de toutes les directions à la fois car elle a été émise en tout point de l'espace en même temps. C'est comme une coquille, un mur d'enceinte, une clôture brillante avant le noir, une ceinture de lumière qui entoure l'Univers observable. La ceinture n'est pas parfaitement uniforme, mais grumeleuse ; on peut y choisir un grumeau caractéristique, comme une brique dans le mur d'enceinte dont on connaîtrait le format. Nous avons là le troisième côté de notre triangle cosmique. Connaissant les mesures des trois côtés du triangle, la trigonométrie élémentaire nous dit qu'il ne reste plus qu'à mesurer l'angle sous lequel on voit la brique depuis la Terre, ce que l'on sait faire depuis peu, et l'on obtient la somme des angles du triangle. On trouve que celle-ci est proche de 180° avec une faible marge d'incertitude, inférieure à 10 %. Cela signifie que la courbure de l'espace est proche de zéro.

Ce résultat est incompatible avec la courbure calculée à partir du recensement de la seule matière. Si la densité d'énergie était celle fournie par ce recensement, la courbure de l'espace serait très négative, et la somme des angles très inférieure à 180°.

Or la mesure des triangles cosmiques est formelle : elle correspond à une densité d'énergie comprise entre 99 % et 102 % de la valeur critique, soit trois fois plus que ce que dit l'inventaire de la matière. Et, comme pour nous taquiner, la fourchette tombe exactement autour de la valeur critique, ce qui laisse le doute entier quant à savoir lequel des trois scénarios de Lemaître est le bon.

Ces mesures directes de la courbure maintiennent donc le suspense intact, et de surcroît ouvrent un mystère abyssal : de quoi peut bien être constituée l'énergie que nous n'avons pas recensée, et qui remplit l'écart entre 30 % et une valeur proche de 100 % ? Il doit exister dans l'Univers une forme d'énergie que nous ne connaissons pas mais qui a des effets gravitationnels, puisqu'elle contribue à la courbure de l'Univers. C'est ce qu'on appelle communément *l'énergie sombre*.

Sans elle, la matière pèse si peu que l'Univers serait fortement hyperbolique, comme l'espace de la selle de cheval. Mais, puisque les mesures de triangles montrent une courbure nulle ou presque nulle, il y a nécessairement une énergie qui aplatit la selle et qui n'est pas constituée de matière, ni ordinaire ni exotique.

Allons bon ! On se trouvait déjà aux prises avec une matière qui nous est inconnue à 80 %. Maintenant, cette matière est plongée dans un bain d'énergie trois fois plus puissant qu'elle et qui nous est totalement inconnu.

Entre-temps, et indépendamment des mesures sur la courbure de l'espace, d'autres observations sont venues apporter une réponse quant au destin de l'Univers. Enfin une réponse !

Heureusement qu'il y en a de temps en temps... du moins pour ceux qui sont patients. Celle-ci arrive soixante-dix ans après la question posée par Lemaître en 1927 : vers quel scénario se dirige l'Univers ? Fermé, ouvert décéléré ou ouvert accéléré ? Depuis 1998, nous sommes à peu près sûrs qu'il s'agit du seul des trois qui n'avait pas été sérieusement envisagé : une expansion perpétuelle accélérée !

Cette assurance est venue par surprise. Elle provient de mesures précises de la distance d'objets très éloignés (certains types de supernovae d'éclat constant). Ces distances sont plus grandes que ce que permettent les scénarios à expansion décélérée. Elles impliquent que le taux d'expansion est plus rapide aujourd'hui que ce qu'il était par le passé. Il nous faut désormais digérer ceci : l'Univers, après une longue phase de décélération, a entamé une accélération de son expansion depuis quelques milliards d'années.

Au moment de la découverte, ce fut un choc sismique dans la profession. Peu s'attendaient à un tel schéma, hormis quelques théoriciens qui se souvenaient du modèle préféré de Lemaître. C'était un coup de théâtre. Mais le résultat s'est maintenu après plusieurs campagnes de vérifications indépendantes, et il faut bien se rendre à l'évidence : l'expansion de l'Univers ne ralentit pas, elle s'accélère. Cela se passe aujourd'hui, sous nos yeux, les supernovae lointaines en sont la preuve. Finalement, c'est l'hypothèse la plus exotique qui est la bonne.

Alors, pourquoi ne voyons-nous pas le Soleil et les autres planètes s'éloigner de nous de plus en plus vite ? Pourquoi ne voyons-nous pas Madrid s'éloigner de Paris, ni le lit de la garde-robe ? Parce qu'à notre échelle ni l'expansion ni son accélération ne sont perceptibles, loin s'en faut. On parle ici de grandeurs cosmologiques, valables sur des distances de plusieurs millions d'années-lumière. Le taux d'expansion actuel de l'Univers est de 22 millimètres par seconde par année-lumière. C'est-à-dire que deux points séparés par une année-lumière (10 000 milliards de kilomètres) s'éloignent l'un de l'autre à une vitesse de 22 millimètres par seconde, ou encore 80 centimètres en une heure. Autrement dit, l'escargot le plus léthargique bat l'Univers à plates coutures. Du moins sur une distance d'une seule année-lumière. Mais vous savez maintenant qu'une année-lumière n'est qu'une miette face à la taille de l'Univers. Si on prend une distance plus respectable, par exemple 10 milliards d'années-lumière, celle-ci s'étend de 8 millions de kilomètres en une heure. L'escargot peut aller se rhabiller, et même le guépard. Comme toujours, tout dépend de l'échelle à laquelle on considère les événements.

Nous semblons donc cantonnés dans le troisième scénario, celui de l'expansion accélérée. Partons de cette certitude pour déduire le reste. Une expansion accélérée, cela suppose quoi, cela se fabrique comment ? Il faut « tout simplement » que dans la densité de matière-énergie *totale* intervienne une énergie de type *répulsif,* et qui ait un effet dominant à long terme sur l'histoire de l'Univers. Telle est la condition « aberrante » qui apparaissait dans les calculs de Georges Lemaître et que nous sommes obligés de prendre au sérieux aujourd'hui. Une densité de matière éventuellement supérieure au seuil critique, donc une courbure positive, mais un Univers qui malgré tout reste ouvert et non voué à se recontracter parce que la plus grande part de cette énergie n'est pas de la matière. Si la densité d'énergie était formée seulement de la matière que nous connaissons (ordinaire ou exotique), l'Univers serait amené à se recontracter sur lui-même, car la matière répond à la gravitation, toujours attractive. Au lieu de cela, l'Univers accélère son expansion. C'est que le reste de la densité est fait d'une énergie non attractive, mais au contraire répulsive. Contrairement à la matière, qui a tendance à se rassembler, cette énergie a tendance à dilater l'espace en chacun de ses points. Elle intervient pour 70 % dans la densité totale de l'Univers, tandis que la matière compte pour 30 %. C'est l'« énergie sombre », et l'on n'a pas le moindre indice à son sujet.

À moins que...

Certains physiciens n'hésitent pas à dire que cette énergie sombre n'est autre que l'énergie du vide, une assez vieille actrice de la physique quantique. Rien n'est moins sûr, mais l'énergie du vide est en effet la meilleure candidate à ce jour.

De quoi s'agit-il ? Pour comprendre comment le vide pourrait être porteur d'énergie, il faut emprunter un petit détour théorique. Outre la relativité générale, la physique d'aujourd'hui repose sur un autre pilier : la mécanique quantique. Celle-ci décrit le monde microscopique, dont les lois bousculent souvent nos représentations classiques. Par exemple, dans une approche classique, le vide ne contient rien. On peut imaginer une boîte dont on enlève tous les objets, l'air, les microbes, les particules, le champ électrique, absolument tout, et l'on dira que cette boîte est vide, qu'elle ne contient plus rien. En physique quantique, une boîte ne sera jamais vide – mais on parle alors d'une boîte microscopique, à l'échelle des particules élémentaires. Même si l'on a enlevé toute particule et tout rayonnement, dans son état le plus vide, elle contiendra encore un état d'énergie minimal, qu'on appelle l'« état fondamental » et qui est aussi l'état le plus stable du système. En physique quantique, le vide n'est pas vide, il est « ce qui se fait de plus vide » mais qui possède une énergie résiduelle.

L'énergie sombre, ce serait, à l'échelle cosmique, cet état d'énergie minimal qui emplit tout l'espace. Car qu'est-ce que l'espace, sinon une grande boîte faite de petites boîtes ? Une somme faramineuse de petites boîtes. Chaque petite boîte ne contient qu'une énergie microscopique, et à notre échelle nous pouvons continuellement la négliger. Mais, à l'échelle de l'Univers tout entier, il est possible que la somme de toutes les petites boîtes finisse par dominer les autres formes d'énergie contenues dans la matière. Un peu comme la tortue finit par battre le lièvre dans la fable de La Fontaine. Le lièvre court vite, mais il se repose souvent. De même, la matière pèse lourd, mais elle est très localisée et n'occupe qu'une toute petite portion de l'Univers. Le vide finit par la battre à l'usure. Ainsi, le destin global de l'Univers serait finalement dicté non par les étoiles et les galaxies, mais par le vide qui les sépare !

Dans ce modèle, encore spéculatif, l'énergie du vide est répulsive et contrecarre la gravité attractive. Son effet est si important qu'elle force l'Univers à subir une accélération de son expansion, quelle que soit sa courbure. Nous reparlerons plus loin de cette étrange énergie du vide, car elle peut ouvrir des perspectives encore plus étonnantes.

Si l'énergie sombre est bien l'énergie du vide, alors elle dominera de plus en plus l'énergie de la matière (qui, elle, se dilue tandis que l'espace se dilate), et l'expansion continuera à s'accélérer constamment. Mais les théoriciens ont imaginé d'autres solutions, où l'énergie sombre serait due non pas au vide mais à un champ encore plus étrange appelé « quintessence » ; dès lors, on peut tout imaginer, notamment que l'énergie quintessente rediminuerait dans le futur et céderait à nouveau le pas à l'énergie matérielle. Les nostalgiques du Big Crunch se rassurent comme ils peuvent !

Le passé de l'Univers

Jusqu'où peut-on remonter dans le passé de l'Univers ? Plus les objets observés sont éloignés, plus on remonte dans le passé, et chaque nouveau télescope permet d'aller plus loin. Existe-t-il une limite ? En toute logique, oui. Si l'on observe une région tellement éloignée qu'elle correspond à une époque antérieure à la formation des galaxies, on ne pourra plus rien voir. Un télescope superperfectionné signerait sa propre inutilité, puisqu'il observerait un passé tellement reculé que les objets à observer n'existent pas encore.

Et pourtant, il est des télescopes d'un type particulier, qui permettent de remonter bien avant la formation des galaxies, et qui captent les traces du premier rayonnement jamais émis : le *rayonnement fossile*.

Reprenons la théorie. En appliquant les équations « à l'envers », pour remonter dans le passé et décrire un Univers de plus en plus jeune, on arrive à la conclusion que le Big Bang a eu lieu il y a environ 14 milliards d'années. L'observation astronomique classique permet de remonter jusqu'à environ 12 milliards d'années, époque de formation des premières galaxies. Que s'est-il passé dans l'intervalle ? Dans quel état se trouvait l'Univers avant d'enfanter les premières galaxies ?

Plus on remonte dans le passé, plus l'Univers est dense, et plus il est chaud. Pendant les 400 000 ans qui suivent le Big Bang, l'Univers était si dense et si chaud qu'il se présentait comme un plasma, c'est-à-dire un mélange de particules élémentaires et de rayonnement, serrés au point que les rayons lumineux ne pouvaient pas y circuler. La lumière, à peine émise, était recapturée par la matière, exactement comme dans le cœur du Soleil. L'Univers ne laissait aucune place au rayonnement qu'il produisait. Ainsi, pendant 400 000 ans, la lumière ne pouvait pas se propager, et l'Univers restait opaque.

Mais, l'Univers étant en expansion, il est arrivé un moment où il a été suffisamment dilaté pour que la lumière arrive à se frayer un chemin entre les particules électrisées. C'est le moment où il a produit de la lumière pour la première fois – un *fiat lux* colossal et très chaud, émis tout à coup en tout point de l'espace. La température du plasma, au moment où cette première lumière a été émise, était de l'ordre de 3 000 °C. Puis la lumière a voyagé dans l'espace. Un rayonnement n'arrête jamais de se propager, sauf s'il est absorbé. Au bout de 14 milliards d'années, la lumière originelle voyage toujours, mais elle est mille fois moins chaude qu'au début. Donc, si la théorie est correcte, de toutes les directions du ciel devrait nous parvenir un rayonnement uniforme d'une température d'environ 3 kelvins (soit – 270 °C).

En 1965, Penzias et Wilson, deux ingénieurs qui travaillaient pour une société de téléphonie, ont mis au point un détecteur capable de capter les micro-ondes, c'est-à-dire une petite fenêtre du rayonnement électromagnétique, dans les basses longueurs d'onde – le même rayonnement qui est utilisé dans les fours à micro-ondes. Dans tous leurs essais, ils ont remarqué un bruit de fond constant qui provenait de toutes les directions du ciel. Après avoir tout essayé pour supprimer ce bruit parasite, y compris faire la chasse aux déjections de pigeons, ils ont rencontré des physiciens qui cherchaient depuis longtemps à valider la théorie du Big Bang par des observations astronomiques. Ensemble, ils ont compris que le bruit parasite n'était autre que le rayonnement fossile. Ce rayonnement possède la température de presque 3 kelvins qui était prévue par la théorie. Et sa longueur d'onde n'est plus celle qu'il avait au départ. L'éclair bouillant de la première lumière est fatigué, il s'est avachi en bourdonnement froid dans le domaine micro-ondes, à peine perceptible. N'empêche, on le tient, et il fait maintenant l'objet de tout un champ d'études spécifiques.

On peut reporter sur une mappemonde le ciel entier tel qu'il est vu par un télescope à micro-ondes. Les données brutes sont pleines de parasites car les étoiles de notre voisinage émettent aussi, parmi le large spectre de leur rayonnement, des micro-ondes, il faut donc soustraire toutes ces sources pour obtenir une image de l'émission de base. Cette image, une fois nettoyée, représente l'Univers primitif, tel qu'il était 400 000 ans après le Big Bang. C'est le premier visage de l'Univers visible (puisque avant cela il était opaque), son cri de nourrisson.

La première carte précise a été réalisée en 1992 par le satellite COBE[4]. Elle montre des variations infinitésimales de température d'une région du ciel à l'autre. La température moyenne est de 2,72 kelvins avec des variations très minimes, de l'ordre du cent millième de degré.

Ces observations permettent de confirmer deux choses. D'une part, que l'Univers primitif était effectivement un plasma extrêmement homogène, d'une température pratiquement uniforme au cent millième de degré près. D'autre part, qu'il existe néanmoins de très légères inhomogénéités dans le plasma initial, et heureusement, sans quoi nous ne serions pas là pour en parler. Car ces fluctuations infinitésimales sont à l'origine de toutes les grandes structures qui existent aujourd'hui dans l'Univers. Si tout avait été *parfaitement* homogène alors, l'Univers serait resté *parfaitement* homogène ensuite, et il n'y aurait ni étoiles ni galaxies à l'heure actuelle, donc ni vous ni nous. C'est à partir des fluctuations infinitésimales, des excès de densité ou grumeaux minuscules présents dans le plasma, que la gravitation a fait son œuvre, formant des condensations qui sont devenues les premières galaxies et les premières étoiles.

Tout ce que nous observons dans l'Univers, absolument tout, tire son origine des petites fluctuations qui se trouvent sur cette carte. On les appelle « fluctuations primordiales », bien qu'elles n'aient été émises que 400 000 ans après le Big Bang, mais il s'agit tout de même de la première lumière, et donc de l'image la plus ancienne qui soit de l'Univers.

Depuis 2003, nous disposons d'une carte plus précise, prise par le satellite WMAP[5]. La résolution de l'image permet de détailler les inhomogénéités de façon bien plus nette. Virtuellement, on pourrait même retrouver chaque graine de galaxie dans cette voûte tapissée de grumeaux.

---

4. http://aether.lbl.gov/www/projects/cobe/
5. http://map.gsfc.nasa.gov/index.html

Et d'où vient ce tissu de grumeaux ? Il est lui-même le résultat de l'histoire qui s'est déroulée dans le plasma primordial pendant 400 000 ans. C'est le produit final de l'agitation et de la vibration du plasma.

Pour prendre une image à deux dimensions, on peut penser à une peau de tambour sur laquelle on aurait répandu du sable et qu'on aurait fait vibrer pendant longtemps. Lorsqu'on regarde le dessin formé par le sable, on peut en tirer des informations sur 1) la force avec laquelle on a frappé le tambour, 2) la nature de la matière du tambour, 3) la géométrie du tambour (sa courbure), 4) la forme globale du tambour.

De la même façon, mais en trois dimensions, quand on analyse en détail la distribution des grumeaux du rayonnement fossile, on peut en déduire comment le jeune Univers a vibré. Et tirer de là les différents paramètres globaux de l'Univers.

Voici le résultat : clair, net, précis, l'état civil de l'Univers. Son âge : 13,7 milliards d'années. L'émission du rayonnement fossile : après 380 000 ans. La formation des premières étoiles : après 200 millions d'années. Sa composition actuelle : 0,4 % de matière visible, 3,6 % de matière noire ordinaire, 23 % de matière noire inconnue, 73 % d'énergie sombre.

Les trois premières composantes sont de la matière qui crée de la gravité. L'énergie sombre, elle, a l'effet contraire, elle est répulsive. À terme, la dilatation va l'emporter, et l'Univers suivra le scénario n° 3 de Georges Lemaître. L'expansion s'est déjà mise à accélérer il y a environ 7 milliards d'années.

Un futur sombre

Depuis sa découverte, en 1998, l'énergie sombre est au cœur de débats passionnés. Trois quarts de l'Univers jetés d'un coup sur le tapis, cela fait vaciller l'édifice et nécessite une refonte de la théorie. On commence à peine à comprendre ce que cette énergie pourrait être et les conséquences qu'elle entraîne. Bien qu'elle ait été détectée par le biais de ses effets sur l'Univers dans sa globalité, il se pourrait que sa présence affecte aussi les objets individuels : étoiles, galaxies et amas de galaxies. Pour les humains, les poux et les électrons, c'est peu probable, mais sait-on jamais...

Ironiquement, c'est son omniprésence qui la rend difficile à étudier. Un peu comme l'eau reste une énigme épaisse pour les poissons. Comment penser l'eau quand on ne peut positivement pas imaginer ce que serait l'absence d'eau ? Et comment penser une énergie qui s'étend partout, d'un bout à l'autre de l'Univers ? Contrairement à la matière, l'énergie sombre ne se regroupe pas en grumeaux, elle est distribuée de façon parfaitement homogène dans l'espace entier. C'est un fluide qui baigne tout, une nappe parfaitement régulière. Elle est là, partout et toujours, impossible d'en ausculter les moindres variations.

Au moins connaît-on sa valeur, grâce aux calculs sur la courbure globale de l'Univers. La densité d'énergie sombre – si on la convertit en équivalent-matière – correspond à celle de quelques atomes d'hydrogène par mètre cube, et ce, quel que soit le lieu où l'on se place dans l'Univers. De plus, cette densité n'a pas varié au cours du temps, quand bien même l'espace se serait considérablement agrandi. C'est l'une des propriétés bizarres de ce fluide qui est dit « à pression négative », une condition aberrante qui avait été anticipée par Lemaître dans son troisième scénario. La matière, elle, se dilue au fur et à mesure de l'expansion de l'espace, en bon fluide classique, à pression positive, et on l'en remercie. Un matériau qui se dilue quand l'espace s'agrandit, c'est logique et ça rassure. Mais une énergie qui reste imperturbablement au même niveau, quelle que soit l'expansion du substrat, allez comprendre !

On n'y comprend rien, mais on voit bien la conséquence : puisque, au fil du temps, la densité de matière diminue, tandis que la densité d'énergie sombre reste constante, leur rapport n'arrête pas de se modifier. Il fut un temps, quand l'Univers était petit, où la densité de matière dominait largement l'énergie sombre. Celle-ci ne pouvait même pas faire sentir sa présence. L'expansion de l'Univers ralentissait sous l'effet de la gravitation, comme tout un chacun s'y attendrait, un point c'est tout. Puis l'espace est devenu si grand que le rapport des densités s'est peu à peu inversé. La matière a progressivement perdu de sa puissance. Et, aujourd'hui que l'Univers est très grand, l'énergie sombre domine nettement la matière, comme un boxeur qui attendait que son adversaire se fatigue et qui maintenant lui met une raclée. Et c'est pourquoi l'expansion accélère.

Si l'on se penche sur la distribution de matière, celle-ci est très irrégulière, ce qui donne lieu à des situations locales différentes, plus ou moins pleines, plus ou moins chaudes, et tout le toutim qui en découle, dont nous. Mais, aux échelles les plus grandes, au-delà des galaxies, l'effet de l'énergie sombre est prépondérant. Et la théorie le confirme : il faut effectivement injecter l'hypothèse de l'énergie sombre dans les modèles numériques retraçant l'évolution de l'Univers pour que ceux-ci reproduisent les grandes structures que nous observons aujourd'hui : amas formés de toiles d'araignées gazeuses et gouttes de galaxies accrochées sur les fils ; parois, formées par les amas, d'une grande structure mousseuse en expansion. Les grandes bulles d'espace vide dans cette mousse sont le lieu où l'énergie sombre règne en maître.

Dans les galaxies, en revanche, la matière est très concentrée, et sa densité domine celle de l'énergie sombre. Celle-ci joue un rôle (provisoirement) anecdotique, et ses effets sont indétectables. Les galaxies ont assez de cohésion interne pour résister à la dilution de l'Univers. Elles ne s'étirent pas avec le temps – la gravité et la rotation de leur contenu les maintiennent en équilibre.

Et, dans une microstructure comme le système solaire, la quantité d'énergie sombre – ramenée à son équivalent-matière – correspond à la masse d'un petit astéroïde, mais qui serait uniformément distribuée. Elle ne peut donc avoir aucune influence sur le mouvement des corps massifs, et ce n'est même pas la peine de chercher à la détecter.

Sur le temps de vie de l'Univers, on pense que l'énergie sombre est responsable d'un renversement dans le rythme de formation des grandes structures, et même dans l'activité des trous noirs supermassifs. En effet, lorsque la densité de matière l'emportait sur la densité d'énergie, durant les six premiers milliards d'années de l'Univers, la formation des galaxies, celle des étoiles et l'activité des quasars montraient toutes un rythme soutenu. Le ralentissement observé de toutes ces activités correspond à l'époque où la densité d'énergie est devenue dominante et où l'expansion s'est mise à accélérer. L'énergie sombre, par la dilatation de l'espace intergalactique qu'elle impose, aurait ainsi ralenti ou tari l'alimentation des structures, et donc les taux de grossissement et d'agrégation des galaxies.

Aujourd'hui, la collision de la Voie lactée avec ses plus proches voisines est encore permise par l'interaction gravitationnelle, mais la collision d'amas de galaxies entre eux est, elle, rendue totalement impossible par l'accélération de l'expansion.

Attraction contre répulsion, gravité contre antigravité, le combat finit par devenir inégal. Il semblerait en effet qu'après avoir créé des structures grâce à l'action de la gravitation sur une matière dense l'Univers est en train de les isoler progressivement de toute attraction ultérieure en les forçant à s'éloigner les unes des autres. Le rapport 30/70 observé aujourd'hui continuera à évoluer en faveur de l'énergie sombre au fur et à mesure de la dilution de la matière. Sa densité diminuant constamment, elle ne vaudra bientôt plus que 25 %, puis 20 %, puis 15 % de la densité d'énergie totale de l'Univers. La force répulsive de l'énergie sombre se fera de plus en plus sentir. Il s'agit vraiment d'un curieux combat, où le premier adversaire était d'abord si puissant qu'on ne voyait même pas son opposant, et où le rapport de force s'inverse au point que ce dernier devient seul visible en fin de match. Et nous arrivons juste après le tournant où l'énergie sombre et sur sa force répulsive ont pris le pas sur la matière et sur sa gravité attractive.

Au bout du compte, en attendant suffisamment longtemps, l'Univers devrait finir par se disloquer complètement, d'abord les grandes structures et puis chacune de ses composantes. Notre monde finirait alors dans une immense désarticulation en cascade, un Big Rip (« grande déchirure ») qui ferait écho au Big Bang, une sorte de Big Bang inversé, infiniment étiré plutôt qu'infiniment comprimé.

Nous ne pouvons pas encore calculer très précisément le terme prévu de cette apocalypse explosive. Le scénario le plus pessimiste ne donne pas plus de 20 milliards d'années à vivre à l'Univers. 1 milliard d'années avant la fin, les amas de galaxies commenceront à s'éparpiller, puis les galaxies à se perdre de vue. Il n'y aura plus moyen d'en capter une au télescope. Toute preuve tangible de l'expansion de l'Univers aura disparu.

Songez que, dans ces conditions, une civilisation qui émergerait à cette époque ne pourrait voir aucune galaxie autre que la sienne, ni le rayonnement fossile, et ne pourrait développer qu'une cosmologie statique, même avec les meilleures techniques. Voilà de quoi rester songeur – et prudents quant à nos performances. Toutes nos théories sont fondées sur ce que nous pouvons voir – mais qui sait tout ce que nous ne pouvons pas voir ?

60 millions d'années avant la fin, les galaxies perdront leur cohésion et se feront écarteler par l'expansion de l'espace. Sur Terre, le ciel visible se videra peu à peu de toute étoile. Trois mois avant la fin, le système solaire se démantèlera. En quelques jours, les planètes seront emportées au loin par l'expansion, comme de vulgaires cabanes lors d'un glissement de terrain. Tous les corps célestes se trouveront alors isolés les uns des autres. Leur cohésion gravitationnelle suffira encore à les maintenir ensemble quelque temps. Trente minutes avant le Big Rip, il ne faudra que quelques secondes pour pulvériser la Terre, comme tous les autres astres, et disperser ses atomes dans l'espace. Ceux-ci se dissocieront à leur tour dans les dernières fractions de seconde. Il ne restera plus qu'une soupe de particules élémentaires infiniment diluée.

Selon les chiffres retenus pour la pression de l'énergie sombre, on peut étaler ce scénario sur 100 milliards d'années plutôt que 20. Mais le principe reste le même. En présence d'énergie sombre, l'Univers va vers une dilatation exponentielle, à tendance explosive sur la fin.

Exit le scénario de mort thermique par refroidissement lent qui prévalait il y a encore dix ans. On voyait l'Univers ralentir son expansion et arrêter progressivement toute activité, mais sur des échelles de temps immenses, car les étoiles naines peuvent théoriquement briller pendant des centaines de milliards d'années. Avec l'énergie sombre, l'éternité se fait la malle.

La taille et la forme de l'Univers

Quelle est la taille de l'Univers aujourd'hui ? Il faut tout d'abord distinguer « Univers observable » et « Univers réel ». Par définition, l'Univers observable est centré sur nous, et il est borné par un « horizon » de forme sphérique, au-delà duquel nous ne pouvons rien voir. Pensez au navigateur au beau milieu de l'océan, sa vue est forcément limitée à un horizon circulaire, en raison de la courbure de la Terre. Il sait très bien qu'il y a encore des terres et des mers au-delà. L'horizon n'est donc pas une vraie frontière physique. Ce n'est qu'une limite géométrique à sa perception. Nous sommes des navigateurs dans l'espace-temps. Celui-ci est courbé par la matière et par l'énergie (nous dit la relativité générale). Notre Univers observable est donc borné par un horizon sphérique. Le rayon de cette sphère est défini par la distance des sources lumineuses les plus éloignées. On pourrait penser que celle-ci dépend de nos moyens techniques, qui évoluent constamment. Or, grâce au rayonnement fossile observé en micro-ondes, nous avons déjà atteint la source lumineuse la plus lointaine possible (puisque c'est la première à s'être manifestée dans l'histoire de l'Univers). On pourrait ensuite croire que, puisque ce rayonnement a été émis il y a 13,7 milliards d'années, sa source – la ceinture de lumière qui entoure l'Univers observable – se trouve aujourd'hui à 13,7 milliards d'années-lumière. Il n'en est rien, contrairement à ce qu'on lit souvent dans les ouvrages de vulgarisation ! Sa distance, c'est-à-dire le rayon de l'Univers observable, est de 50 milliards d'années-lumière. Imaginez une fourmi se déplaçant à la vitesse de 1 cm/s le long d'un élastique qui s'étire en même temps ; au bout d'une minute, la distance effective qu'elle aura parcourue sera plus grande que 60 centimètres, car durant la minute en question l'élastique s'est allongé. De même, bien que les photons du rayonnement fossile aient voyagé 13,7 milliards d'années, l'expansion de l'espace a allongé leur route, si bien que la distance qu'ils ont effectivement parcourue avant de parvenir aujourd'hui à la Terre est de 50 milliards d'années-lumière...

En principe, il n'y a pas de raison de limiter l'Univers réel à la portion que nous pouvons voir ou calculer. Le marin, s'il n'a pas de notions de géographie, ne peut inférer la taille ni la forme complète de la surface terrestre à partir des seules observations effectuées à l'intérieur de l'horizon. *Idem* pour les navigateurs spatio-temporels ! L'Univers réel pourrait être infini. Il pourrait être fini, mais plus grand que l'Univers observable. Plus étonnant, il pourrait aussi être fini et *plus petit* que l'Univers observable, en imaginant que des illusions d'optique nous fassent voir plusieurs fois les mêmes objets, comme dans le modèle de l'Univers chiffonné[6].

Ces trois cas de figure peuvent en principe être départagés, dans la mesure où ils impliquent des profils différents pour les vibrations de l'Univers primordial, et où l'histoire de ces vibrations est inscrite dans le rayonnement fossile. Les données contenues dans la carte du rayonnement fossile résument ce qui est arrivé à l'Univers pendant les 380 000 ans de sa prime jeunesse. La carte est l'image d'une région de l'Univers dont la dimension était de 10 millions d'années-lumière : la taille de l'horizon cosmologique à l'époque où le rayonnement fossile a été émis. Fait remarquable, on y observe que l'Univers a vibré dans toute une série de longueurs d'onde, sauf les plus grandes. Dans la carte couvrant l'ensemble de la sphère céleste, il manque les vibrations à très grande échelle : la plus grande longueur d'onde cartographiée est plus petite que la taille de la carte. Pourquoi l'Univers aurait-il vibré de toutes les façons sauf en grand ? Réponse possible (mais pas la seule) : parce qu'il n'était pas si grand !

En effet, à l'instar de la corde de guitare qui ne peut émettre de notes trop graves en raison de sa taille finie, l'Univers ne peut pas vibrer sur une longueur d'onde plus grande que sa propre taille. Si la longueur d'onde maximale de la carte du rayonnement fossile est plus petite que la carte elle-même, c'est

---

6. Pour plus de détails, voir J.-P. Luminet, *L'Univers chiffonné*, Fayard, 2005, 2e édition (édition de poche Gallimard, « Folio », 2005), et R. Lehoucq, *L'Univers a-t-il une forme ?*, Flammarion, 2004.

un indice qu'à cette époque la taille de l'Univers réel était plus petite que celle de l'Univers observable. Et les choses n'ont pas pu changer depuis, les deux tailles ayant été dilatées de la même façon par l'expansion cosmique.

Si l'on cherche alors le modèle mathématique qui colle le mieux aux observations, on trouve un espace défini par une courbure très légèrement positive et une structure géométrique dodécaédrique reconnectée. En plus clair, l'Univers pourrait être assimilé à l'intérieur d'un ballon de football (un volume sphérique délimité par douze pentagones réguliers), dont les faces opposées sont collées entre elles, formant un espace continu, fini et sans bord[7].

Le volume du dodécaèdre – donc, celui de l'espace réel – n'occuperait que 80 % du volume de l'espace observable. Dans ce cas, il devrait y avoir des images fantômes qui provoquent l'illusion d'un Univers légèrement plus grand. Le mirage est très précisément calculable : la forme dodécaédrique devrait donner lieu à six régions circulaires dans la carte du rayonnement fossile exactement identiques à six autres régions circulaires diamétralement opposées. On s'emploie activement à les détecter. En 2008, une campagne de calcul franco-polonaise semble avoir porté ses fruits en fournissant des corrélations significatives entre douze portions de la carte du rayonnement fossile correctement positionnées. La probabilité que ces corrélations soient dues au hasard n'est que de 7 %.

Un Univers en forme de ballon de football, n'est-ce pas un peu tiré par les lacets ? Pas plus qu'un trou noir ou qu'un ornithorynque. La nature nous a déjà réservé tant de surprises...

Les premiers instants de l'Univers

La cosmologie a engrangé un immense succès avec la découverte et l'étude du rayonnement fossile. On est remonté jusqu'à 380 000 ans après le Big Bang et on a confirmé la théo-

7. http://www.obspm.fr/actual/nouvelle/feb08/PDS.fr.shtml

rie jusque-là. Maintenant, on aimerait remonter plus loin encore, derrière le mur de cette première lumière. Comment savoir ce qui s'est passé durant les 380 000 premières années ? L'observation astronomique directe ne peut rien fournir comme indice, puisqu'il n'y a plus de rayonnement à se mettre sous la lentille. Mais il existe des chemins indirects.

Reprenons la théorie pour essayer de prédire ce qui a pu se passer avant cette première lumière. Plus on remonte dans le temps, plus l'Univers devient dense et chaud. Si l'on remonte jusqu'à trois minutes après le Big Bang, la température moyenne est de 10 milliards de degrés. La théorie prédit que c'est la température à laquelle se forment les premiers noyaux atomiques. Avant cela, il fait tellement chaud que toutes les particules élémentaires sont indépendantes, mais, quand le thermomètre descend à 10 milliards de degrés, les neutrons et les protons se trouvent tout à coup fréquentables et s'associent. Les premiers noyaux sont nés.

Lorsque nous avons parlé de la formation des étoiles, nous avons dit, pour simplifier, que l'Univers primordial ne contenait que de l'hydrogène et un peu d'hélium. En fait, il y a eu une poignée de noyaux atomiques différents qui ont été formés au même moment : l'hydrogène et ses isotopes (deutérium, tritium), puis l'hélium, puis le lithium. On appelle cet événement la *nucléosynthèse primordiale*, première synthèse de noyaux atomiques de l'histoire de l'Univers.

Il y a eu beaucoup de refontes d'atomes par la suite dans le cœur des étoiles, mais c'est la mise de départ, la première donne du jeu de cartes, la palette du peintre, le bloc de marbre du sculpteur. Tout ce qui se fera par la suite devra sortir de là.

En un très bref instant, trois minutes après le Big Bang, les éléments primordiaux sont formés dans certaines proportions. L'hydrogène et l'hélium ont ensuite servi de matière première dans les usines stellaires, mais il existe d'autres éléments qui n'ont été ni détruits ni transformés en 13,7 milliards d'années (le deutérium notamment). C'est notre chance, car cela permet d'effectuer aujourd'hui des mesures de leur abondance qui peuvent confirmer ou non le modèle qui vient d'être décrit. Les mesures par spectroscopie montrent un accord très précis entre les abondances prévues et les abondances observées. Victoire :

le modèle tient la route jusqu'à trois minutes après le Big Bang. Sans télescope, mais en validant des calculs théoriques par l'observation directe de certains atomes, on peut donc se targuer de savoir, comme si on l'avait vu, ce qui s'est tramé à partir de trois minutes après le début de l'Univers. Ce faisant, on a « grignoté » 380 000 ans de plus sur les 13,6 milliards déjà cernés par le télescope.

À noter aussi qu'avec ça se trouve entièrement fixée notre généalogie intime, c'est-à-dire celle de nos atomes. Nous savions déjà que tous les éléments lourds qui entrent dans la composition de notre corps (carbone, calcium, oxygène, etc.) ont été synthétisés dans le cœur de plusieurs générations d'étoiles qui ont précédé le Soleil – et sont donc âgés de plus de 5 milliards d'années. Quant à l'hydrogène qui se trouve disséminé dans chacune de nos molécules, il vient en droite ligne de la nucléosynthèse qui a eu lieu trois minutes après le Big Bang. Dans notre corps se côtoient donc des témoins de la totalité de l'histoire cosmique, depuis la troisième minute de vie de l'Univers. Prenez une simple molécule d'eau présente dans votre peau ou votre salive. L'oxygène qu'elle contient a peut-être six milliards d'années au compteur, ou peut-être neuf. L'hydrogène en a 13,7 à coup sûr.

Serait-il possible de remonter encore plus loin et de franchir le mur de la nucléosynthèse primordiale ? On peut, oui, vérifier certaines prédictions sur ce qui se passe encore plus tôt dans l'histoire de l'Univers, non plus par l'observation du ciel ou des atomes, mais par la simulation délibérée en laboratoire. Est-ce à dire qu'on peut simuler le Big Bang au labo ? Pas à l'échelle, évidemment, ni depuis le tout premier instant, mais sur de très petites quantités de matière et au moyen de très hautes énergies, il est possible, en effet, de recréer les colossales températures et pressions que l'Univers a dû connaître dans ses premiers vagissements post-Big Bang.

Dans l'accélérateur du CERN, à Genève, on est arrivé à produire des températures de l'ordre de 10^{15} degrés, soit 1 million de milliards de degrés. Une telle température correspond à une époque où l'Univers était âgé d'un milliardième de seconde seulement. On confronte alors cette expérience à la théorie physique des hautes énergies, qui prédit la détection de particules spécifiques existant seulement dans ces conditions de température. Et voyez la puissance du raisonnement : ces particules ont effectivement été détectées. Ainsi, on peut dire qu'on a reconstitué expérimentalement les conditions du premier milliardième de seconde de l'Univers et que la théorie se vérifie. Ce ne sont plus des spéculations mais des observations. On a testé expérimentalement l'histoire de l'Univers en remontant jusqu'à un état qui précède la formation des atomes. Et que trouve-t-on ? Une soupe de quarks et d'électrons, les quarks étant les particules élémentaires qui constitueront plus tard protons et neutrons, qui eux-mêmes s'associeront plus tard pour former les noyaux atomiques. Pour reprendre la molécule d'eau de votre corps, tous ses quarks ont le même âge, soit l'âge de l'Univers moins un milliardième de seconde.

Quant à remonter encore plus loin dans le passé… il reste en théorie un champ infini, puisque la température au moment du Big Bang tend vers l'infini. 10^{15} degrés, ce n'est encore rien à côté de l'infini. Mais les vérifications expérimentales ne vont pas plus loin pour l'instant.

L'unification de la physique

Les physiciens ont pourtant envie de savoir ce qui s'est passé encore plus tôt. Pour cela, ils vont devoir résoudre un problème théorique épineux, qui exige que soient unifiés les grands domaines de la physique.

Celle-ci, fondamentalement, a toujours eu pour ambition d'expliquer la diversité du réel par une unité sous-jacente. Pythagore et Platon s'étaient déjà lancé ce défi. Une seule équation pour plusieurs phénomènes, tel est l'exploit préféré de la physique. Une seule loi explique la chute des pommes et le mouvement de la Lune. À force de regrouper ainsi des phénomènes variés dans des descriptions uniques, on est parvenu à tout réduire à quatre grandes classes de phénomènes, régis par quatre grandes forces. Les physiciens préfèrent aujourd'hui parler d'« interactions » plutôt que de « forces », pour se démarquer du vocabulaire de Newton (à moins que ce ne soit pour échapper à celui de *Star Wars*).

Il y a d'abord la gravitation, qui régit les pommes, la Lune et les galaxies, et qui est décrite à merveille par la théorie de la relativité générale. Il y a ensuite l'électromagnétisme, qui regroupe tous les phénomènes lumineux, magnétiques et chimiques, et que décrit également à merveille la théorie électromagnétique. Ensuite, il y a deux interactions qui ont été mises en évidence au début du XXe siècle, quand on a commencé à explorer la structure des noyaux atomiques. Ces deux interactions sont dites « nucléaires » parce qu'elles agissent à l'échelle du noyau. L'une est dite « forte » car elle assure la cohésion du noyau. L'autre est dite « faible » et provoque la désintégration radioactive des éléments instables.

Quatre interactions, c'est peu, mais c'est déjà trop pour un physicien. On aimerait réduire ce chiffre. Plutôt que quatre principes indépendants qui régissent les phénomènes, en avoir un seul qui pourrait prendre quatre formes, par exemple. Ainsi, les quatre interactions fondamentales seraient des aspects ou des niveaux différents d'une même réalité qu'on pourrait caractériser à un niveau plus profond – c'est-à-dire exprimer par une seule théorie fondamentale.

Car le problème, tant qu'on a quatre interactions, c'est qu'on a quatre théories, qui ne font pas nécessairement bon ménage. Selon le phénomène qu'on étudie, on se place dans l'une ou dans l'autre, et cela fonctionne du tonnerre. Mais, quand on étudie les balbutiements de l'Univers, tous les phénomènes se confondent, et les théories s'entrechoquent. Il faudrait qu'il n'y en ait qu'une, qui chapeaute tout et soit capable de se ramifier en quatre théories distinctes lorsque les conditions évoluent. Unifier, cela ne veut pas dire écarter les anciennes théories et les remplacer par une autre. Cela veut dire les englober dans une théorie générale qui les contient toutes, à titre de cas particulier dans telle ou telle condition, tel ou tel domaine. C'est un peu comme si l'on avait quatre livres qu'on veut fondre dans un seul grand livre dont chacun deviendrait un chapitre. Il faut que le grand livre parvienne à conserver les quatre chapitres tout en racontant une seule histoire cohérente.

C'est en ce sens que la théorie unifiée est dite « plus profonde », « plus générale » ou « plus fondamentale ». Mais les autres sont toujours valides pour les domaines où elles régnaient déjà.

Et, pour formuler cette théorie unifiée, comment le niveau d'analyse pourrait-il devenir plus fondamental ? En modifiant le niveau d'énergie auquel on observe le monde. Peut-être qu'en regardant l'Univers à un niveau d'énergie beaucoup plus élevé (tout juste après le Big Bang par exemple, ou, qui sait, dans le fond d'un trou noir) on s'apercevra que les interactions apparemment distinctes se confondent. Dans ce cas, les distinctions que nous observons aujourd'hui seraient dues au fait que nous vivons dans un Univers refroidi, à basse énergie. Il faut bien reconnaître que même la température qui règne au centre du Soleil, 15 millions de degrés, est risible comparée aux orgies de chaleur des premiers instants de l'Univers.

Si l'on s'élève de plus en plus haut en température, soit à petite échelle dans les accélérateurs de particules, soit en remontant dans l'histoire de l'Univers, les interactions pourraient fusionner entre elles et reformer l'unité sous-jacente. Cette hypothèse, formulée dès les années 1930-1940, est actuellement en voie de vérification. Les niveaux d'énergie qui ont été atteints dans l'accélérateur de particules du CERN ont déjà permis d'unifier l'électromagnétisme et l'interaction faible en une seule et même théorie : celle de l'interaction « électrofaible ». Celle-ci prévoit l'apparition, à ces températures, de certaines particules qui n'existent pas à basse énergie – c'est-à-dire dans la vie de tous les jours. Ces particules ont été détectées et permettent de conclure que la théorie électrofaible est correcte.

Mais, pour remonter plus loin vers les débuts de l'Univers, il faudrait que l'unification se poursuive. Qu'on dispose d'une théorie unifiée qui prédise ce qui se passe quand l'interaction électrofaible et l'interaction forte se fondent à leur tour en un seul phénomène. Cela suppose des températures plus énormes encore, qui régnaient à un moment vraiment très précoce de l'histoire de l'Univers, vers 10^{-32} seconde après le Big Bang. Cette théorie est en partie construite, mais sa vérification suppose des niveaux d'énergie complètement inaccessibles à l'expérimentation.

Cette nouvelle théorie unifiée permet aussi d'expliquer un fait jusqu'ici mystérieux : la prédominance de la matière sur l'antimatière. L'antimatière est une variété de matière qui porte des charges électriques opposées à celles de la matière que nous connaissons. D'après la seule théorie de l'interaction forte, matière et antimatière devraient se créer en quantités égales. On observe bien dans l'Univers des antiparticules émises dans des processus de haute énergie (rayons cosmiques, voisinage de trous noirs, etc.), mais il n'y a pas d'étoiles ni de galaxies d'antimatière. En fait, on estime qu'en moyenne il y a dans l'Univers une particule d'antimatière pour un milliard de particules de matière. L'unification entre la théorie de l'interaction électrofaible et celle de l'interaction forte permet d'expliquer cette forte asymétrie.

Quant à l'unification complète, qui joindrait la gravitation aux trois autres forces, elle se produirait à une énergie extraordinairement plus élevée, et donc à une époque incroyablement précoce, de l'ordre de 10^{-43} seconde. À ce niveau d'énergie, la gravitation et les trois interactions qui agissent sur la matière n'en formeraient plus qu'une. Sur le plan pratique, inutile de rêver. Nous ne pourrons pas produire les niveaux d'énergie nécessaires pour tester cette situation, à moins de construire un accélérateur de particules de la taille de la Galaxie. Oublions ! Sur le plan théorique, il s'agit d'unifier la théorie de la relativité générale et la physique quantique, ce qui pose d'énormes problèmes conceptuels et conduit à formuler toute une zoologie de particules nouvelles. C'est le plus grand défi de la physique d'aujourd'hui. Défi extrêmement ardu, car on part, d'un côté, avec une théorie purement géométrique (l'interaction gravitationnelle s'explique en termes de courbure d'espace-temps) et, de l'autre côté, on a les trois autres interactions fondamentales qui s'expliquent en termes quantiques – par des théories de champs où la géométrie n'intervient pas du tout. Il y a donc une incompatibilité de nature entre ces deux approches, bien que chacune se montre extrêmement efficace dans son domaine d'application. Mais, si l'on veut un jour parvenir à décrire le Big Bang ou le fond des trous noirs – puisqu'il s'agit de matière infiniment comprimée, donc infiniment chauffée, on se trouve dans le même genre de situation –, il faut impérativement parvenir à unifier la gravité et la physique quantique. Quelle voie choisir ? Faut-il tenter de géométriser la physique quantique, ou plutôt de quantifier la gravité ?

En physique quantique, on travaille avec des quanta, qui sont les unités minimales de certaines grandeurs physiques. Ces grandeurs sont donc de nature discontinue. L'énergie, par exemple, ne peut pas se présenter sous n'importe quelle valeur, mais seulement par multiples du quantum de base. De même en électricité, il existe une charge électrique élémentaire qui ne peut pas être divisée, c'est la charge d'un électron[8]. Si l'on voulait étendre ce principe fondamental à la relativité générale, il faudrait aussi quantifier ses grandeurs, c'est-à-dire imaginer des « grains » d'espace et des « grains » de temps. Mathématiquement, il est extrêmement compliqué de parvenir à définir des grains d'espace et de temps qui permettent de reconstituer tous les résultats de la relativité générale. Ce serait un peu comme réécrire tout un livre avec d'autres caractères n'appartenant à aucun alphabet connu, mais sans rien perdre du contenu. Actuellement, des dizaines d'équipes de chercheurs dans le monde planchent sur ce problème.

Il ne faut pas perdre confiance. La recherche de l'unification emprunte parfois de longs détours. Lorsque les physiciens ont vu apparaître des centaines de particules inconnues dans les accélérateurs, au cours des années 1970, ils se sont dit qu'ils faisaient fausse route. Mais ils ont réussi finalement à les regrouper toutes en 12 fermions (particules qui subissent les interactions) et 12 bosons (particules qui transportent les interactions) dans une théorie « électroforte », qualifiée généralement de « modèle standard ».

Dans les années 1980 est apparue une hypothèse qui semblait pouvoir débloquer la situation : l'idée que les particules ne seraient pas des masses ponctuelles mais des cordes qui vibrent. Une telle modélisation permet de faire progresser l'uni-

8. Les quarks sont censés posséder une charge électrique fractionnaire, mais ils sont confinés à l'intérieur de particules dont la charge est un multiple de la charge élémentaire, et n'ont pour l'instant jamais été détectés séparément.

fication, puisqu'il ne reste *in fine* que deux catégories de particules : les cordes ouvertes et les cordes fermées. Toutes les autres caractéristiques proviendraient des modes vibratoires de la corde. Malheureusement, pour développer mathématiquement une telle hypothèse, il faut utiliser des espaces à dix dimensions au moins. L'économie de particules se paie par une inflation géométrique. De plus, la taille infinitésimale postulée pour les cordes, inférieure à 10^{-33} centimètre, les rend inaccessibles à l'observation.

Toutes ces tentatives de « grande unification » ne sont pas testables expérimentalement pour l'instant. Mais la spéculation n'est pas gratuite, elle permet d'explorer des pistes nouvelles, et éventuellement de reconsidérer les conceptions de l'espace et du temps qui nous viennent de la relativité générale et de la physique quantique. Examinons un peu plus en détail l'une de ces voies de recherche que l'on peut appeler de façon poétique *l'écume de l'espace-temps*.

L'écume de l'espace-temps

Imaginez-vous en train de survoler l'océan en avion. Vous apercevez une surface bleue continue et lisse. Si vous observez la même surface depuis le pont d'un bateau, vous voyez des vagues qui forment un relief important. Et, si vous êtes en train de nager, vous voyez une surface très compliquée, inégale et sans régularité. Cette surface varie dans le temps et dans l'espace, des vagues montent, déferlent, vous buvez la tasse, de l'écume et des gouttes d'eau jaillissent et se détachent. La surface de l'eau ne vous apparaît plus comme un milieu continu, elle change sans arrêt, et vous ne pouvez plus rien prévoir à son sujet, si ce n'est sous forme statistique. À force d'observer les fluctuations, vous pouvez établir des probabilités pour qu'une vague d'une amplitude donnée apparaisse à un endroit donné.

Certains chercheurs ont essayé de transposer cette idée à la description de la structure intime de l'espace-temps. Si l'on observait celui-ci sur des échelles de distance extrêmement réduites, on verrait apparaître une sorte d'océan d'énergie qui fluctue en permanence.

Et, pour boucler la boucle, on peut postuler que cette énergie frémissante qui constitue la structure intime de l'Univers n'est autre que l'énergie du vide. C'est-à-dire cette énergie sombre qui semble dominer la dynamique cosmique. Toute la matière et tout ce que nous percevons dans l'Univers ne seraient que l'« écume » du vide. Un peu comme les gouttes d'eau qui se détachent de l'océan. La réalité matérielle serait tout entière contenue dans ces gouttes, et la réalité profonde serait l'océan lui-même, c'est-à-dire le vide quantique. On comprendrait mieux, alors, comment l'énergie sombre peut constituer l'élément dominant de l'Univers. Elle en serait la quintessence, tandis que toute la matière en serait un ornement ou une fluctuation. Le poète Paul Valéry disait : « Les événements sont l'écume des choses, mais c'est la mer qui m'intéresse. » Ce pourrait être l'en-tête du programme de recherche des physiciens d'aujourd'hui.

Le vide quantique serait le concept de base de l'Univers, préexistant à l'espace, au temps, à la matière… Ce serait l'entité permanente de l'Univers. Le vide quantique est caractérisé par une énergie, qui est le niveau d'énergie fondamental, la plus petite possible, mais non nulle. En outre, cette énergie fluctue spontanément. Et plus on l'observe sur un intervalle de temps court, plus on a de chances d'observer de fortes variations d'énergie. Cela en vertu du principe d'incertitude d'Heisenberg, selon lequel on ne peut pas fixer simultanément avec précision l'énergie et le temps d'un phénomène ou la position et la vitesse d'une particule. Donc, si l'on réduit le temps, l'incertitude sur l'énergie augmente, et aussi la possibilité qu'elle prenne des valeurs extrêmes. C'est ce qu'on appelle gentiment les « fluctuations spontanées d'énergie du vide ». Sur des échelles de temps extrêmement courtes, de l'ordre de 10^{-35} seconde, des pics d'énergie peuvent se développer, qui suffiraient à enclencher la matérialisation de particules jusque-là purement virtuelles. Une fois ce seuil franchi, la matière continuerait à s'engendrer par des réactions en chaîne. Comme de l'eau très froide dans laquelle un premier cristal de glace se forme, le vide quantique aurait dégénéré en matière à partir d'une seule fluctuation aberrante. Les pics d'énergie du vide quantique représentent donc chaque fois une probabilité d'apparition spontanée de l'Univers. Plein d'un mouvement aléatoire dont un seul peut entraîner le court-circuit, le vide quantique palpite dans un sursis perpétuel, jusqu'à ce que l'une de ses propres ruades l'expédie par la fenêtre et le transforme en Univers palpable.

Plus fort encore : on peut très bien imaginer que plusieurs fluctuations isolées entraînent plusieurs créations indépendantes et arriver ainsi au concept aventureux de *plurivers* (on dit aussi *multivers*). Il n'existe peut-être pas un seul Univers, mais une multitude d'univers, et chacun d'entre eux constitue une goutte dans l'écume qui jaillit spontanément du vide. À chaque vague un peu forte de l'océan, quelques gouttes se détachent pour former un nouvel Univers, le temps de laisser naître Mozart et Shakespeare, puis la goutte retourne au néant.

Il y aurait donc une réalité profonde, qui est le vide quantique, et qui nous échappe complètement – pour ce que nous en savons, rien n'interdit qu'il s'inscrive dans un espace à plus de trois dimensions –, et nous ne percevrions qu'une infime partie de la réalité sous forme d'une bulle d'écume, notre Univers, qui aurait jailli spontanément de ce vide voilà 14 milliards d'années. Parallèlement, il pourrait exister une infinité d'autres bulles, d'autres univers qui coexistent avec le nôtre, éventuellement dans d'autres dimensions d'espace. Ces autres univers jaillissent eux aussi du vide quantique, toujours à partir des fluctuations spontanées, mais avec des propriétés initiales différentes, ils peuvent donc être très différents du nôtre. Certains sont peut-être dénués de toute matière, d'autres ne connaissent que le rayonnement...

Pour imaginer à quoi pourraient ressembler d'autres univers, on prend les équations de la physique et l'on s'amuse à changer la valeur des constantes fondamentales, comme si l'on se trouvait devant le tableau de bord d'une machine à fabriquer l'Univers, libre de régler tous les boutons à notre guise. La machine en question est un puissant ordinateur qui calcule des modèles simulés d'Univers. On peut régler par exemple la valeur de la constante de gravitation sur une graduation deux fois plus élevée ou dix fois plus faible et voir ce qu'il advient des étoiles, des galaxies ou des protons. On s'aperçoit alors que, dès qu'on s'éloigne ne fût-ce qu'un tout petit peu des valeurs réelles, on engendre majoritairement des Univers stériles, qui ne forment jamais d'étoiles, de galaxies ou de planètes, et encore moins d'êtres vivants. Dans certains Univers, on ne trouve que des étoiles fabriquant du fer : tout l'hydrogène se transforme en plusieurs étapes jusqu'au fer, et les choses s'arrêtent là.

On pourrait en conclure que l'Univers qui nous entoure est bougrement improbable et spécialement conçu pour nous. Ce serait oublier qu'il ne peut en être autrement, sans quoi nous ne serions pas là pour le dire. Ce n'est pas une coïncidence mais une tautologie de dire que nous nous trouvons dans un Univers qui justement permet la vie. Tous les Univers stériles qui peut-être existent ou ont existé sont sans témoins pour en tenir la comptabilité. Nous sommes peut-être dans le seul Univers habité, mais il se peut qu'il ne soit qu'un parmi des millions d'autres.

Avec ce concept de plurivers, on est en passe d'élargir considérablement, une fois de plus, le cadre de la cosmologie. Si quelque indice devait conforter cette vision, on réaliserait une nouvelle révolution copernicienne, là où cela ne semblait plus possible : non seulement la Terre n'est pas au centre du monde, mais le monde lui-même ne serait qu'un monde parmi beaucoup d'autres.

L'Univers branaire

Parmi les modèles candidats au titre de théorie unifiée, une part importante est constituée de modèles d'espace-temps à dimensions supplémentaires. Car il reste des problèmes qui ne s'expliquent pas dans le cadre de notre espace-temps à quatre dimensions, même si on le décrit de manière complexe, régi par les phénomènes quantiques. L'une des voies pour surmonter ces problèmes est d'ajouter des dimensions à l'espace. Comment cela peut-il aider à résoudre un problème ? Voici un exemple simple, que vous connaissez sans doute sous forme d'une devinette : « Combien peut-on faire de triangles équilatéraux avec six allumettes ? » En général, on pose à plat les allumettes sur la table, et après de rapides essais on construit deux triangles avec cinq allumettes ; il en reste une, qui apparemment ne sert à rien. Or la bonne réponse est qu'on peut faire quatre triangles. Comment est-ce possible ? En pensant à sortir du plan bidimensionnel de la table et à utiliser la troisième dimension : vous faites alors une pyramide, dont les six arêtes sont vos allumettes, et les quatre faces, vos triangles équilatéraux. Toutes proportions gardées (car la question est infiniment plus compliquée !), pour résoudre certains problèmes liés à l'unification complète des interactions, il faut rajouter non pas une, mais *sept* dimensions à l'espace – ni plus ni moins, de manière à conserver une cohérence théorique !

Actuellement, certaines équipes développent donc des théories « branaires » qui fonctionnent dans des espaces-temps à onze dimensions (dix pour l'espace, une pour le temps). L'ensemble de notre réalité ne serait qu'une tranche quadridimensionnelle de cet espace-temps beaucoup plus vaste et plus riche. Les phénomènes physiques que nous observons ne seraient en quelque sorte qu'une projection en dimensions réduites de phénomènes plus vastes. Dans ces conditions, les physiciens devraient pouvoir, à partir des caractéristiques de cette projection, reconstituer ce qui se passe dans les dimensions supplémentaires. Un peu comme s'ils étaient réduits à observer un théâtre d'ombres et qu'ils devaient, à partir de simples silhouettes, reconstituer l'identité, la matière, l'épaisseur et la couleur des protagonistes. La lumière, la Terre, les trous noirs, autant d'ombres projetées sur un mur.

Mais que sont ces dimensions supplémentaires ? À notre échelle, elles sont cachées, contrairement à la verticale qui permettait de résoudre la devinette des allumettes. De toute évidence, on ne les voit pas, notre Univers nous apparaît en trois dimensions d'espace et en une de temps. Mais prenons un objet familier : un tuyau d'arrosage. C'est un objet en trois dimensions, qui occupe un volume. Mais, si vous le regardez de loin, que voyez-vous ? Rien qu'une ligne, un objet à une dimension. Les deux autres sont si petites qu'on ne les voit plus. Il faut regarder le tuyau avec une résolution du même ordre que le rayon de courbure du tuyau pour percevoir cette courbure et donc le volume de l'objet. Le tuyau d'arrosage possède une dimension développée et deux dimensions fortement recourbées. Si notre espace cosmique possédait des dimensions supplémentaires, ce devrait être un peu sur le même principe. Il y aurait trois dimensions déployées, que nous pouvons mesurer, et sept dimensions supplémentaires fortement courbées sur elles-mêmes, si fortement qu'elles nous deviennent complètement imperceptibles. Leur rayon de courbure serait de l'ordre de 10^{-33} centimètre. Et dans ces courbures infinitésimales se cacherait la vraie réalité du monde, qui reste à décrire par une théorie unifiée.

Au terme de cette randonnée dans l'espace, nous sommes en train d'évoquer des modèles purement spéculatifs concernant l'Univers. Mais les données qui ont permis de reconstituer son origine et son évolution sont, quant à elles, solidement établies. Ce qu'on appelle les modèles de Big Bang, régulièrement remis en question dans des titres à sensation, ce sont des modèles extrêmement solides à ce jour. Bien sûr, il reste des questions non résolues. Tout le suspense est de savoir si ces failles pourront un jour être comblées ou si elles déboucheront sur l'écroulement final du modèle au profit d'un autre, très différent.

Avant le Big Bang ?

Le Big Bang est-il le commencement du temps ou bien l'Univers existait-il avant ? Il y a moins de quinze ans, cette question somme toute naturelle prenait des allures de sacrilège. Si l'on s'en tient en effet à la relativité générale, elle n'a tout simplement pas de sens : imaginer une époque antérieure au Big Bang revient à chercher un point plus au nord que le pôle Nord ! Un Univers en expansion doit avoir commencé par un Big Bang, ce qui implique que le temps lui-même a commencé simultanément avec l'espace, la matière et l'énergie voilà 13,7 milliards d'années.

Cette façon de voir s'est modifiée au cours des dernières années. On l'a dit, le scénario du Big Bang « classique » cesse d'être correct lorsque le très jeune Univers était soumis aux lois de la physique quantique. Les théories d'unification de la gravité et de la mécanique quantique cherchent entre autres à éliminer l'idée d'une singularité génitrice du temps et de l'espace, et du coup permettent d'envisager de façon pertinente un « avant-Big Bang ».

Toutes les cultures et toutes les religions ont été confrontées à la question du commencement du temps et de l'origine du monde. Notre arbre généalogique continue-t-il éternellement dans le passé ou prend-il racine à un moment donné ? Aristote défendait l'absence de commencement en invoquant le principe selon lequel rien ne peut surgir de rien. L'Univers ne pouvant naître *ex nihilo*, il doit avoir toujours existé, et le temps doit s'étendre indéfiniment dans le passé comme dans le futur.

Les théologiens chrétiens ont défendu le point de vue inverse. Selon eux, Dieu, existant en dehors de l'espace et du temps, les a créés en même temps que les autres aspects du monde. Que faisait Dieu avant ? Il n'y avait tout simplement pas d'avant – dans une autre version, Dieu préparait l'enfer pour les curieux qui poseraient la question.

Les nouvelles approches de gravitation quantique donneraient plutôt raison à Aristote, en faisant disparaître la singularité originelle ; rien n'empêche alors de concevoir que l'Univers existait avant le Big Bang, ce dernier n'étant plus qu'une transition violente entre deux états de l'Univers.

Certains modèles simplifiés se risquent à décrire certains aspects du Big Bang quantique. Par exemple, le scénario « ekpyrotique » (du mot grec signifiant « conflagration ») est fondé sur l'idée que notre Univers est une brane qui flotte à proximité d'une autre dans un espace de dimension supérieure. Notre brane attire et est attirée par une autre brane. L'espace les séparant se comporte comme un ressort, qui les conduit à entrer en collision tandis qu'elles se contractent. L'énergie du choc est convertie en matière et en rayonnement : c'est le Big Bang vu depuis notre brane. Dans une variante, les collisions entre branes se produisent de façon cyclique ; on a en ce cas un Univers phénix renaissant périodiquement de ses cendres. Le Big Bang n'est plus qu'une péripétie car, si l'Univers fondamental est un assemblage de branes, celles-ci ne cessent de se percuter et de se croiser, chacune de ces rencontres suscitant, vue depuis l'une des branes, l'illusion d'un Big Bang.

Un autre modèle propose que l'Univers antérieur au Big Bang soit une image miroir de l'Univers postérieur. Reprenons son histoire dans un temps passé très lointain, disons 50 milliards d'années. L'Univers est une vaste étendue glacée presque vide, parcourue par quelques champs d'énergie. Avec le temps, les forces d'interaction gagnent en intensité dans certaines régions, et la matière commence à s'agréger, s'accumulant aux dépens des zones voisines. Ces grumeaux se trouvent soudain portés au-delà d'un point de non-retour et s'engagent dans un processus irréversible d'effondrement : des trous noirs se forment, bien sûr ! La matière piégée à l'intérieur s'isole, l'Univers s'est scindé en morceaux déconnectés. Au sein de chaque trou noir, la densité de matière devient toujours plus élevée ; l'espace s'écroule sur lui-même jusqu'à ce que la densité, la température et la courbure atteignent des valeurs maximales, à la suite de quoi ces quantités rebondissent et commencent à décroître. Le Big Bang n'est autre que le moment où se produit ce renversement. À partir de là, l'histoire devient celle de l'expansion décrite par la cosmologie habituelle.

Ces modèles évoquent des spéculations métaphysiques plus que des théories physiques, car ils ne reposent sur aucun calcul vraiment fiable. Ils ont au moins le mérite d'éliminer le Big Bang *stricto sensu* en tant que singularité et de retrouver l'éternité du temps passé, éliminant ainsi l'embarrassante notion de « cause première ».

3

L'HOMME DANS L'UNIVERS

Le moment est venu de récapituler les aventures du grand corps fluide et frémissant nommé « Univers ». À tout prendre, soyons délibérément anthropocentriques et ne retenons que les événements capitaux pour l'apparition de notre espèce.

Il va de soi qu'il y a beaucoup d'autres points de vue tout aussi valables. Du point de vue des particules élémentaires, par exemple, tout ce qui importe se produit pendant la première étincelle d'existence de l'Univers, une fois que les interactions fondamentales se sont découplées, après un milliardième de milliardième de seconde, tout est joué, scellé, taillé dans le marbre – car les péripéties ultérieures concernent des niveaux d'organisation dont les particules se fichent royalement. Elles y circulent sans même les voir. Entre le Big Bang et aujourd'hui, rien ne s'est jamais produit de marquant dans la vie d'un électron ou d'un proton. L'Univers est un long fleuve tranquille.

Ou encore, si l'on adopte le point de vue des planètes, tout ce qui importe s'achève avec la contraction d'un nuage interstellaire en nébuleuse protostellaire, puis en étoile active. À partir de là, on vit sa vie de planète sans sourciller, on trottine peinard sur son orbite pendant des milliards d'années, jusqu'à la mort de la bonne étoile qui vous efface de la carte.

Notre perspective est évidemment fort différente. Pour inscrire notre cas dans l'agenda cosmique, quatre grands épisodes de réorganisation du matériel disponible ont été déterminants : l'apparition des étoiles, l'apparition de la Terre, l'apparition de la vie et l'apparition de l'espèce humaine.

Imaginons, pour simplifier, que toute l'histoire de l'Univers soit comprimée dans l'espace d'une seule année[1]. Le Big Bang a eu lieu le 1er janvier à 0 heure, et nous sommes aujourd'hui le 31 décembre à minuit. Dans cette nouvelle échelle de temps, où chaque seconde équivaut à un peu plus de quatre cents de nos années (ce qui fait environ 37,5 millions d'années par jour pour un total de 13,7 milliards d'années), le premier événement marquant se produit au bout d'un quart d'heure : c'est la lumière, qui sort du brouillard. À la fin de la semaine, les premières étoiles commencent à se former ; les galaxies suivent, dont le gros de la troupe se constitue en février. La Voie lactée est une lève-tard et apparaît à la mi-avril. En son sein, les grosses étoiles vivent une demi-heure avant d'exploser et de répandre dans l'espace les éléments chimiques qu'elles ont fabriqués. De nombreuses générations d'étoiles se succèdent avant que le Soleil ne s'allume à son tour, le 9 septembre. Autour de l'étoile naissante, les planètes s'agrègent, et, le 13 septembre à 6 heures du matin, la Terre est constituée. Voilà, le décor est planté. Remarquez que c'est déjà l'automne, et nous sommes toujours au fond des coulisses.

Sur la nouvelle scène, stable et bien chauffée, des processus physico-chimiques encore mal connus se mettent à tourner plein gaz et aboutissent, le 25 septembre, à une invention prodigieuse, qui mériterait au moins le Nobel des Nobel : les bactéries. Celles-ci prolifèrent et envahissent littéralement la planète, profitant d'un règne sans partage pendant un peu plus de deux mois (c'est-à-dire 2,5 milliards d'années, le plus long empire de tous les temps). Trêve de monotonie : la photosynthèse, initiée début octobre, est achevée début décembre, en même temps que l'atmosphère d'azote et d'oxygène, et les bactéries découvrent la sexualité le 3 décembre. Dès lors, la vie se diversifie mais reste confinée dans les océans pendant deux semaines, à l'état d'organismes pluricellulaires, puis de vers mi-plantes mi-animaux. Les poissons pointent enfin le bout du nez le 19 décembre. Les premières plantes terrestres s'aventurent à

1. Le « calendrier cosmique » a été inventé par l'astronome américain Carl Sagan, afin de ramener à l'échelle humaine l'histoire de l'Univers, du Big Bang à aujourd'hui.

l'air le 20 décembre. Les animaux suivent le 21. Les insectes volent le 22, les arbres font de l'ombre le 23. Les dinosaures arrivent juste à temps pour le réveillon de Noël, après quoi ils se prennent un pavé sur le crâne, qu'ils ont petit, et rendent l'âme le 30 décembre. Entre-temps, les mammifères sont apparus le 26, les oiseaux le 27, les fleurs et les fruits le 28, et ces nouvelles trouvailles traversent adroitement le cataclysme du 30. Le grand règne des mammifères s'installe.

À partir de maintenant, l'histoire s'emballe. Enfin, d'un point de vue strictement humain, bien sûr – car, pour les particules, tout est calme, pour les bactéries, la vie suit son cours, pour les dinosaures, tout est fini, et pour l'intelligence artificielle, tout dort encore.

Pour détailler ce qui se passe dans la dernière journée et qui compte pour *Homo sapiens sapiens*, un gros coup de zoom est nécessaire.

Le 31 décembre à midi apparaissent les primates, à 14 heures les plus malins d'entre eux descendent précautionneusement des arbres pour explorer la savane. Lucy et ses congénères se mettent debout à 22 h 30. On pourrait croire que ces premiers hominidés vont déferler sur le monde, mais non, ils attendent, ils expérimentent leur cerveau modèle turbo, se demandent qu'en faire, se préparent longuement à frapper un grand coup, et, à minuit moins le quart, c'est l'illumination, le feu est enfin conquis et maîtrisé, on va pouvoir passer aux choses sérieuses. Ce qui veut dire que tout le reste, absolument tout ce qui constitue pour nous la grande aventure de l'humanité, se produit dans le dernier petit quart d'heure. La cuisine, les vêtements, l'habitat, les armes, les tombes, les peintures rupestres, l'agriculture, l'écriture, les bijoux, la musique, la danse, les dieux et les pinces à cheveux, bref, tout ce qui enrobe l'homme (et la femme) d'une grosse couche de signes a dû être inventé pendant les quinze dernières minutes de cette grande année.

Quant à l'Histoire avec un grand H, celle des manuels scolaires et des films à gros budget, elle tient dans une poignée de secondes. Les pyramides d'Égypte et les débuts de l'astronomie datent de minuit moins dix secondes. Le Christ naît à minuit moins quatre secondes. La Renaissance fleurit à minuit moins une. Et nos efforts pour entrer en contact avec des civilisations extraterrestres ? Les premiers messages par radiotélescopes ont été envoyés vers 1950, soit deux centièmes de seconde avant minuit. Et l'on voudrait qu'il y ait du monde à l'autre bout de la ligne, justement là, justement aujourd'hui ? Quelle impatience !

L'année cosmique permet de mesurer combien la conscience (la nôtre en tout cas) est un phénomène extraordinairement récent à l'échelle de l'Univers. Y a-t-il une bonne raison à cela ? Pourquoi a-t-il fallu attendre 365 « jours » avant de produire les quelques « secondes » qui font notre gloire ?

On peut envisager deux grands types d'hypothèses : ou bien la vie est un phénomène extrêmement improbable, frôlant même l'impossible, il est donc logique de ne pas tomber dessus à tout bout de champ. Ou bien la vie est un phénomène banal, voire inéluctable dès que les conditions nécessaires sont réunies, mais il ne faut pas moins de 10 milliards d'années d'évolution cosmique pour réunir lesdites conditions – il est donc normal que nous arrivions en scène aussi tard. Dans les deux cas, tout est normal, ce qui est fort rassurant, mais on aimerait quand même bien savoir dans quel scénario on joue : exception ou lieu commun ?

Pour trancher, il faudrait en savoir plus sur les conditions d'apparition de la vie, non seulement sur Terre, mais aussi ailleurs dans l'Univers.

Sommes-nous seuls dans l'Univers ?

Telle est la question qui occupe l'exobiologie. Au vu du nombre d'étoiles dans notre galaxie et du nombre de galaxies dans l'Univers, on serait prêt à parier que nous ne sommes pas seuls dans ce vaste cirque. Après tout, la vie est apparue très rapidement ici-bas, il y a 3,8 milliards d'années, quand la Terre était encore chaude et boursouflée de sa naissance tumultueuse, ce qui porte à croire que la bactérie fait son nid dès qu'elle en a l'ombre d'une possibilité. Donc, puisqu'il y a beaucoup d'autres planètes dans l'Univers, et beaucoup de molécules prébiotiques en circulation dans l'espace, on ne voit pas pourquoi la vie n'aurait pas colonisé tous ces endroits propices.

C'est ce que soutiennent le bon sens et la plupart des astrophysiciens, mais pour autant la preuve n'est pas encore faite (après tout, les astrophysiciens n'ont pas l'apanage du bon sens). À l'heure actuelle, on ignore comment se produit le saut de la chimie à la biologie. Il ne suffit pas d'avoir des acides aminés et d'autres protéines macérant ensemble dans le même chaudron pour fabriquer un être vivant. On le sait parce qu'on s'est longtemps évertué à le faire en laboratoire. Dès les années 1950, Urey et Miller ont tenté de combiner les ingrédients primitifs que sont le méthane, l'ammoniac et la vapeur d'eau, le tout bombardé par des ultraviolets, pour simuler en accéléré l'évolution de la Terre primitive chauffée par le Soleil. Au bout d'un certain temps, ils ont vu apparaître spontanément les vingt acides aminés qui sont la base du matériau vivant sur Terre, mais le processus s'est arrêté là. Nul docteur Frankenstein n'a jamais réussi à combiner ces acides aminés pour produire la plus petite bactérie. De la chimie organique, oui. De la vie, non. Le mystère reste entier. Mais on peut bien admettre qu'il nous manque l'un ou l'autre secret de fabrication. Quelques jours dans un tube à essai ou quelques millions d'années sur une jeune planète furieuse, ce n'est pas tout à fait la même chose. Disons que la recette n'est pas à notre portée aujourd'hui.

Quoi qu'il en soit, restons prudents. Il n'est pas certain que, s'il existe dans l'Univers des milliards de planètes comparables à la Terre, autour d'étoiles semblables au Soleil, et contenant de l'eau liquide, du carbone et toutes les épices nécessaires, la vie y soit apparue automatiquement. C'est seulement très probable. Il n'est pas certain non plus que, si la vie se développe sur une planète, elle évolue et débouche nécessairement sur la conscience. On aurait pu en rester au stade des bactéries. On y est d'ailleurs resté pendant très longtemps. Des vaisseaux extraterrestres auraient pu passer au voisinage de la Terre pendant des milliards d'années et ne rien remarquer que du volcan, du désert et de l'eau. Et, s'il se trouvait aujourd'hui, par exemple, cent planètes dans notre voisinage cosmique qui ont fourni des conditions propices à la vie, il y aurait de bonnes chances pour que, sur quatre-vingt-quinze d'entre elles, la vie ne se montre pas très élaborée, et encore moins causante. D'où la difficulté qu'il y aurait à la détecter, sans même parler d'entrer en communication avec elle.

Il n'empêche qu'on a très envie de savoir si, oui ou non, « il y a quelqu'un ». Cette curiosité est aussi ancienne que l'humanité, mais, pour la première fois dans l'histoire, il est possible de mettre en œuvre des tentatives de communication.

Il se trouve même un astronome pour avoir voulu calculer le nombre de civilisations avancées existant à un moment donné dans notre galaxie. La formule mise au point en 1961 par Frank Drake est assez inattaquable du point de vue de la logique. Pour compter les interlocuteurs potentiels, comptez d'abord le nombre d'étoiles qui se forment dans la galaxie. Dans ces étoiles, retenez celles qui ont des planètes. Dans ces planètes, comptez celles qui sont propices à la vie. Puis gardez celles où la vie se développe effectivement. Retenez ensuite celles qui voient naître une vie intelligente. Retirez celles qui ne développeront pas les moyens techniques suffisants. Éliminez encore celles qui s'autodétruiront avant de parvenir à vous téléphoner, et vous aurez votre réponse.

L'équation de Drake consiste simplement à décomposer une quantité inconnue en une série de quantités également inconnues, mais auxquelles on peut s'attaquer une par une. Certaines relèvent de l'astronomie, d'autres de la biologie, d'autres de l'évolution des espèces, d'autres de la sociologie. Suivant les estimations, plus ou moins solidement fondées, que l'on prend pour chacun des paramètres, l'équation fournit des prévisions allant de une à dix mille civilisations contactables dans notre galaxie (on fait l'impasse sur les quelque 100 milliards d'autres galaxies dans l'Univers). Ce qui nous laisse dans le flou, c'est le moins qu'on puisse dire.

Pourtant, certains des paramètres commencent à devenir fiables. La formation des étoiles réellement observée est de l'ordre de deux nouvelles étoiles par an dans la galaxie. Toujours grâce aux observations, on estime qu'une étoile sur deux devrait posséder un système planétaire, et dans celles-ci une sur deux devrait afficher une planète dans la zone habitable, c'est-à-dire ni trop chaude ni trop froide pour abriter de l'eau liquide. Cette zone est joliment appelée « Boucles d'Or », en référence au conte pour enfants du même nom[2].

Ensuite viennent les hypothèses. Combien de planètes habitables deviennent effectivement habitées, ne fût-ce que par des bactéries ? Si l'on pose que les mêmes causes physico-chimiques produisent les mêmes effets, principe de base de la démarche scientifique, il n'est pas du tout étrange de répondre : toutes ! Les scientifiques se sont en effet aperçus que la vie sur Terre était plus robuste et plus adaptable qu'ils ne le pensaient, foisonnant par exemple dans des cheminées sous-marines en ébullition.

Mais, après, on entre dans l'arbitraire des déroulements historiques. Combien de fois la vie devient-elle intelligente ? L'est-elle même vraiment devenue sur notre planète ? On se le demande parfois ! Bref, on n'en sait absolument rien. Une estimation « à la louche » pourrait être : une fois sur dix. Ensuite, combien de vies intelligentes deviennent capables de communiquer vers d'autres étoiles ? On n'en sait rigoureusement rien, mais une intuition, typiquement humaine il est vrai, porte à croire que, si l'on est malin, on tombera nécessairement sur la découverte des ondes radio. Mettons une fois sur deux, pour tempérer. Et combien de temps dure une civilisation technologique ? Aucune idée. C'est le gros facteur aléatoire. Pour nous, depuis le moment où nous maîtrisons la radioastronomie (1938), il s'est écoulé soixante-dix ans, et nous ne nous sommes pas encore autodétruits – même si certains esprits chagrins pensent que l'on en prend le chemin assez nettement. Posons cent ans, pour être prudents. Avec cette suite d'estimations, l'équation de Drake donne un résultat de... 1 ! Une civilisation contactable dans la galaxie. Et, du coup, c'est nous. Mais il suffit de bidouiller l'un des facteurs – surtout le dernier – pour tout changer. Admettons qu'une civilisation technologique dure en moyenne cent mille ans et pas cent ans, cela porte à mille le

2. « "Cette soupe est trop chaude !" s'exclama Boucles d'Or. Puis elle goûta la deuxième assiette de soupe. "Cette soupe est trop froide !" protesta-t-elle. Elle trempa alors sa cuillère dans la troisième assiette et la porta à sa bouche. "Hummm... cette soupe est juste comme il faut !" dit-elle joyeusement avant de l'avaler d'une seule traite. »

nombre de collègues à portée d'ondes aujourd'hui. Ouf, on se sent tout de suite moins seuls.

L'intérêt de l'équation de Drake est d'apporter des arguments valables en faveur d'une possible présence extraterrestre. Si floues que soient les probabilités, elles ne sont pas indéfendables. Il est rationnellement fondé de penser qu'il existe quelqu'un quelque part dans notre galaxie (et d'autant plus si l'on ajoute les autres galaxies, mais là, les possibilités de communication deviennent irréalistes).

Que faire pour repérer ces formes de vie lointaines ? On se heurte, évidemment, à un problème pratique de taille : elles sont loin, loin, tellement loin que ce n'est presque pas la peine d'essayer. Mais essayons quand même.

En principe, trois possibilités s'offrent à nous : envoyer des sondes, envoyer des ondes, recevoir des ondes.

Envoyer une sonde dans l'espace, c'est un peu comme envoyer une fourmi dans le Sahara en espérant qu'elle atteindra Tombouctou, dont elle ne connaît pas l'emplacement. Il serait insensé de concevoir des missions rien que pour cela. Tout au plus peut-on se permettre d'ajouter un « message » dans des sondes conçues pour d'autres fins, qui vont quitter le système solaire et s'enfoncer dans l'espace. La difficulté est alors de concevoir ce message sans savoir à quoi ressemblent les Vogons ou les Rastingols qui le déchiffreront. Et de s'armer de patience, puisqu'il faudra des milliers d'années au bas mot avant que les sondes ne passent dans le voisinage d'une autre étoile.

Quatre disques contenant des dessins gravés et des messages enregistrés (des voix, de la musique...) ont été embarqués à bord des sondes Pioneer 10, 11, Voyager 1 et 2. La durée de vie de ces disques est de l'ordre de 1 million d'années. Mais, pour qu'une civilisation parvienne à détecter ces sondes dans le vide interstellaire, il faudrait qu'elle soit encore bien plus dégourdie que la nôtre. Qui sait si ce ne seront pas finalement nos lointains descendants qui tomberont dessus par hasard, lorsqu'ils sillonneront la galaxie en tous sens ? Ils auront certainement une pensée émue pour leurs naïfs aïeux...

Envoyer des signaux radio est plus rapide et plus efficace, mais néanmoins très hasardeux. Vers où émettre ? Sur quelle longueur d'onde ? Et, si par miracle on nous recevait, on nous comprenait et on nous répondait, il faudrait plusieurs centaines d'années entre deux messages (l'onde va vite, mais l'espace est si grand que finalement... c'est lent !), et encore beaucoup plus si l'on choisit une cible éloignée.

En 1974, un premier message radio émis à grande puissance a quitté le radiotélescope d'Arecibo, à Porto Rico, en direction de l'amas globulaire Messier 13, où il arrivera dans... vingt-quatre mille ans ! Un autre message a été envoyé en 1987 depuis le radiotélescope de Nançay vers le centre de notre galaxie (temps de voyage : vingt-huit mille ans). Nous pouvons dormir longtemps avant de recevoir une réponse.

Alors pourquoi ne pas prendre un raccourci et commencer par écouter les questions ? Enfin, les éventuels messages que certaines civilisations, piaffant de curiosité, auraient pu envoyer à tout-va voilà quelque temps – ou tout simplement les émissions radio qu'elles diffusent étourdiment ? C'est l'idée de base du programme SETI (Search for Extra Terrestrial Intelligence) : ouvrons les oreilles et écoutons ce que l'espace nous dit.

Ayant démarré au début des années 1960, le programme a connu des hauts et des bas dus à la difficulté de justifier son coût. Cette idée simple entraîne en effet de lourdes contraintes techniques. Le ratissage du ciel, l'élimination des parasites, l'analyse des données, tout cela suppose des moyens techniques importants, en particulier des temps de calculs déraisonnables – vu qu'il faut analyser 100 milliards de canaux de fréquences différents. Après trente ans de recherches infructueuses, le programme a perdu ses financements publics[3], mais il a été sauvé par des initiatives privées et par le réseau Internet, lequel a permis de distribuer le temps de calcul entre les ordinateurs de particuliers. Depuis 1999, 5 millions d'ordinateurs privés ont participé au programme, totalisant 2 millions d'années de temps de calcul. 2,2 millions de machines sont actives à ce jour. Le signal tant espéré ne s'est toujours pas

3. Un membre du Congrès américain qui a interrompu le financement de SETI en 1993 aurait eu ce bon mot : « Le meilleur signe d'intelligence dans l'Univers consisterait à arrêter ce programme stupide ! »

montré, mais il serait surprenant qu'un résultat apparaisse rapidement dans une quête aussi titanesque. Au moins peut-on déjà affirmer avec certitude que notre environnement galactique ne regorge pas de civilisations avancées, chose qui était encore pure conjecture dans les années 1960. On estime qu'en 2028 SETI aura passé en revue plus de 1 million de systèmes stellaires. Si, après tout ce temps, c'est toujours le silence radio, il faudra commencer à se poser des questions.

Et les ovnis, direz-vous ? Ne sont-ils pas la preuve d'une intelligence extraterrestre ? Ils le seraient s'ils existaient. Or rien n'est moins prouvé à ce jour. Longtemps confinée à des cercles d'amateurs farfelus, l'ufologie (étude des ovnis) a changé de visage. De respectables cerveaux, attachés pour la plupart aux autorités civiles et militaires du domaine aéronautique, se penchent sur la question. En France, le CNES (Centre national d'études spatiales) a créé un service spécial dès 1977. Le Geipan (Groupe d'étude et d'information des phénomènes aérospatiaux non identifiés) a publié ses archives sur Internet en 2007. Dès le premier jour le « standard » a sauté, preuve que cela intéresse les gens. Les quelque six mille observations décortiquées par un groupe d'experts sont classées en trois catégories. 37 % des cas sont identifiés avec certitude ou une forte probabilité ; il s'agit de méprises avec des planètes, des phénomènes atmosphériques, des ballons météo, des avions et des prototypes militaires. 40 % des cas ne peuvent être analysés par manque d'éléments, problèmes de fiabilité du témoignage, etc. Enfin, 23 % n'offrent aucune explication en termes conventionnels, en dépit de témoignages clairs et cohérents (donnés le plus souvent par des pilotes d'avion), d'éventuelles traces ou d'échos radar[4]. Si ovnis il y a, c'est dans cette catégorie qu'ils figurent. Mais il est impossible de conclure à partir de là.

4. C'est notamment le cas des mystérieux « triangles belges », qui ont défrayé la chronique entre novembre 1989 et novembre 1990.

Et Dieu dans tout cela ?

C'est une question que le public pose régulièrement au scientifique conférencier quand il a terminé son discours, surtout si celui-ci a traité du Big Bang. Parce que, voyez-vous, Dieu, c'est l'autre grand candidat pour briser notre solitude cosmique. Alors le conférencier est le plus souvent embarrassé. Il peut esquiver en répétant la fameuse réponse de Laplace à Napoléon : « Sire, je n'ai pas eu besoin de cette hypothèse. » Mais alors, rétorque-t-on, pourquoi faire l'économie d'une hypothèse qui explique tout ? Parce que, si elle explique tout, elle ne prédit rien, et le travail du scientifique est de prédire. Il est vrai que la science n'explique pas tout et ne le fera jamais, mais sa nature est de s'appuyer sur des événements observables et quantifiables. Dieu et la science ne jouent pas sur le même terrain. Il n'y a donc pas à les opposer ni à les unir. Seules nos convictions (religieuses, politiques, philosophiques) nous guident dans notre pensée, nos choix, nos actes. On ne peut pas faire de raisonnement scientifique sur Dieu[5]. Encore moins d'expériences ou de recherches de détection, cela va sans dire. On ne tranchera jamais la question en retournant un caillou sur la planète Zorg ou en fixant une fois pour toutes les limites de l'Univers, car la question est d'un autre ressort.

Peut-on être scientifique et croire en Dieu ? Voilà aussi ce qui turlupine le public ; d'où la question encore plus directe et plus embarrassante posée au conférencier : « Et vous, croyez-vous en Dieu ? » Passons sur les bêtises du genre « Un peu de science éloigne de Dieu, beaucoup de science y ramène », même si elles ont été proférées par Pascal ou Pasteur. La plupart des plus grands scientifiques du passé, Copernic, Kepler, Galilée, Newton, étaient en effet croyants. Mais pratiquement tout le monde était culturellement obligé de l'être, et ce jusqu'au XIXe siècle, époque où – du moins en Occident – se

5. Bien que le biologiste Richard Dawkins, dans son livre déjà cité, s'y essaye avec quelque prosélytisme.

sont un peu relâchées les pressions de la société et de la justice sur la liberté de pensée des individus. De fait, les grands scientifiques qui professent leur foi sont de plus en plus difficiles à trouver au XXe siècle, y compris dans les pays qui paraissent plus religieux que d'autres, comme les États-Unis. Il n'est pas inintéressant de rappeler une étude publiée en 1968 par la grande revue *Nature*, révélant que 7 % seulement des membres de la National Academy of Sciences croyaient en un Dieu « personnel » (c'est-à-dire un Dieu qui s'intéresse aux individus, entend leurs prières et juge leurs péchés). Plus récemment, une étude similaire a porté sur les 1 074 membres de la Royal Society britannique (incluant le Commonwealth) : 3 % croient en un Dieu personnel, et l'écrasante majorité (80 %) est carrément athée. Plus généralement, plusieurs études statistiques ont prouvé que, plus le niveau d'instruction d'un individu est élevé, moins il a de chances d'être croyant ou de tenir à des « croyances » quelles qu'elles soient...

Bref, croit qui veut croire. Les autres se passeront de l'« hypothèse » Dieu, qui n'en est justement pas une, car une hypothèse se doit d'être testable. Dans les deux cas reste ouverte la quête de réponses *scientifiques* à nos questions *scientifiques* ; c'est la seule chose qui nous concernait dans ce livre.

DERNIER TOUR DE PISTE

Récapitulons.

Nous avons fait trois grands tours : dans le système solaire, dans la galaxie et dans l'Univers. Ces trois échelles sont aussi dissemblables que si nous avions fait le tour du salon, le tour de la France et le tour de la Terre. Mais l'impression reçue est unique : le cosmos est un endroit époustouflant.

Son histoire est plus extravagante que tout ce qu'un romancier pourrait sortir de son cerveau survolté. C'est une histoire en plusieurs vies, comme celle du chat à neuf queues. De l'Univers, nous pouvons identifier au moins six vies, et il en possède sans doute encore plusieurs dans son chapeau.

Voyons d'abord la toute première vie de l'Univers. Imaginez un état de la matière où il n'y aurait pas de corps séparés, pas de molécules, même pas d'atomes. Aucune substance, aucun élément, ni fer, ni eau, ni carbone, pas même l'ombre d'un proton. Seulement un état dramatiquement dense et surchauffé, plus concentré, de loin, que le cœur d'une étoile à neutrons, où circulent des volées d'électrons – essaims de guêpes sans nid – et des brouettées de quarks en vrac. Les quarks sont des sortes de têtards pas très imaginables qui portent des noms absurdes, reflets de leur bizarrerie caractérisée. On sait en tout cas qu'ils ont dû exister tels quels dans le premier millionième de seconde de l'Univers, et pas un chouïa de plus, c'est-à-dire seulement lorsque la température était franchement tropicale. Mais, dès que le thermomètre est descendu à 10 000 milliards de degrés, ils ont trouvé le temps frisquet et se sont associés par trois pour former des nucléons. C'est une option absolument définitive : ils seront ensuite aussi inséparables que les deux faces d'une médaille – si ce n'est qu'ils forment des médailles à trois faces. Précédemment, c'était une soupe de faces séparées, mais, dès que les faces se sont accolées, personne ne pourra plus les déboulonner : les protons et les neutrons sont nés.

Commence alors la deuxième vie de l'Univers. C'est un état radicalement nouveau, avec déjà des structures d'une autre échelle. Toujours aucun atome, aucune substance, aucune matière. Mais des armées de neutrons et de protons en cohue compacte. Il s'agit de constructions faites avec un ingrédient antérieur de l'Univers qui, lui, a disparu : les quarks se sont résorbés dans les noyaux comme le béton armé se fond dans les murs d'une maison. Personne ne les verra jamais plus. Tout au plus des théoriciens très acharnés, vers la fin du XXe siècle, pourront-ils suspecter qu'il devait y avoir, tout au début de l'Univers, ce genre de briques à foison. Puis on trouve les escadrons serrés d'électrons, toujours SDF. Protons et neutrons sont de grosses boules imposantes à côté des petits électrons mobiles. Et ça se bouscule. Il fait tellement chaud que tout le monde file à grand train, pas le temps de se serrer la main. L'Univers grouille à plein temps. Cette vie-là dure trois minutes montre en main, jusqu'au moment où la température s'abaisse à 1 milliard de degrés. Protons et neutrons, beaucoup moins nerveux à cette température automnale, se croisent et ne peuvent plus faire mine de s'ignorer. Certaines de leurs rencontres se soldent même par un mariage en bonne et due forme. Un proton seul, c'est un noyau d'hydrogène. Un proton plus un neutron, c'est un noyau de deutérium ; un proton plus deux neutrons, c'est du tritium ; deux protons et deux neutrons, c'est un noyau d'hélium, et ainsi de suite. Bref, voilà l'Univers promptement rempli d'associations stables : les noyaux. Ils portent superbement leur nom, puisqu'il s'agit bien des petits cœurs durs de la matière. Autour viendront la chair, la pulpe, la peau, les poils, mais au centre, c'est toujours de protons et de neutrons qu'il s'agit.

L'Univers n'a que trois minutes, et il a changé déjà deux fois de peau. Il est maintenant rempli de noyaux de plusieurs sortes – première série limitée à cinq modèles : hydrogène, deutérium, tritium, hélium, lithium.

À nouveau, l'Univers est devenu tout différent parce qu'il a gagné un niveau d'organisation. Les noyaux sont des constructions réalisées à partir des briques élémentaires que sont les nucléons (protons et neutrons, eux-mêmes composés de sous-briques, les quarks). Ils ont des propriétés et des comportements radicalement différents. Pour autant, le saut des nucléons aux noyaux n'a rien à voir avec le saut des quarks aux nucléons. Autre niveau, autres règles. Les nucléons ne se résorbent pas. Ils s'associent et restent ensemble, formant quelques types d'équipes différentes, mais on pourra, avec de l'énergie, les dissocier à nouveau.

À quoi ressemble la troisième vie de l'Univers ? C'est une bouillabaisse de noyaux et de rayonnement, si chaude et si dense que même un rayon de lumière ne peut s'y frayer un chemin. À tout photon qui trottine, un mur de noyaux costauds et d'électrons survoltés barre la route plus sûrement qu'une mêlée de rugby. À chaque pas qu'il fait pour forcer les rangs, un adversaire l'empoigne et l'éjecte dans une tout autre direction, où il bute à nouveau sur une brute qui lui barre le chemin un pas plus loin. Au total, toute lumière est ligotée, et l'Univers est noir comme un tunnel de mine.

Mais l'Univers est aussi dopé depuis le début par un souffle interne puissant : il se dilate et grandit. Les noyaux se desserrent progressivement les coudes. Au bout de 380 000 ans, ça y est, les noyaux capturent les électrons qui divaguaient en tous sens depuis le matin du monde. Cette fois, leur heure a sonné. Ils ont perdu de l'énergie et tombent sous l'influence de tout noyau chargé. En une fraction de seconde, tous les électrons sont capturés et forment les premiers atomes au sens complet du terme : noyau plus électron dans chaque appartement. Les choses étant enfin rangées un peu clairement, c'est le grand moment pour les photons qui peuvent passer entre les mailles du filet. Ils se ruent comme un seul homme. Un flash lumineux faramineux gicle à tout endroit au même moment, un éclair généralisé dont les photons tout étourdis vont voyager pendant des milliards d'années. Certains échoueront en 1965 dans les antennes de Penzias et Wilson, les obligeant à se demander d'où peuvent venir ces pigeons voyageurs épuisés, presque morts. La troisième vie de l'Univers est passée. Il est devenu transparent.

Que fait la soupe d'atomes, après cet événement ? De nouveau, il s'agit d'un visage de l'Univers entièrement nouveau. La soupe de noyaux de la troisième vie s'est muée en une collection d'objets infiniment plus grands. Les électrons donnent aux atomes une extension que les noyaux n'avaient pas, tout comme la pêche habille son noyau ; mais les atomes sont bien plus forts encore, puisqu'ils sont un million de milliards de fois plus volumineux que leur noyau (un chiffre « astronomique », et pourtant nous restons dans l'infiniment petit !). Nous sommes maintenant en présence d'objets échafaudés à quatre niveaux : quarks, nucléons, noyaux, atomes. Et ces atomes flottent dans un Univers toujours en expansion. Ils s'éloignent les uns des autres. Dilution après dilution, la cohue initiale se mue en nuage. L'Univers, qui était dense et chaud à l'extrême, n'est plus que nappes de gaz. Un visiteur de l'Univers dans sa version précédente n'en croirait pas ses yeux : toute la matière volatilisée comme par un coup de baguette magique. Il ne s'est pourtant rien passé, que l'expansion de l'espace. Mettez plus de place, beaucoup plus de place, et tout est dépeuplé, comme si le Vatican était étiré aux proportions de la Mongolie. C'est la quatrième vie de l'Univers, de la soupe qui s'épanouit jusqu'à la brume, et elle dure un bon milliard d'années.

Les nappes de gaz, cependant, arrêtent de s'étirer lorsque la gravitation les rappelle. Elle a cette veine comique, la gravitation, de ne piper mot à petite distance et de donner de la voix lorsque les corps s'éloignent. Comme l'amour, parfois, qui tire comme un élastique quand on prend ses distances. Les nappes de gaz obéissent aux élastiques de la gravitation et se fragmentent en nuages, qui se craquent en bulles, qui s'aplatissent en disques, qui se ramassent en boules. Les galaxies sont nées, avec leurs petits fruits ronds comme des groseilles, les étoiles.

C'est dans cette vie-ci de l'Univers, la cinquième, que se déroule tout ce qui nous intéresse personnellement. Les grands nuages de noyaux atomiques se ramassent en boules dont la masse est telle qu'ils s'infligent à eux-mêmes une pression démentielle. L'Univers, qui, dans sa vie d'avant, était tout entier vaporeux, se peuple de grumeaux qui se concentrent et se concentrent, s'échauffent et s'échauffent, jusqu'à l'étincelle : des piles à fusion nucléaire s'allument un peu partout au centre des étoiles. Et, trouvaille sublime, elles se mettent à cracher des tonnes de choses qui n'existaient absolument pas auparavant. En combinant les quelques types de noyaux présents depuis la deuxième vie de l'Univers, elles parviennent à en faire du carbone, du sodium, du potassium, du calcium, du magnésium, de l'oxygène... Bref, c'est la caverne d'Ali Baba. Et, quand les piles arrivent à bout de souffle, c'est encore plus la fête. Elles explosent en gerbes de tout et n'importe quoi, du cobalt à l'uranium, en passant par le krypton, l'iode, l'or et bien d'autres. L'alchimie, la prestidigitation, les feux d'artifice, tout cela, c'est l'Univers qui l'a inventé.

Les étoiles naissent, vivent et meurent, le temps file, et les atomes s'accumulent. Ainsi pendant 10 milliards d'années. Les galaxies s'agglutinent, se traversent et se combinent. C'est alors que, dans une grande spirale appelée *Voie lactée*, une planète plus douillette que les autres se couvre de bactéries, de verdure puis d'habitants, tous fabriqués avec les atomes précédemment livrés.

Nous sommes là, et c'est intéressant car il nous est maintenant donné une marge de liberté pour ajouter la musique, la peinture et la philosophie au nombre des produits inattendus de l'Univers.

Cette sixième vie ne sera pas la dernière. Un jour, quand l'expansion de l'Univers l'emportera sur toute possibilité de condensation, les dernières étoiles s'éteindront, et la page sera tournée pour de bon. Ce qui se déroulera dans la septième existence ténébreuse du monde n'est pas clair, mais peut-être serons-nous assez malins pour le deviner bientôt.

Quoi qu'il en soit, la contemplation de l'Univers ne devrait pas nous plonger dans l'angoisse ou dans le « complexe du minuscule ». L'ami Pascal, dans une pensée célèbre, se lamentait du silence éternel des espaces infinis. Outre qu'il se trompait sans doute sur les deux tableaux – l'Univers semble bien être fini à la fois dans l'espace et dans le temps –, il pourrait, s'il revenait aujourd'hui, comprendre que la démesure qui nous entoure, loin d'écraser l'homme, lui est absolument nécessaire. Nous ne sommes pas niés par les 14 milliards d'années qui nous précèdent, ni par les milliards d'étoiles, car il *faut* en passer par là pour mitonner une planète comme la nôtre avec la biosphère qui l'occupe. Toute la matière dont nous sommes faits s'est longuement élaborée comme la perle sécrétée par l'huître à force de filtrage. « Pour faire un homme, mon Dieu que c'est long ! » dit une chanson enfantine – elle ne croit pas si bien dire. Il faut toute l'histoire du monde.

De même que vous ne pourriez vivre sans vos cellules, sans votre peau et sans votre estomac, vous ne pourriez pas non plus vivre sans Jupiter, sans la Voie lactée et sans les galaxies lointaines. Elles sont aussi constitutives de votre corps.

Voilà qui fait de l'Univers un endroit moins décousu, mais certes pas moins étrange. Le biologiste John Haldane a dit un jour : « L'Univers n'est pas seulement plus tordu que ce que nous imaginons. Il est plus tordu que tout ce que nous pouvons imaginer. » Le XXe siècle n'a pas fait d'économies du côté de l'imagination scientifique, en effet l'Univers la déborde toujours.

Il n'y a qu'une chose qui puisse rivaliser avec l'étrangeté de l'Univers, c'est celle de l'entreprise humaine : cette volonté de savoir ce qui s'est passé et ce qui va se passer, cette ingéniosité à l'apprendre avec les moyens les plus détournés. Vous trouvez bizarre qu'il puisse y avoir autant d'atomes dans un gramme de matière ? Ou autant d'étoiles dans l'Univers ? Songez plutôt à ceci : tout ce que nous savons sur l'espace au-delà du système solaire, absolument tout, nous est connu à travers les photons qui ont frappé les télescopes depuis un siècle et dont la somme des énergies ne dépasse pas celle contenue dans une seule goutte de pluie frappant le sol.

Toute l'astronomie des temps modernes tient à quelque chose qui n'a pas plus de force qu'une goutte de pluie...

ANNEXES

Les moyens et les métiers de l'astronomie

1

L'INSTRUMENTATION

Les télescopes du visible

Souvenons-nous que la lumière visible n'est qu'une petite fraction du spectre électromagnétique. Mais une fraction d'une importance toute particulière, pour nous qui sommes équipés d'un appareil optique sensible à cette bande de fréquences et à rien d'autre. Quel que soit le développement des autres fenêtres sur l'Univers que constituent les diverses bandes, nous éprouverons toujours un attachement presque viscéral pour les photos du ciel tel que nos yeux pourraient le voir. Les télescopes classiques ont encore de beaux jours devant eux.

Pour capturer une image du ciel en lumière visible, un appareil photo suffit. Mais, si l'on veut obtenir plus de détails, il faut amplifier la détection de la lumière. Deux astuces sont possibles : augmenter la taille de la lentille ou augmenter le temps de pose. Les clichés du ciel lointain sont pris par des télescopes qui collectent les photons au moyen d'un grand miroir (jusqu'à 10 mètres de diamètre, et bientôt 40) et avec des temps de pose qui peuvent aller jusqu'à plusieurs heures, voire plusieurs nuits pour les objets les plus lointains (on superpose alors les images prises en plusieurs séances).

On a souvent tendance à imaginer que les télescopes les plus performants sont ceux qui ont les miroirs les plus grands. C'était vrai pendant la plus grande partie du XXe siècle. Plus un miroir est grand, plus est importante la quantité de photons qu'il peut recueillir en provenance d'une même source. Ces photons sont concentrés dans une image unique grâce à la forme parabolique parfaite du miroir. Les grands héros de l'astronomie optique ont d'abord été les miroirs de plusieurs mètres de diamètre, comme celui du mont Palomar, qui date de 1949 et mesure 5 mètres de diamètre. Ils ont été abondamment médiatisés dans les années 1950-1960 et ont permis de prendre de très beaux clichés. On a compris ensuite qu'il serait techniquement très difficile de fabriquer des miroirs d'un seul tenant encore plus grands. On a compris aussi qu'il allait falloir placer les observatoires le plus loin possible des villes pour ne pas être gêné par les lumières et la pollution. Alors que les premiers lieux d'observation étaient dans les grands centres intellectuels (observatoire de Paris, XVIIe siècle), ils ont émigré, avec l'avènement de l'éclairage public, vers les périphéries (observatoire de Meudon, fin XIXe), puis vers les campagnes et les régions d'altitude (pic du Midi, haute Provence, années 1930-1950), et maintenant ils se trouvent sur des îles lointaines (Canaries, Hawaii) ou dans les déserts les plus isolés (Chili, Namibie, Australie), à la recherche d'un ciel toujours plus pur.

Dans les années 1980, pour les miroirs les plus grands, la forme rigide parabolique a été abandonnée au profit d'une nouvelle technique : *l'optique adaptative,* qui permet d'obtenir des surfaces à la fois plus grandes et plus efficaces. Il s'agit de miroirs beaucoup plus minces que les miroirs traditionnels et qui, vu leur taille, ne sont pas rigides mais souples et déformables, un peu comme une grande feuille de carton.

Dans un télescope classique, c'était un défaut à éviter à tout prix. On voulait des miroirs rigides à la forme parabolique impeccable, qui ne se déforment pas sous leur propre poids, car le moindre défaut de courbure aurait entraîné la dispersion des photons au lieu de leur concentration, rendant l'image inutilisable. Or le miroir doit bouger continuellement puisqu'on l'oriente vers différentes portions du ciel en fonction de ce que l'on veut observer. Garder une courbure absolument parfaite est d'autant plus difficile que le miroir est grand. Un miroir rigide de 5 ou 6 mètres pèse nécessairement plusieurs tonnes, et sa courbure est de plus en plus susceptible de gauchir suite aux mouvements du socle.

L'idée du miroir souple tire parti, précisément, de cette limitation. Puisqu'on n'arrive plus à fabriquer un miroir si grand qui soit rigide, on va le faire au contraire très mince et souple, et l'on en produira la courbure exacte une fois qu'il sera installé dans son aire de fonctionnement. Le miroir lui-même est informe, et la forme est donnée sur place, au moyen d'un tapis de petits pistons ajustables. On gagne en légèreté et du même coup en perfection puisque la courbure du miroir peut maintenant être ajustée en chacun de ses endroits. Des tests de focalisation permettent de corriger toute irrégularité dans la courbure jusqu'à ce que l'image obtenue soit d'une netteté parfaite.

Parallèlement à ces progrès, on a voulu tenter de s'affranchir du filtre de l'atmosphère qui déforme et affaiblit les images. Prendre une photo du ciel depuis le sol, c'est un peu comme prendre une photo des arbres depuis le fond d'une piscine : on ne voit que ce que le fluide veut bien laisser passer. Et souvent avec des distorsions, quand le fluide est agité.

A priori, la meilleure solution pour en finir avec l'atmosphère, car la plus radicale, c'est d'en sortir complètement et de positionner le télescope dans l'espace. C'est donc ce qui a été fait. Le télescope spatial dans le domaine optique s'appelle Hubble. En service depuis plus de quinze ans, il nous a fourni des quantités de clichés merveilleux, avec un modeste miroir de 2 mètres de diamètre.

Ironiquement, au début de sa carrière, il a commencé par donner des images floues, à cause d'un défaut de courbure. Les bords du miroir étaient légèrement trop aplatis, le rendant astigmate – ce qui ne fut malheureusement pas détecté avant son lancement. Après la désolation initiale, on a cherché des solutions. On a commencé par lui tailler des lunettes de fortune, au moyen de corrections informatiques qui permettaient par exemple de distinguer le couple Pluton-Charon, à 5 milliards de kilomètres. Plus tard, on a remplacé son miroir au cours d'une mémorable mission de la navette spatiale. Grâce à ce changement, on peut aujourd'hui distinguer sur Pluton des zones claires et des zones sombres. Les performances de Hubble sont remarquables, mais ses moissons extraordinaires ne doivent pas faire oublier qu'entre-temps la technologie des télescopes au sol a beaucoup évolué.

Plutôt que de continuer la course au gigantisme, les télescopes terrestres ont exploré une autre voie : l'optique multimiroirs. Pourquoi, en effet, se compliquer la vie à fabriquer une surface de 10 mètres de diamètre d'un seul tenant quand on peut grouper une dizaine de petits miroirs de deux mètres, faciles à réaliser ? On aurait vraiment tort, puisque la performance est la même. Les raccords ne sont pas gênants, ce qui compte, c'est le nombre de photons renvoyés vers le collecteur central.

En revanche, on savait depuis longtemps que, quelle que soit la taille du miroir, on butait sur une limite de résolution due à la turbulence de l'atmosphère. Dès que le temps de pose dépasse quelques secondes, les photons qui arrivent successivement d'une source donnée ne sont pas tous parfaitement alignés parce qu'ils sont diversement perturbés par les mouvements de l'atmosphère. Résultat : au lieu d'un point, on obtient une tache. Plus les astres que l'on observe sont lointains, plus ils ont tendance à apparaître sous forme de « patates ».

L'optique adaptative actuelle utilise des miroirs extrêmement minces (quelques centimètres seulement), qui ressemblent à des crêpes molles plus qu'à des miroirs. Étant si souples, ils sont déformables à volonté, ce qui permet d'ajuster la courbure du miroir non plus seulement au moment du calibrage, mais de façon permanente, à chaque instant, et ainsi de pouvoir corriger les turbulences de l'atmosphère en temps réel. Les miroirs sont montés sur des tapis de vérins qui peuvent monter et descendre pour modifier la courbure en chaque point. Les mouvements peuvent être infinitésimaux, de l'ordre de quelques millièmes de millimètre seulement, et s'adapter en temps réel à l'état de l'atmosphère au moment de la prise d'image.

Comment sait-on quelle correction apporter à chaque instant ? On s'aide d'une étoile-étalon que l'on crée soi-même dans le ciel. Grâce à un canon laser ultrapuissant, on projette une étoile artificielle dans le ciel, à proximité de la cible que l'on veut observer. Il ne reste plus qu'à ajuster la courbure du miroir à chaque instant de façon à obtenir une image parfaite de l'étoile-étalon. Du coup, les photons venant des étoiles du voisinage seront groupés eux aussi, puisqu'ils traversent les mêmes couches d'atmosphère. C'est un peu comme pour la chasse au canard, on se sert d'une fausse étoile pour attraper les vraies !

Ainsi, à chaque seconde, les photons qui avaient tendance à diverger sont refocalisés. Les algorithmes de calcul pour piloter ces corrections sont effrayants, mais le résultat est là : les champs de patates se résorbent en jolis piquetis de sveltes étoiles. Grâce à cette technique, on est capable de fabriquer des miroirs de 8 mètres de diamètre ou plus, qui donnent des performances équivalentes à un télescope en orbite, pour un budget beaucoup plus acceptable.

Actuellement, le télescope le plus performant au sol s'appelle le VLT (Very Large Telescope). Il est installé au nord du Chili, dans la région désertique du Paranal. Il est composé de quatre miroirs de 8 mètres de diamètre chacun, avec optique adaptative, ce qui représente l'équivalent d'un miroir unique de 16 mètres de diamètre. Il est capable d'observer plus finement que le télescope spatial Hubble, et pour beaucoup moins cher. C'est le meilleur site d'observation en lumière visible aujourd'hui.

Rappelons que la lumière visible contient bien plus d'informations que ce qu'on pourrait imaginer. L'astronomie s'est profondément métamorphosée dans la seconde moitié du XIXe siècle, lorsque s'est développée la *spectroscopie*, technique qui permet de décomposer la lumière d'une source en différentes longueurs d'onde qui s'étalent le long d'un spectre, allant du rouge au bleu. Comme si on déballait le paquet. Chaque rayon de lumière est en réalité composé d'une série de longueurs d'onde superposées. Ouvrez-le comme un éventail (avec un simple prisme), et vous aurez un arc-en-ciel. Le bleu est le rayonnement le plus énergétique (fréquence élevée, courte longueur d'onde), le rouge est le plus froid (fréquence basse, grande longueur d'onde).

Une fois ce spectre étalé, on peut y observer de fines lignes noires, des raies, qui sont caractéristiques des différentes substances chimiques présentes dans la source. Le système ressemble à une signature : tel atome, telle molécule = telles raies, toujours les mêmes, toujours aux mêmes endroits. La nature aurait voulu nous donner les clés du code, elle n'aurait pas procédé autrement. On a donc miraculeusement accès à la composition chimique de l'objet, autrement dit à sa véritable nature. Lire le spectre d'une étoile, c'est lire sa carte d'identité de A à Z, son code-barres (ce dernier, qui identifie les produits sur les rayons des supermarchés, ressemble en effet étrangement à un spectre).

La spectroscopie permet aussi d'étudier le mouvement des objets. Lorsque la source du rayonnement s'éloigne de nous, tout son spectre se trouve décalé vers le rouge, et si elle s'approche il est décalé vers le bleu. C'est l'effet Doppler, mieux connu dans le domaine des ondes acoustiques. Grâce à lui, on peut détecter des oscillations dans le mouvement de certaines étoiles de notre galaxie, qui tantôt s'approchent, tantôt s'éloignent. C'est le signe d'une perturbation gravitationnelle induite par un autre corps en rotation autour de l'étoile. Ainsi ont été repérés certains trous noirs faisant partie d'un système d'étoiles double, de même que la plupart des planètes extrasolaires.

C'est encore la spectroscopie qui a mis en évidence le mouvement apparent d'éloignement des autres galaxies. Celles-ci ont toutes un rayonnement décalé vers le rouge, d'autant plus décalé qu'elles sont plus éloignées ; toutefois, l'interprétation ne se fait pas en termes d'effet Doppler, mais d'expansion de l'espace. Cette expansion du tissu même de l'espace a d'ailleurs conduit à formuler la théorie du Big Bang.

Autant d'informations qui se trouvaient cachées dans les replis de la lumière visible des étoiles.

Les télescopes de l'invisible

Qu'en est-il des autres gammes de longueur d'onde dans le spectre électromagnétique ? Elles ont toutes été exploitées systématiquement, l'une après l'autre, comme les différents filons d'une vaste mine.

Rappelons bien de quoi nous parlons ici : nous parlons de tous les rayonnements non visibles qui font partie du rayonnement électromagnétique. Il y en a de toutes sortes, certains plus aigus (plus petites longueurs d'onde), d'autres plus graves (plus grandes longueurs d'onde), mais il s'agit toujours du même phénomène, celui de la lumière. La lumière visible n'est qu'une sorte de lumière, toutes les autres demandent des détecteurs particuliers.

En premier lieu s'est développée la radioastronomie. Sitôt que la technologie de l'émission-réception des ondes radio a été inventée, on a remarqué que certaines fréquences étaient occupées par des bruits parasites en provenance du ciel. On a alors construit de grandes antennes paraboliques, capables de capter et d'amplifier ces rayonnements qui arrivent du cosmos à profusion. À partir de là, on peut dessiner des cartes du ciel complètement différentes de celles de la lumière visible.

Encore une fois, de quoi parle-t-on ? D'un rayonnement qui fait partie de la lumière mais qui n'est pas visible. L'onde radio est une sorte de lumière qui a une fréquence différente de la lumière visible. Elle a par conséquent des propriétés différentes. Elle traverse les murs par exemple. Mais ce n'est pas un phénomène de nature différente. Il s'agit toujours de photons, animés d'une énergie spécifique.

C'est comme si l'on ouvrait des fenêtres dans une pièce entièrement fermée. D'abord on ouvre une petite fente dans le domaine du visible, puis on ouvre une large fenêtre dans le domaine radio, et celle-ci donne un paysage assez différent du domaine visible. Pourquoi ? Parce qu'on y « voit » des phénomènes qui n'étaient pas détectables à travers le rayonnement visible. Cela, parce que les corps célestes et les événements cosmiques émettent des photons qui peuvent avoir des caractéristiques très différentes. Une planète rocheuse comme Mars, par exemple, va réfléchir la lumière visible qu'elle reçoit du Soleil et rien d'autre. Pour observer Mars, un télescope suffit car il montre tout ce qu'il y a à voir. Une étoile comme le Soleil, animée d'une foule de réactions et de mouvements internes, émet un rayonnement électromagnétique très étendu, qui va du rayonnement radio jusqu'aux rayons X, en passant par l'infrarouge, le visible, l'ultraviolet. Si l'on passe aux événements violents comme une supernova ou un trou noir actif, on va observer des spectres életromagnétiques qui montent beaucoup plus haut en énergie, rayons X, rayons gamma. Un nuage interstellaire froid, à l'inverse, n'émet que du rayonnement de faible énergie, infrarouge et radio.

Dans tous les cas, on parle d'un seul et même phénomène, la lumière. Mais elle recouvre tellement de niveaux d'énergie différents qu'il nous faut une bonne dizaine de technologies différentes pour la capturer sous toutes les coutures.

Pour ce qui concerne le rayonnement radio, il embrasse de grandes longueurs d'onde, supérieures à plusieurs centimètres. Par conséquent, les détecteurs n'ont pas besoin d'être des surfaces continues, comme les miroirs qui arrêtent la lumière visible ; ce sont plutôt des capteurs en forme de grilles, et c'est ce qui donne leur allure particulière aux antennes de radioastronomie. Ces larges grilles tournées vers le ciel, si bizarre que cela puisse paraître, passent leur temps à capter de la lumière à basse fréquence qui bute sur les mailles du filet.

En France, le radiotélescope de Nançay est le quatrième plus grand du monde, avec une surface équivalente à un disque de 100 mètres de diamètre. Aux États-Unis, le Very Large Array étale ses vingt-sept antennes de 25 mètres de diamètre chacune sur un tracé formant un immense Y de 36 kilomètres de long. Un radiotélescope peut fonctionner sur toutes les ondes radio (qui recouvrent une bande de fréquences assez large), mais il peut aussi se concentrer sur une fréquence précise. La longueur d'onde de 21 centimètres, par exemple, est celle émise par l'hydrogène, cet élément le plus répandu dans l'Univers. Lorsqu'on pointe une antenne radio vers un nuage interstellaire chargé d'hydrogène, on reçoit du signal radio sur cette longueur d'onde particulière. C'est l'hydrogène qui rayonne et trahit sa présence, là où un télescope du visible ne détecterait strictement rien.

Outre les radiotélescopes, nous disposons aujourd'hui d'instruments qui sont capables d'observer l'Univers dans toutes les longueurs d'onde du spectre électromagnétique. Chaque rayonnement suppose une technologie particulière de détecteur.

Certaines planètes émettent du rayonnement radio, comme Jupiter qui est animée d'une activité interne, mais en général elles se contentent de réfléchir le rayonnement visible du Soleil. En revanche, les étoiles et les galaxies émettent sur toutes les bandes de rayonnement. Parmi ces longueurs d'onde, il y en a qui ne parviennent pas du tout au sol, notamment les rayonnements de haute énergie, UV, X et gamma, parce que l'atmosphère suffit à les arrêter (sans quoi, nous ne serions pas là pour en parler car ces rayonnements détruisent les structures cellulaires, et la vie n'aurait pas pu se développer). L'observation spatiale – au moyen d'instruments embarqués à bord de satellites – est donc indispensable pour faire de l'astronomie. L'embarquement de télescopes spécifiques pour le rayonnement X et le rayonnement gamma a commencé dans les années 1970. Ainsi est apparue l'image du ciel tel qu'il palpite dans ces fenêtres de longueur d'onde, révélant toute une série d'événements astrophysiques dont on ne soupçonnait même pas l'existence, en particulier des événements extraordinairement énergétiques et violents comme les environnements de trous noirs. Les détecteurs de rayonnement X voient aussi les vestiges de supernovae ou les naines blanches très chaudes, tel le compagnon de Sirius (qui ne mesure que quelques milliers de kilomètres de diamètre) – et en revanche sont aveugles aux étoiles rouges et froides, n'émettant qu'en basse longueur d'onde, comme Aldébaran. Ils ont révélé des paysages cosmiques extrêmement nouveaux et inattendus, qui ont permis aux théoriciens et aux modélisateurs de faire tourner leurs neurones.

Les messages non électromagnétiques

LES NEUTRINOS

Il existe aujourd'hui des télescopes étranges et pourtant performants, qui sont enterrés à plusieurs kilomètres de profondeur. Ces télescopes ne captent pas des rayons lumineux mais des particules élémentaires très spéciales.

On s'est en effet aperçu que les rayons lumineux ne sont pas les seuls vecteurs de l'information astronomique. Il y a aussi des particules en tout genre. On connaît par exemple les rayons cosmiques, des particules de haute énergie qui proviennent de l'espace sans qu'on sache encore précisément quelle est leur origine (voir ci-dessous). Puis il y a des particules fascinantes, ténues autant que nombreuses, comme un essaim de mouchettes dans lequel nous baignerions constamment, qui sont les neutrinos, prédits par la théorie avant d'avoir été observés dans la réalité. La science réussit périodiquement cet exploit de prédire l'existence de choses ou de phénomènes absolument invisibles et insoupçonnables, et de les débusquer pour de bon là où ils sont censés se nicher. Pour les neutrinos, le sel de l'histoire, c'est qu'ils se nichent partout, absolument partout, ils nous inondent et nous traversent en permanence, mais pour en attraper un seul, bonjour !

Les neutrinos sont émis lors de réactions très énergétiques. Par exemple, ils sont produits à profusion par les réactions nucléaires qui ont lieu au centre du Soleil. Des neutrinos ont été émis également une seconde à peine après le Big Bang, ou dans des explosions d'étoiles, etc. Ces neutrinos apportent une information que ne contient pas le rayonnement électromagnétique ordinaire. Si on arrive à capter des neutrinos, on a donc accès à des régions de l'Univers qui sont invisibles dans toutes les longueurs d'onde du rayonnement électromagnétique. Par exemple, le cœur du Soleil ne peut pas être observé dans le domaine électromagnétique, puisqu'il est opacifié par toutes les couches que les photons doivent traverser. Quel que soit le détecteur utilisé, on ne voit que la peau du Soleil, jamais ses entrailles. En revanche, les neutrinos sortent directement du centre du Soleil sans interagir avec le reste de l'étoile, et « montrent » d'une certaine façon ce qui se passe au centre du Soleil ; ce sont de parfaits petits mouchards, les seuls qui passent entre les mailles du filet. C'est pourquoi on fabrique des télescopes à neutrinos. Mais, comme on l'a vu, ces particules ont des propriétés très spéciales : elles ignorent pratiquement la matière parce qu'elles ne sentent pas les champs électromagnétiques, qui déterminent la solidité de la matière usuelle. Autrement dit, les neutrinos ont une forte tendance à ne pas interagir du tout avec la matière. Certains physiciens se sont amusés à les appeler, d'une façon poétique, des « anges », parce qu'ils passent à travers toute chose, traversant notamment la Terre de part en part comme si elle n'existait pas.

Comme on l'a vu, les détecteurs de neutrinos sont de grandes piscines d'eau, ou bien de tétrachlorure de carbone, enterrées à plusieurs kilomètres de profondeur, parce qu'on est sûr qu'à cette profondeur-là rien d'autre n'arrive que les neutrinos. Et l'on attend que l'un d'entre eux, très, très rarement, percute une des molécules de la piscine en créant une gerbe de particules que l'on pourra détecter. On trouve des détecteurs de neutrinos installés au fond de mines d'or désaffectées ou bien sous des tunnels, par exemple sous le tunnel de Fréjus, dans les Alpes.

En 1987, une étoile géante dans le Grand Nuage de Magellan, galaxie à 170 000 années-lumière, a donné naissance à une supernova. Les détecteurs de neutrinos qui étaient actifs à ce moment-là ont capturé en tout et pour tout douze neutrinos issus de cette explosion de supernova – une vraie pêche miraculeuse. Ces neutrinos sont arrivés en fait quelques heures avant la lumière de l'explosion – c'est-à-dire qu'ils ont pu être interprétés *a posteriori* comme le premier signe de cette explosion. Comment est-ce possible ? Y a-t-il quelque chose qui va plus vite que la lumière, au mépris de la théorie de la relativité ? Non, c'est la lumière qui va parfois un peu plus lentement que sa vitesse théorique maximale, car celle-ci est valable uniquement dans le vide. Mais, dans un milieu matériel (et l'on sait que l'espace interstellaire n'est pas vide), la lumière est « freinée » parce que le photon interagit avec les champs électromagnétiques de la matière, tandis que le neutrino, lui, file pratiquement à la vitesse maximale, puisqu'il n'interagit avec rien.

LES RAYONS COSMIQUES

Les rayons cosmiques sont connus depuis 1910, mais on n'a pas encore d'explication sûre quant à leur origine. Il s'agit de particules matérielles, protons, noyaux atomiques, électrons, qui proviennent du cosmos à des vitesses vertigineuses, c'est-à-dire chargés d'une quantité d'énergie stupéfiante.

Il existe toute une gradation dans ces événements. Certains rayons cosmiques « ordinaires » sont bien identifiés comme venant du Soleil, d'autres peuvent être attribués aux supernovae, mais les rayons cosmiques les plus énergétiques, quoique extrêmement rares (une vingtaine ont été détectés en tout et pour tout en quarante ans), sont un véritable défi pour la modélisation. On pourrait penser qu'ils proviennent de phénomènes violents comme des hypernovae, des noyaux de galaxies actives ou le Big Bang lui-même, mais aucun de ces mécanismes ne semble réellement suffire pour accélérer des particules qui nous parviennent aujourd'hui avec un tel niveau d'énergie et avec de telles distances parcourues. C'est comme si on parlait d'un fusil capable de tirer une balle qui peut tuer un éléphant à 100 kilomètres de distance. De quel type de fusil peut-il s'agir ?

La manière de détecter les rayons cosmiques est indirecte, car ceux-ci sont éclatés quand ils rencontrent l'atmosphère. Mais ils ne disparaissent pas pour autant, ils déclenchent des réactions en chaîne dans une longue gerbe atmosphérique contenant des milliards de particules secondaires. Lorsqu'on connaît les mécanismes de ces réactions en chaîne, il est possible, en fin de chaîne, à son arrivée au sol, de reconstituer le début de l'histoire, c'est-à-dire les propriétés du rayon cosmique primaire : nature, énergie, direction et provenance.

On s'est récemment donné les moyens d'étudier ces drôles d'oiseaux au moyen d'un observatoire spécialisé, situé en Argentine, au pied de la cordillère des Andes, l'observatoire Pierre-Auger. Cet observatoire occupe une surface vaste comme trente fois Paris et réunit la collaboration de 370 scientifiques et ingénieurs de 60 laboratoires dans 16 pays. Le dispositif comprend 1 600 détecteurs sur 3 000 kilomètres carrés, ce qui permet d'augmenter les probabilités de détection.

Depuis 2004, quelques dizaines de rayons cosmiques d'ultra-haute énergie ont déjà été capturés et apportent des débuts de réponse. Il est déjà assuré qu'ils ne proviennent pas de manière privilégiée du centre de la galaxie, comme on avait cru pouvoir le supposer – ils sont d'origine plus lointaine que notre propre galaxie. Mais ils ne seraient pas non plus des vestiges du Big Bang. En revanche, on observe une corrélation avec les noyaux des galaxies actives, sièges des trous noirs les plus voraces.

Ces enfers cosmiques, bardés de champs magnétiques et électriques titanesques, pourraient servir d'accélérateurs de particules. Cela dit, l'énergie encore présente dans chaque particule détectée sur Terre est tellement gigantesque qu'on ne voit pas comment le trou noir le plus musclé pourrait en être capable. Les modélisateurs sont au calcul. S'il devait s'avérer que les rayons cosmiques ne peuvent pas être expliqués par des mécanismes connus, il faudrait explorer des hypothèses plus exotiques, faisant intervenir la cosmologie et la physique fondamentale – autrement dit du travail pour les théoriciens.

LES ONDES GRAVITATIONNELLES

Le vecteur d'information le plus prometteur de tous, mais dont la technologie est la plus difficile, ce sont les ondes gravitationnelles. Lors de certains événements violents, comme une supernova dont le cœur se transforme en trou noir, le choc ébranle l'espace environnant. Ces vibrations de l'espace se traduisent par des ondulations de la courbure de l'espace qui vont se propager à la vitesse de la lumière. Ces ondes gravitationnelles seront peut-être détectables bientôt sous la forme d'une variation infime de la taille des objets qu'elles traversent. On tente d'observer ce décalage dans des interféromètres gravitationnels, où deux miroirs distants de plusieurs kilomètres réfléchissent un rayon laser dont on mesure la longueur avec une précision inouïe. S'il n'y a pas de perturbation, le dispositif est réglé de façon qu'il n'y ait pas de franges d'interférence. Mais, si une interférence se manifeste, c'est qu'il y a eu une variation de la distance entre les deux miroirs.

Lorsqu'on sera en mesure de détecter les ondes gravitationnelles, on aura une fois encore accès à des phénomènes qui étaient totalement inobservables jusque-là, aussi bien avec des ondes électromagnétiques qu'avec des neutrinos. Par exemple, le cœur des supernovae, les environnements de trous noirs ou les premiers instants du Big Bang.

L'astronomie des ondes gravitationnelles est encore une astronomie du futur. Avant la fin du XXIe siècle, une grande partie des questions que l'on se pose aujourd'hui aura sans doute reçu des éléments de réponse expérimentale grâce aux ondes gravitationnelles.

LES ACCÉLÉRATEURS DE PARTICULES

On pourrait encore considérer comme des télescopes les accélérateurs de particules, bien qu'ils ne captent rien en provenance du cosmos. Mais ils fabriquent des particules de plus en plus exotiques destinées à nous renseigner notamment sur les débuts de l'Univers. Plus les niveaux d'énergie atteints dans un accélérateur sont élevés, plus on se rapproche des conditions qui régnaient au début de l'Univers, et plus les événements et les particules qui en sortent ressemblent à ce qui existait alors. Il s'agit d'une forme de machine à remonter dans le temps – avec pour point de mire le moment ultime d'énergie maximale : le Big Bang.

Le LHC (grand collisionneur de hadrons), mis en service au CERN en 2008, réalise un pas de plus dans cette quête de l'origine. C'est l'appareillage scientifique le plus grand et le plus complexe jamais construit, avec ses 27 kilomètres de diamètre, enfoui à 100 mètres sous terre à la frontière franco-suisse. Deux faisceaux de protons y sont injectés en sens inverse pour accumuler de l'énergie au fur et à mesure des circonvolutions, au cours desquelles ils sont accélérés, pour finalement entrer en collision à une vitesse très proche de celle de la lumière. Une telle collision dégage une énergie colossale et extrêmement concentrée, qui occasionne des gerbes de particules, grâce auxquelles on espère notamment découvrir enfin le fameux « boson de Higgs-Englert » (du nom des physiciens qui ont prédit son existence). Cette particule bien étrange n'aurait existé que très brièvement au tout début de l'Univers et aurait donné aux autres particules rien de moins que leur masse. Les chercheurs anglo-saxons, souvent friands des mélanges entre science et religion, l'ont même appelée « particule de Dieu », puisque c'est grâce à elle que le monde matériel existerait ! L'image est certes exagérée, mais elle marche du tonnerre auprès des médias et du grand public. Et puis ce qui marche encore mieux, c'est dire que le LHC va permettre de reconstituer les tout premiers balbutiements de l'Univers, lors du Big Bang.

2

D'OÙ VIENT L'ASTROPHYSIQUE ?

Au fil du livre, nous avons déroulé les « bonnes nouvelles des étoiles » reçues au cours des dernières décennies. Résultats sidérants et fondés sur de gros moyens techniques, mais qui ne jaillissent pas de nulle part. L'astronomie détient le titre envié de plus ancienne des sciences – au sens de système de connaissances basé sur l'observation et consigné par écrit. Son origine se perd dans la nuit des temps ; les premiers vestiges d'observations astronomiques remontent à plus de trente mille ans, mais les archéoastronomes croient que l'homme a tourné son regard vers le ciel bien avant cette époque. Parmi les reliques, un os d'aile trouvé dans une vallée de la Dordogne, sur lequel les phases lunaires ont été gravées. Plus tard, il y a eu les mégalithes celtes du néolithique (Carnac, Stonehenge, etc.) et la civilisation sumérienne. C'était il y a six mille ans.

Mais pourquoi l'astronomie ? Quel intérêt de passer son temps à compter les étoiles, alors qu'il reste encore à inventer le papier, le chauffage central, l'automobile et le four à micro-ondes ?

Les esprits poétiques diront que la curiosité des choses du ciel découle d'un étonnement philosophique devant l'Univers. On ne peut nier que l'émerveillement devant le ciel s'impose de lui-même. L'homme, pantois devant cette voûte à la fois somptueuse et inaccessible, a sans doute vite senti monter ces questions lancinantes : qui suis-je, d'où viens-je, où vais-je ? Il a voulu comprendre comment cette mécanique étrangère au monde humain s'organise et fonctionne. C'était peut-être – déjà ! – un dérivatif aux soucis du quotidien…

Les esprits pratiques diront que l'astronomie était le moyen de fixer un calendrier, et que le calendrier est un outil indispensable pour organiser la société : activités agricoles, fêtes religieuses, échéances administratives, registres.

Les premiers calendriers ont été élaborés en suivant les régularités des mouvements célestes ; il y eut d'abord des calendriers lunaires, puis des calendriers solaires, puis des combinaisons de calendriers lunaires et solaires, de plus en plus perfectionnés. Les sabliers, clepsydres et autres horloges ont été inventés bien plus tard. Les astres sont les véritables gardiens du temps (à cet égard, les pulsars défient toute concurrence).

Pendant pratiquement trois mille ans, les astronomes n'ont pu que consigner ce qu'ils voyaient. On observait le ciel et on essayait de classer les phénomènes, sans comprendre le fonctionnement physique de ce que l'on observait, puisque l'on n'avait pas le moindre indice sur la nature des astres, ni pour les météores, ni pour les étoiles, ni même pour la Lune ou le Soleil. Pour autant que l'on sût, il pouvait s'agir de chandelles, de lucioles, d'yeux de chats ou de trous percés dans une immense noix de coco, on ne pouvait déceler la différence. On se contentait de classer les étoiles par ordre de grandeur, d'en relier certaines par des dessins appelés constellations (en clair : tas d'étoiles), de repérer celles qui se déplaçaient à leur propre rythme (les planètes, ou astres « errants »), d'étiqueter certains phénomènes célestes qui semblaient apparentés, et tout cela n'allait guère plus loin que d'établir des catalogues. C'était une sorte de botanique du ciel, étape sans gloire mais néanmoins essentielle.

À partir des Grecs, on a fait des efforts pour penser le système solaire, c'est-à-dire qu'on l'a pensé à peu près dans tous les sens, jusqu'à ce que Copernic vienne mettre un peu d'ordre, Kepler, un peu de physique, Galillée, un peu de lumière, et Newton, un peu de gravitation. Mais, au-delà de notre proche voisinage, le ciel restait un embrouillamini de points lumineux.

Les choses ont vraiment changé au XIXe siècle, avec l'invention d'une nouvelle technique d'analyse de la lumière, la spectroscopie (expliquée plus haut). Jusqu'alors, la lumière visible était la seule information que l'on recevait des astres, en un seul paquet, et l'on ne pouvait guère faire plus qu'évaluer son intensité, éventuellement sa coloration (bleuâtre, rougeâtre, jaunâtre). La révolution spectroscopique a transformé une toute petite voie d'accès, un simple point lumineux, en une voie royale d'investigation, un déroulé de tout notre environnement visible, avec cartes d'identité des locataires. À partir de là, on a pu élaborer des modèles de fonctionnement de ces sources lumineuses, et l'astronomie, qui se contentait de nommer les astres, est devenue *l'astrophysique*, qui se penche sur le fonctionnement des astres.

Pour autant, on n'est toujours pas dans la situation d'une science expérimentale où l'on pourrait, dans un laboratoire, chauffer ou cogner les objets qu'on étudie ! Les stars restent blotties, quasi muettes, dans le fond du ciel. À nous de nous débrouiller avec ce qu'elles veulent bien nous signifier.

Dans le mot même d'Univers il y a cette dichotomie : unité-diversité. C'est-à-dire homogénéité et variété, deux concepts apparemment contradictoires. Or c'est tout le programme de la science qui est inscrit dans ce paradoxe. Quand on observe les phénomènes superficiellement, non seulement en astronomie, mais dans toutes les branches des sciences de la nature, on observe une extraordinaire variété de phénomènes, de formes, de processus, qui semblent n'avoir rien à voir les uns avec les autres. Toute la démarche de la science consiste à « réduire l'arbitraire », autrement dit à postuler qu'il existe une unité sous-jacente à la diversité, et à tenter d'en trouver les règles de fonctionnement. C'est un projet « insensé », au sens où il s'oppose au sens commun. Sa paternité revient aux penseurs grecs, voilà plus de deux mille cinq cents ans, notamment Pythagore, qui supputait que le livre de la nature était écrit en langage mathématique – une assertion d'une audace remarquable. Les connaissances accumulées au fil des siècles sont toujours allées dans son sens. Pour mille phénomènes apparemment chaotiques et désordonnés, une seule langue, un seul ensemble de lois qui règne à la base. Le scientifique se donne cette mission spécifique de gratter sous les apparences et de trouver le langage commun.

Héraclite disait qu'il existe une harmonie du visible, mais que l'harmonie de l'invisible est encore plus belle. L'harmonie de l'invisible, pour un astrophysicien aussi bien que pour un chimiste ou un biologiste, consiste à chercher les lois fondamentales qui se trouvent derrière les phénomènes. Il s'agit, si l'on veut, de déshabiller la nature de toutes ses tenues excentriques pour mettre au jour l'architecture secrète de son squelette unique et cohérent.

L'astrophysique tente donc de concilier l'inconciliable, d'expliquer la diversité par l'unité. On peut même dire que cette problématique est plus que jamais à l'ordre du jour puisque, parmi les plus grands défis au programme de la physique du XXIe siècle, et sans doute au premier rang, se trouve le projet de grande unification, qui doit précisément regrouper en une théorie unique les domaines de la physique encore distincts. Si cette théorie voit le jour, on aura exhumé l'armature commune qui se trouve sous les trois ou quatre échafaudages encore distincts.

L'équivalent du mot Univers, mais en grec cette fois, c'est cosmos. À l'origine, le mot ne désignait pas l'Univers ou le monde, mais signifiait la beauté, l'ordre, l'arrangement, tout ce qui relevait de l'esthétique. Pythagore le premier était persuadé que le monde était architecturé, organisé, et obéissait à des lois qui le rendaient admirable. Après lui, et surtout à partir de Platon qui a repris cette idée, le mot cosmos n'est plus utilisé pour décrire la beauté des choses terrestres (comme chez Homère, par exemple, qui utilise le mot « cosmos » pour décrire une belle chevelure, de beaux habits, une belle armure, un beau poème), mais il est utilisé pour parler de l'Univers. C'est par extension, parce qu'on pensait que l'essence du monde était la beauté et l'harmonie, que l'on a retenu ce vocable pour le désigner – un peu comme des parents qui prénomment leur fille « Grâce », en référence à ce qu'ils imaginent être sa nature profonde.

Cosmos est ainsi devenu synonyme d'Univers et a donné lieu à la branche peut-être la plus fascinante de l'astrophysique : la *cosmologie* (même étymologie que « cosmétologie »), science de l'Univers considéré comme un tout.

Après les astronomes et les astrophysiciens sont donc venus les cosmologistes, une espèce apparue avec le XXe siècle, c'est-à-dire avec la possibilité d'interroger concrètement les caractéristiques de l'Univers dans son ensemble : sa taille, son âge, sa densité, sa forme, son étoffe, ses humeurs.

Pour récapituler : l'astronome observe, recense, classe et nomme les objets célestes, l'astrophysicien étudie leur nature et leur fonctionnement, le cosmologiste élabore les concepts globaux d'Univers, d'espace et de temps. Mais on utilise, lorsqu'on veut désigner tous les arpenteurs du ciel indistinctement, le nom qui désigne la catégorie la plus large, celle des astrophysiciens.

3

LES MÉTIERS DE L'ASTROPHYSIQUE

Comment devient-on astrophysicien ?

L'image d'Épinal de l'astronome aux cheveux fous, l'œil rivé au télescope installé dans son grenier, qui mange le papier et jette le chocolat, n'a évidemment rien à voir avec la réalité.

Les télescopes se sont éloignés de notre environnement quotidien au point d'être lancés sur orbite ou enfouis à 3 kilomètres sous terre. Au mieux, ils sont nichés dans des déserts ou sur des îles difficiles d'accès. De plus en plus rares sont les chercheurs qui se rendent sur place pour piloter leurs observations. Ils transmettent leurs desiderata aux ingénieurs et informaticiens qui travaillent dans les salles de contrôle et reçoivent leurs données « à domicile », sous forme de volumineux fichiers numériques qu'il ne reste plus qu'à éplucher pendant des mois, voire des années.

Le tableau n'est pas aussi romantique qu'on pourrait l'imaginer. Nombreux pourtant sont les jeunes qui continuent à se sentir appelés par les mystères du cosmos.

Les voies d'accès au métier sont bien plus diversifiées qu'avant. Outre la cosmologie et l'astrobiologie, le métier s'est ouvert sur la physique des particules, la chimie, la géologie, la biologie, etc. Quant aux outils d'observation, ils mobilisent une somme de technologies impressionnante : optique, électronique, informatique, traitement de données, robotique, nouveaux matériaux. La frontière entre chercheur et ingénieur est parfois floue, et les candidats pour une carrière en astrophysique viennent de toutes sortes d'horizons différents. Il va de soi que, outre la vocation indispensable, devenir chercheur exige de posséder un excellent cursus scolaire. Le parcours type du chercheur exige un bac scientifique avec mention, une classe préparatoire ou un premier cycle universitaire (deux à trois ans), une grande école (Normale supérieure, Polytechnique, Centrale) ou un second cycle universitaire (deux ans), un troisième cycle (DEA, master de recherche, un an), un doctorat dans un laboratoire réputé (trois ans). Nous en sommes à bac + 8. Il existe une poignée d'écoles doctorales en France (Île-de-France, Grenoble, Nice, Marseille, Toulouse, Strasbourg...) qui délivrent un doctorat en astrophysique au terme d'une recherche approfondie et originale.

Le doctorat qualifie en principe pour un recrutement par le CNRS, les observatoires et les universités, mais, en pratique, vu le niveau de compétition, une expérience postdoctorale à l'étranger dans un laboratoire réputé (deux à trois ans) est préférable pour espérer être enfin embauché. La moitié des docteurs fraîchement diplômés continuent donc leur parcours par un séjour de recherche postdoctorale dans une université ou un laboratoire étranger, assez souvent aux États-Unis, avant de tenter leur insertion professionnelle, en France ou dans les institutions internationales.

Chaque année, la France compte environ quatre-vingts nouveaux docteurs en astrophysique, dont vingt à trente obtiendront à terme un poste. Les autres ? Eh bien ! ils se tourneront vers l'enseignement, la médiation scientifique, la recherche dans le secteur privé ou d'autres carrières plus exotiques.

On comprend ainsi que, pour devenir chercheur en astrophysique, il faut être à la fois passionné, brillant, persévérant et quelque peu désintéressé sur le plan matériel. En effet, un jeune recruté, souvent à bac + 11 et qui fait partie, de par l'originalité de ses travaux, d'une élite intellectuelle mondiale, se retrouve avec un traitement brut mensuel de 1 967 euros par mois (chiffre donné en 2008 par le CNRS, au grade de chargé de recherche de 2e classe débutant). À titre de comparaison, le salaire moyen d'un ingénieur débutant (bac + 5) dans le privé est de 3 400 euros par mois... Qu'on ne s'étonne pas de la désaffection des filières scientifiques par les jeunes !

Quatre types d'activités

On compte à peu près huit cents astrophysiciens professionnels en France (sans compter les milliers d'astronomes amateurs). Ils travaillent dans des instituts, des observatoires, des laboratoires, des universités. Les trois employeurs possibles pour ce métier sont le CNRS (Centre national de la recherche scientifique), les observatoires proprement dits, qui emploient des astrophysiciens spécialisés dans l'observation, et enfin les universités, qui recrutent des enseignants-chercheurs. Ceux-ci font de la recherche en astrophysique en plus de leurs charges d'enseignement, le plus souvent des cours de physique générale.

Dans le monde entier, la communauté des astrophysiciens professionnels se monte à environ dix mille individus (recensés par l'Union astronomique internationale), ce qui représente une congrégation non négligeable. Tous rassemblés dans un stade ou dans les rues de Paris pour un marathon, ils feraient forte impression. Il est vrai que le sujet à traiter est on ne peut plus vaste ! Mais il peut se résumer à quatre grands types d'activités : acquisition de données, instrumentation, modélisation et théorisation.

L'ACQUISITION DE DONNÉES

L'acquisition de données, comme en faisaient déjà les Égyptiens et les Grecs, est et reste aujourd'hui l'un des métiers essentiels de l'astronomie. On a toujours besoin de collecter de nouvelles observations pour faire progresser les modèles et les théories. Mais, bien sûr, on ne se contente plus d'observer avec l'œil, la lunette, ni même le télescope. On dispose de toute une batterie d'instruments (que l'on a décrits plus haut).

L'acquisition de données se partage en acquisition passive et acquisition active. L'acquisition passive consiste à recevoir ce qui vient à nous. On s'aide, bien sûr, à recevoir le plus d'informations possible en construisant, au sol ou dans l'espace, des télescopes et autres détecteurs qui sont sensibles, infiniment plus que nous, aux signaux du cosmos. On capte les ondes électromagnétiques, visibles ou non, et aussi d'autres vecteurs d'information plus ténus, comme les neutrinos et, bientôt, espérons-le, les ondes gravitationnelles. Dans ce domaine d'activités, il est impossible d'agir directement sur le système qu'on étudie. On se borne à déployer des détecteurs et à détecter.

Mais, avec l'avènement de l'ère spatiale, l'homme a progressivement déployé une exploration active en allant chercher l'information là où elle se trouve. On n'attend plus qu'elle tombe toute cuite dans l'objectif, on part la récolter sur le terrain, comme les grands explorateurs partaient jadis récolter des échantillons autour du monde. Pour l'instant, cette démarche est limitée à la banlieue proche de la Terre qu'est le système solaire. Les grandes missions spatiales, celles dont on parle régulièrement dans les médias, comme Mars Explorer, Voyager, Cassini, Galileo, etc., se rendent physiquement sur place pour ausculter les astres qui ne sont pas trop éloignés de la Terre et en prendre des clichés de première qualité. Ne fût-ce qu'au niveau visuel, les photos des différents satellites de Jupiter et de Saturne pris par les sondes qui les ont survolés sont d'une beauté et d'une précision à couper le souffle. Plus émouvantes encore sont les missions suicides, qui doivent s'autodétruire pour fournir les données qu'elles sont allées chercher, telle la petite sonde Galileo envoyée dans l'atmosphère de Jupiter en décembre 1995. La sonde a collecté et transmis des données pendant cinquante-sept minutes avant d'être broyée par la pression, de fondre et de se vaporiser ensuite.

Toujours plus fort, on lance aussi des missions qui effectuent des analyses d'échantillons sur place, ou même qui sont capables d'engranger des paquets-souvenirs dans leurs soutes et de les rapporter sur Terre. C'est le cas pour la Lune, pour Mars et pour quelques astéroïdes choisis. Une petite exposition de trophées non terrestres pourra bientôt être organisée sur Terre.

L'INSTRUMENTATION

Les performances dans l'acquisition de données sont évidemment conditionnées par les progrès techniques des appareils de détection. Le développement des instruments constitue une branche à part entière et très importante de l'astrophysique. Il faut mettre au point des détecteurs de plus en plus sophistiqués, pour des mesures parfois si spécifiques qu'elles peuvent devenir complètement impénétrables pour le public non initié. Les interféromètres, les détecteurs de neutrinos ou d'ondes gravitationnelles peuvent présenter toutes les apparences d'un voyage en absurdie pour l'honnête homme (« Vous observez vraiment le ciel dans des piscines souterraines ? » Absolument !). Or ces nouveaux moyens instrumentaux, si bizarres soient-ils, sont ceux qui ouvrent de nouvelles fenêtres sur l'Univers et font progresser l'astrophysique à grands pas.

C'est à travers l'instrumentation que l'astrophysique noue ses relations les plus étroites avec le monde économique et industriel, puisqu'il s'agit de mettre en œuvre des technologies de pointe. La communauté scientifique, à travers les agences internationales et le CNRS en France, lance régulièrement des appels d'offres auprès des industriels pour développer, par exemple, des outils optiques très performants. C'est une source importante de travail pour les ingénieurs et les industriels, avec souvent d'importantes retombées technologiques dans d'autres domaines, comme la médecine, les matériaux ou l'informatique. En ce sens, on peut dire qu'il y a des passerelles directes entre les questions apparemment les plus gratuites sur l'Univers et le milieu économique et industriel. En réalité, la recherche fondamentale est à la base de toutes les ruptures technologiques qui ont bouleversé notre vie. La théorie des ondes électromagnétiques a révolutionné les communications ; la découverte de l'électron a lancé l'électronique ; la mécanique quantique a généré les semi-conducteurs, les lasers, les transistors, etc. ; sans relativité générale, pas de GPS ; sans physique nucléaire, pas de centrales nucléaires. Et ainsi de suite. Plus spécifiquement, au nombre des technologies qui ont été développées en premier lieu pour l'astrophysique, on trouve notamment les caméras CCD, les systèmes photo et vidéo numériques, la tomographie médicale, l'imagerie nocturne, les téléphones portables, la détection des mines antipersonnel, etc.

LA MODÉLISATION

Les deux activités capitales que sont l'observation et l'instrumentation ne suffisent en rien à faire de l'astrophysique. Car vous pouvez développer les instruments les plus performants et accumuler des giga- ou des téraoctets de données, vous ne serez pas tellement avancés. Que veulent dire tous ces chiffres ? Que nous apprennent-ils qui soit plus intéressant qu'eux-mêmes ? Une accumulation de mesures n'est pas plus une science qu'un tas de pierres n'est une maison. Pour les interpréter, il faut un *modèle*, c'est-à-dire un ensemble de concepts et de règles qui décrivent le fonctionnement des phénomènes observés.

Dans la modélisation astrophysique, on fait appel à toutes les théories de la physique. On part de la physique terrestre, connue, testée et acceptée, qui marche bien dans les laboratoires, car celle-ci permet d'interpréter une grande part de ce qu'on observe dans le ciel, comme le fonctionnement des étoiles, l'organisation des galaxies, etc. Pour comprendre ce qui se passe dans le Soleil, par exemple, pratiquement tous les domaines de la physique entrent en jeu simultanément : gravitation, thermodynamique, électromagnétisme, physique nucléaire, physique statistique, physique des plasmas, hydrodynamique, transfert radiatif, convection, etc. C'est d'ailleurs pour cela qu'il a fallu attendre si longtemps (les années 1920, avec le progrès décisif de la physique nucléaire) avant de commencer à comprendre vraiment pourquoi le Soleil brille !

Lorsqu'on observe des phénomènes nouveaux inexpliqués, comme les sursauts gamma ou l'accélération de l'expansion de l'Univers, on tente d'abord de s'appuyer sur le cadre théorique déjà existant et d'en tirer de nouvelles conséquences. Car une théorie n'a jamais déployé tous ses effets, et il se peut que, si on la pousse dans des conditions extrêmes ou particulières qu'on n'avait pas encore rencontrées jusqu'alors, elle permette d'expliquer la nouveauté. Modéliser, c'est tirer tout le parti possible d'un cadre théorique établi ou encore essayer de rendre compte de l'inconnu au sein d'un système connu.

LA THÉORISATION

Mais, à la base de tout ça, il y a le cadre théorique lui-même. Aujourd'hui, le cadre de la physique est solide. Il faut rarement le remettre en question. Tout de même, il arrive que les surprises de l'observation le fassent vaciller sur ses bases et qu'on se mette à repenser les concepts fondamentaux.

Régulièrement, il se produit dans l'histoire des sciences des révolutions conceptuelles, souvent provoquées par des observations trop discordantes, qui remettent en cause les piliers eux-mêmes. Ce sont alors des changements de vision du monde, des « changements de paradigme », comme certains les appellent, qui concernent toujours les interrogations de physique fondamentale : quelle est la nature de l'espace, comment le décrit-on, avec quelles mathématiques, comment raffiner ce modèle, qu'est-ce que le temps, qu'est-ce que la matière, la lumière, l'énergie, le vide, etc. ? On ne cherche plus, en l'occurrence, à faire fonctionner une théorie avec de nouvelles données, on fabrique la théorie elle-même.

La théorisation est l'activité de réflexion la plus fondamentale qu'on puisse mener en tant que scientifique. Il s'agit de sonder la branche sur laquelle on est assis, opération périlleuse s'il en est.

Et quelle est cette branche ? Précisément, le problème est qu'il y en a deux. La physique n'a pas encore trouvé la position assise mais se tient debout, un pied sur chaque branche. La première est la relativité générale, qui est une théorie de la gravitation, de l'espace et du temps (elle décrit l'Univers à grande échelle, gouverné par les phénomènes de gravité). La seconde est la physique quantique, qui, elle, décrit plutôt ce qu'il est convenu d'appeler l'infiniment petit (interactions entre particules élémentaires). Ces deux cadres théoriques régissent des domaines de la physique bien distincts, on peut donc estimer normal qu'il y en ait deux. De même, si vous vous intéressez aux êtres humains, vous n'allez pas mobiliser le même appareil théorique selon que vous parlez de leurs maladies de peau ou de leurs créations artistiques à travers les âges. Autre échelle, autres concepts.

Mais l'Univers présente des situations qui ont la sournoiserie de faire appel aux deux théories en même temps. Des cas limites, assortis de conditions extrêmes, où à la fois la gravitation et la physique quantique ont voix au chapitre. Deux exemples en sont les trous noirs et le Big Bang. On ne saurait rien imaginer de plus embêtant : il s'agit de marier la grenouille et l'éléphant. Mais, quand ces deux branches seront unies pour de bon, la physique pourra s'asseoir et souffler un bon coup. En attendant, les théoriciens passent des nuits blanches plus souvent qu'à leur tour.

LES VERTUS DE L'INTERACTION

Les quatre domaines ensemble – acquisition, instrumentation, modélisation, théorisation – constituent le champ d'activité de la recherche en astrophysique. Mais, aujourd'hui, le degré de spécialisation est tel qu'aucun chercheur ne travaille dans les quatre domaines à la fois, ni même dans trois. Certains ont des activités dans deux domaines, comme modélisation et théorisation, ou instrumentation et acquisition des données. Sur les huit cents astrophysiciens français, disons que le tiers travaillent dans l'acquisition des données, le tiers dans l'instrumentation et le tiers dans la modélisation. Les théoriciens « purs » se comptent sur les doigts de la main ou bien ne sont pas directement rattachés à la discipline astrophysique, œuvrant plutôt dans la catégorie « physique fondamentale ». Il n'en reste pas moins que les quatre activités sont inextricablement liées, puisqu'elles concourent à élucider une seule et même énigme.

Il arrive que les données contredisent les modèles – ceux-ci doivent alors être revus et corrigés, mais sans que cela remette en cause la physique de base. Dans une enquête policière, cela reviendrait à repenser le scénario du crime à cause d'une nouvelle donnée, sans que cela remette en cause ni la victime, ni le coupable, ni le mobile. On découvrira, par exemple, que le coupable avait bu un café avec sa victime le jour même alors qu'on croyait qu'ils ne s'étaient jamais vus ou bien on comprendra que l'arme avait servi à un moment bien antérieur à ce qu'on pensait initialement.

Plus rarement, ce sont les théories fondamentales qui doivent être revues et corrigées, quand tout à coup plus rien ne fait sens devant l'accumulation des données, du moins pour un cerveau suffisamment synthétique. C'est en tournant et en retournant tous les éléments jusqu'à mettre la théorie par terre que ce cerveau va finalement permettre de recomposer le tableau tout autrement. Comme l'enquêteur qui, à force de ruminer, voit soudain apparaître la vérité : le coupable n'est pas du tout celui qu'on pense, mais il s'est arrangé pour faire accuser quelqu'un d'autre, tandis que lui agissait ailleurs et autrement. C'est ainsi que la relativité générale d'Einstein a remplacé la théorie de l'attraction universelle de Newton pour expliquer la gravitation. Le coupable n'a rien à voir avec une force émanant des corps célestes. Le coupable est tapi dans la structure de l'espace, qui est capable de se déformer et de dicter la trajectoire des corps.

Mais ces cas de figure où l'on corrige la théorie fondamentale sont plutôt rares. Dans la pratique quotidienne de la recherche scientifique, on travaille beaucoup plus souvent à faire tourner les modèles déjà éprouvés, en somme à vérifier et à confirmer, qu'à contredire. Car les théories fondamentales, et les modélisations qui en découlent, débouchent sur des prédictions, que l'essentiel de l'activité scientifique consiste à essayer de confirmer par des observations ou des expériences. Dans la majorité des cas, les données sont en accord avec les prévisions ou bien elles ne sont pas assez convaincantes pour être concluantes, et l'on tâchera de concevoir de nouveaux moyens techniques permettant d'obtenir des données plus précises. Mais, parfois, ce sont des progrès techniques spontanés qui apportent un flot de données nouvelles et obligent à des réajustements majeurs.

Prenons un exemple de progrès majeur : au XVIe siècle, un opticien hollandais met au point la lunette astronomique. Galilée s'en empare et fait de nouvelles observations : la Lune a du relief, Vénus présente des phases, Jupiter a des satellites, etc. À cause d'elles, la modélisation (le système géocentrique de Ptolémée) qui découlait de l'ancien cadre conceptuel (la physique aristotélicienne) ne tient plus la route ; il faut revoir certains concepts de base. Ainsi, une innovation instrumentale a permis d'acquérir des données inattendues, qui ont bouleversé la modélisation au point de faire basculer les piliers mêmes de l'édifice théorique.

Exemple strictement inverse : Albert Einstein, dans le calme d'un bureau, s'interroge sur les concepts de base – espace, temps, lumière, gravité. Il conçoit une nouvelle théorie fondamentale – la relativité générale. Celle-ci fournit un nouveau modèle pour la gravitation, qui prédit de nouvelles données expérimentales – par exemple les ondes gravitationnelles. Il faut alors construire des instruments inédits pour vérifier ces prédictions. Avec, à la clé, beaucoup d'innovations technologiques. Et ça marche ! La théorie a ainsi accouché d'un modèle qui a prédit des données, lesquelles ont pressé les instruments d'exister.

Et n'oublions pas que les quatre branches de l'astrophysique sont enracinées dans la culture, dans la société et dans l'économie. Sans ce tronc culturel, l'astrophysique serait une activité purement technique, sans âme. Or, parce qu'elle parle indirectement de la place de l'homme dans le cosmos, elle entre en résonance et en dialogue fécond avec d'autres types de réflexion, notamment artistiques et philosophiques. L'astrophysique est source de connaissance, de réflexion et d'inspiration pour une grande diversité de penseurs et de créateurs.

REMERCIEMENTS

Remerciements cordiaux à Georges Melki, qui a relu et corrigé le manuscrit avec son habituelle sagacité, et à Gérard Jorland pour sa lecture minutieuse et l'amélioration stylistique sensible qui en a résulté. JPL remercie également l'association Progrès du management, qui depuis plusieurs années lui a permis de mettre au point pour ses adhérents un séminaire de formation aux sciences de l'Univers, et dont le présent ouvrage est un large développement.

TABLE

PREMIÈRE PARTIE
Nouvelles régionales : les planètes et le système solaire

DEUXIÈME PARTIE
Nouvelles nationales : les étoiles et la galaxie

TROISIÈME PARTIE
Nouvelles internationales : les galaxies et l'Univers

ANNEXES
Les moyens et les métiers de l'astronomie

DES MÊMES AUTEURS

Jean-Pierre Luminet

Les Trous noirs, Seuil, « Points Sciences », 1992.
Noir soleil (poèmes), Le Cherche Midi, 1993.
Les Poètes et l'Univers, Le Cherche Midi, 1996.
Figures du ciel, avec M. Lachièze-Rey, Seuil-BNF, 1998.
Éclipses, les rendez-vous célestes, avec S. Brunier, Bordas, 1999.
Le Rendez-vous de Vénus (roman), J.-C. Lattès, 1999 ; Le Livre de Poche, 2001.
L'Univers chiffonné, Fayard, 2001 ; 2e édition Gallimard, « Folio Essais », 2005.
Le Bâton d'Euclide (roman), J.-C. Lattès, 2002 ; Le Livre de Poche, 2005.
Le Feu du ciel, Le Cherche Midi, 2002 (édition de poche : *Astéroïde*, Seuil, « Points Sciences », 2005).
Itinéraire céleste (poèmes), Le Cherche Midi, 2004.
L'Invention du Big Bang, Seuil, « Points Sciences », 2004.
De l'infini... mystères et limites de l'Univers, avec M. Lachièze-Rey, Dunod, 2005.
Le Destin de l'Univers, Fayard, 2006.
Le Secret de Copernic (roman), Lattès, 2006 ; Le Livre de Poche, 2008.
La Discorde céleste (roman), J.-C. Lattès, 2008 ; Le Livre de Poche, 2009.
L'Œil de Galilée (roman), J.-C. Lattès, 2009.

Élisa Brune

Fissures (nouvelles), L'Harmattan, 1996 ; Ancrage, 2000.
Petite révision du ciel (roman), Ramsay, 1999 ; J'ai Lu, 2000.
Blanche cassé (roman), Ramsay, 2000.
La Tournante (roman), Ramsay, 2001 ; J'ai Lu, 2003.
Les Jupiters chauds (roman), Belfond, 2002 ; Labor, 2006.
La Tentation d'Édouard (roman), Belfond, 2003.
Le Goût piquant de l'univers (essai), Le Pommier, 2004.
Relations d'incertitude (roman) (avec Edgar Gunzig), Ramsay, 2004 ; Labor, 2006.
Un homme est une rose (roman), Ramsay, 2005.
De la transe à l'hypnose (essai), Bernard Gilson, 2006.
Le Quark, le Neurone et le Psychanalyste (essai), Le Pommier, 2006.
Séismes et volcans : qu'est-ce qui fait palpiter la Terre ? (essai), Le Pommier, 2007.
Alors heureuse... croient-ils (essai), Le Rocher, 2008.

Ouvrage publié sous la responsabilité
éditoriale de Gérard Jorland

Cet ouvrage a été transcodé et mis en pages
chez Nord Compo (Villeneuve d'Ascq)

Impression réalisée par

CPI
BRODARD & TAUPIN

La Flèche (Sarthe), le 19-08-2011
N° d'impression : 65571
N° d'édition : 7381-2621-X
Dépôt légal : septembre 2011

Imprimé en France